農政全書校注

下

〔明〕徐光啓 撰
石聲漢 校注　石定枎 訂補

中華書局

農政全書校注卷之四十三

荒　政①

備荒總論

穀梁傳曰②：古者稅什一，豐年補助〔一〕，不外求而上下皆足也。雖累凶年③，民弗病也。一年不艾④，而百姓〔一〕飢，君子非之。

荀卿曰⑤：田野縣鄙者，財之本也。垣墻也。窌窖也。倉廩者，財之末也。百姓時和，謂天時和順。事業得叙者，耕稼得其次序。貨之源也。等賦謂以差等制賦也。府庫者，貨之流也。故明主必謹養其和，節其流，開其源，而時斟酌焉。潢〔二〕然使天下必有餘，而上不憂不足。如是則上下俱當〔三〕，交無所藏之，是知國計之極也。故禹十年水，湯七年旱，而天下無菜色者。十年之後，年穀復熟，而陳積有餘。是無他故焉，知本末源流之謂也。丘濬曰⑥：荀卿「本末源流」之説，有國家者不可以不知也。誠知本之所在則厚之，源之所自則開之。謹守其末，節制其流，量入以爲出，挹彼以注此，使下常有餘，上無不足，以供天下之用。其平居雖不至於虐取其民，而有急則不免于厚賦。故其國可静而不可動，可逸而不可勞。此亦一時之計也。至于最下而無謀者，量出以爲入，用之不給，則取之益多。天下晏然無大患難，而盡用衰世苟且之法，不知有急，則將何以加之？此所謂不終月之計也。

管子曰⑦：天以時爲權，地以財爲權，人以力爲權，君以令爲權，失天之權，則人地之權亡。湯七年旱，禹九〔三〕年水，民之無糧賣子者，湯以莊山之金，鑄幣而贖之；禹以歷山之金〔三〕，鑄幣而贖之〔四〕。故天權失，人地之權皆失也。

鼂錯曰⑧：聖王在上，而民不凍餒者，非能耕而食之，織而衣之也，爲開其資財之道也。故堯、禹有九年之水，湯有七年之旱，而國亡捐瘠者⑨，以畜積多而備先具也。今海内爲一，土地人民之衆，不辟湯、禹⑩；加以亡天災數年之水旱，而畜積未及者何也？地有遺利，民有餘力，生穀之土未盡墾，山澤之利未盡出也；游食之民，未盡歸農也。民貧則奸邪生。貧生於不足，不足生于不農，不農則不地著，不地著則離鄉輕家。民如鳥獸，雖有高城深池〔四〕，嚴法重刑，猶不能禁也。夫寒之于衣，不待輕煖；飢之于食，不待甘旨；飢寒至身，不顧廉恥。人情一日不再食則飢，終歲不製衣則寒。夫腹飢不得食，膚寒不得衣，雖慈母〔五〕不能保其子，君安能以有其民哉？明主〔五〕知其然也，故務民於農桑。薄賦斂，廣畜積，以實倉廩，備水旱，故可得而有也。今農夫五口之家，其服役者不下二人，其能耕者不過百畝。百畝之收，不過百石。春耕夏耘秋穫冬藏，伐薪樵，治官府，給徭役，春不得避風塵，夏不得避暑熱，秋不得避陰雨，冬不得避寒凍。四時之間，亡日休息。又私自送往迎來，弔死問疾，養孤長幼在其中。勤苦如此，尚復被水旱之災。急政暴虐〔六〕，賦斂不時，朝令而暮改。當其有者半賈而賣，亡者取倍稱之息。于是有賣田宅、鬻子孫，以償債者矣。而商賈大者積貯倍息，小者坐列販賣；操其奇贏〔六〕，日游都市，乘上之所急，所賣必倍。故其男不耕耘，女不蠶織，衣必文采，食必粱〔七〕肉，亡農夫之苦，有阡陌之得⑪。因其富厚，交通王侯，力過吏勢，以利相傾。千里游敖，冠蓋相望，乘堅策肥，履絲曳縞。此商人所以兼并農人，農人所以流亡者也。今法律賤商人，商人已富貴矣；尊農夫，農夫已貧賤矣。故俗之所貴，主之所賤也；吏之所卑，法之所尊也。上下相反，好惡乖忤，而欲國富法立，不可得也。方今之務，莫若使民務農而已矣。欲民務農，在于貴粟。粟者，王者大用，政之本務。陸贄嘗謂⑫：「國家救荒，所費者財用，所得者人心。」鼂錯謂：「腹飢不得食，雖慈母不能保其子，人君安能以有其民？」此意，惟贄得之⑬。

陸贄曰⑭：君養人以成國，人戴君以成生。上下相成，事如一體。然則古稱九年六年之蓄者，蓋率土臣庶通爲之計耳，固非獨豐公庾，不及編甿。

范鎮知諫院言⑮：今歲荒歉，朝廷爲放税免役，及以常平倉軍食拯貸，存恤不爲不至。然而人民流離，父母妻子，不能相保者。平居無事時，不能寬其力役，輕其租賦。雖大熟使民不得終歲之飽，及小歉雖重施固已無及矣。此無他，重斂之政在前故也。臣竊以爲水旱之作，由民生不足，憂愁無聊之嘆，上薄天地之和耳。

蘇軾曰⑯：救災恤患，尤當在早。若災傷之民，救之于未飢，則用物約而所及廣。不過寬減上供，糶賣常平，官無大失，而人人受賜，今歲之事是也。若救之于已飢，則用物博而所及微。至于耗散省倉，虧損課利，官爲一困，而已飢之民，終于死亡，熙寧之事是也。熙寧之災傷，本緣天旱米貴，而沈起、張静之流，不先事奏聞，但立賞閉糴，富民皆事藏穀，小民無所得食。小民能束手斃乎？今世之沈起、張静不少矣。而人以爲救荒奇策：有言勿閉糴者，指爲爲隣游説；有言勿抑價者，以爲爲富民游説也。奈何哉？流殍既作，然後朝廷知之，始敕運江西及截本路上供米一百二十三萬石濟之。巡門俵米，攔街散粥，終不能救。飢饉既成，繼之以疫疾，本路死者五十餘萬人。城郭蕭條，田野丘墟，兩税課利，皆失其舊。勘會熙寧八年，計所失共計三百餘萬石，其餘耗散不可悉數，至今轉運司貧乏不能舉手。此無他，不先事處置之過也。去年淛西數郡，先水後旱，災傷不減熙寧。二聖仁智聰明⑰，于去年十一月中，首發德音，截撥本路上供斛斗二十萬石賑濟，又于十二月終，寬減轉運司元祐四年上供斛三分之一，爲米五千餘斛；盡用其錢，買銀絹上供，了無一毫虧損縣官，而命下之日，所在歡呼。官既住糴，米價自落。又自正月開倉，糶常平米，仍免數路税場〔七〕所收五穀力勝錢⑱，且賜度牒三百道⑲，以助賑濟。本路帖然，絶〔八〕無一人餓殍者。此無他，先事處置之力也。

程頤曰⑳：常見今時州縣濟飢之法，或給之米豆，或食之粥飯。來者與之，不復有辨，中雖欲辨之不能也。穀貴之時，何人不願得？倉廪既竭，則殍死者在前，無以救之矣。雞鳴而起，親視俵散，官吏後至者，必責怒之。于是流民歌詠，至者日衆。未幾穀盡，殍者滿道。愚常矜其用心，而嗤其不善處事。救飢者使之免死而已。當擇寬廣之處宿，或使晨入，至于〔八〕午而後與之食。給米者，午時出。日得一食，則不死矣。其力自能營一食者，皆不來矣。比之不擇而與者，當活數多倍之也。凡濟飢當分兩處：擇羸弱者，作稀粥，早晚兩給，勿使至飽；俟〔九〕氣稍完，然後一給。第一先營寬廣居處，切不得令相藉。如作粥飯，須官員親嘗，恐生及入石灰。或不給浮浪游手，無此理也。平日當禁游惰，至其飢餓，哀矜之一也。

吕祖謙曰㉑：大抵荒政，統而論之，先王有預備之政，上也；修李悝平糴之政，次也；所在蓄積，有可均處，使之流通，移民移粟，又次也；咸無焉，設糜粥，最下也。

王禎曰㉒：蓋聞天災流行，國家代有〔一〇〕；堯有九年之水，湯有七年之旱。雖二聖人，亦不能逃其適至之數也。春秋二百四十二年，書大有年僅二；而水旱螽蝗，屢書不絶。

然則年穀之豐，蓋亦罕見。爲民父母者，當爲思患豫防之計。故古者三年耕，必有一年之食；九年耕，必有三年之食。以三十年之通，制國用，雖有旱乾水溢，而民無菜色者，蓄積多而備先具也。玄扈先生曰：管子所謂「措〔一一〕國于不傾之地」，脩備是也。

楊溥曰㉓：堯、湯之世，不免水旱之患，而不聞堯湯之民，有困窮之難者，蓋預有備也。凡古聖賢立國〔一三〕，必修預備之政。我太祖高皇帝，惓惓以生民爲心，凡有預設備荒定制〔九〕。洪武年間，每縣于四境設立倉場，出官鈔糴穀，儲貯其中。又于近倉之處，僉點大户看守，以備荒年賑貸。官籍其數，斂散皆有定規。又于縣之各鄉，相地所宜，開濬陂塘，及修築濱江近河損壞堤岸，以備水旱。耕農甚便，皆萬世之利。自洪武以後，有司雜務日繁，前項便民之事，率無暇及。該部雖有行移，亦皆視爲文具〔一〇〕。是以一遇水旱飢荒，民無所賴，官無所措，公私交窘。只如去冬今春，畿内郡縣，艱難可見。況聞今南方官倉儲穀，十處九空，甚者穀既全無，倉亦無存矣。大抵親民之官，得人則百廢舉，不得其人則百弊興。此固守令之責。若養民之務，風憲之臣，皆所當問。年來因循，亦不之及。此事雖若可緩，其實關係甚切。

何景明曰㉔：救荒之策，竊爲民計，大率利一而其害有三：徵求之擾，工役之勤，寇盜之憂，此爲三害；而所利于民者，獨發倉廩一事耳。夫發倉廩，本以利民，而其弊反甚：倉舍一啓，豪强駢集；里胥鄉老，匿貧佑富。公家之積，秖以飽市井遊食之徒；而野處之民，曾不得見糠粃。富者連車方輿，而貧者曾不獲斗升。鄉民有入城待給者，資糧已盡，日貸餅餌自啖〔一二〕，而卒不得與，此其少得㉕，不足償貸，反因是等死。耳聞目覩，可爲痛扼。夫欲有所與，必先爲去其所奪。養馴兔〔一三〕者不蓄獵犬，植茂樹者不伐斧柯，以其近害也。故止沸不抽〔一四〕其薪，徒酌水浥之，沸不見止；養人飼其口腹，而刲其股肉，終不得活。今三害未去，而欲興一利以救民之凶也，何以異此也？

焦竑曰㉖：天下事，有見以爲緩，而其實不可不早爲之計者，備荒弭盜是已。嘗觀周禮，以荒政十二，而除盜賊即具于中。何者？國富民殷，善良自衆；民窮財盡，奸宄易生。蓋天下大勢，往往如此。昔人謂「聖王之民不餒，治平之世無盜」。此篤論也。今飢饉頻仍，群不逞之徒，鈎連盤詰，此非盛世所宜有也。愚以爲備荒弭盜，皆今急務，而備荒爲尤急。總之，修先王儲偫之政，上也；綜中世斂散之規，次也；在所蓄積，均布流通，移粟移民，裒盈益縮，下也。咸無焉，而孳孳糜粥之設，是激西江之水，蘇涸轍之魚，蔑有及矣。試詳論之：周官既有荒政，爲遇凶救濟之法矣；而又遺人所掌㉗，收諸委積，爲待凶施惠之法。廩人所掌㉘，歲計豐凶，爲嗣歲移就之法。未荒也，預有以待〔一五〕之；將荒也，先有以計之；既荒也，大有以救之。故上古之民，災而不害。後世每多臨事權宜之術，非經遠之道也。

俞汝爲論捕蝗曰㉙：昔唐太宗吞蝗，姚崇捕蝗，或者譏其以人勝天。予竊以爲不然。夫天災非一，有可以用力者，有不可以用力者。凡水與霜，非人力所能爲，姑得任之。至于旱傷則有車戽之利，蝗蝻則有捕瘞之法。凡可以用力者，豈可坐視而不救耶？爲守宰者，當激勸斯民，使自爲方略以禦之可也。吴遵路知蝗不食豆苗㉚，且慮其遺種爲患，故廣收豌豆，教民種植。非惟蝗蟲不食，次年三四月間，民大獲其利。古人處事，其周悉如此。夫宋朝捕蝗之法甚嚴。然蝗蟲初生，最易捕打。往往村落之民，惑于祭拜，不敢打撲，以故遺患。未知姚崇、倪若水、盧懷慎之辨論也㉛。

備荒考上

周禮大司徒以荒政十有二聚萬民：一曰散財〔一三〕，二曰薄征，三曰緩刑，四曰弛役，五曰舍禁，六曰去幾，關市不幾察。七曰眚禮〔一六〕，凡有禮節，皆從減省。八曰殺哀，凡行喪禮，皆從降殺。九曰蕃樂，閉藏〔一七〕樂器。十曰多昏，勿〔一八〕備禮而婚娶。十一曰索鬼神，求廢祀而修之。十二曰除盜賊。飢饉盜賊多，戒備緝捕以除之。

荒政要覽曰㉜：管仲〔一九〕相桓公，通輕重之權曰：歲有凶穰，故穀有貴賤。民有餘則輕之，故人君斂之以輕；民不足則重之，故人君散之以重。使萬室之邑，有萬鍾之藏，千室之邑，有千鍾之藏。故大賈蓄家，不得豪奪吾民矣。

李悝爲魏文侯作平糴之法曰㉝：糴甚貴傷民，甚賤傷農。若民傷則離散，農傷則國貧。故甚賤與甚貴，其傷一也。善爲國者，使民無傷，而農益勸。故大熟，則上糴三而舍一；計民食終歲長四百石，官糴一百石㉞。中熟，糴二；下熟，糴一；使民適足價平而止。小饑，則發小熟之斂；中飢，則發中熟之斂；大飢，則發大熟之斂而糶之。故雖遇飢饉水旱，糴不貴而民不散，取有餘而補不足。行之魏國，國以富强。董煟曰㉟：今之和糴，其弊在于籍數定價，且不能視上、中、下熟，故民不樂與官爲市。最爲患者，吏胥爲奸，交納之際，必有誅求，稍不滿欲，量折監〔二〇〕陪之患，紛然而起。故糴米之官，不得不低價滿量，豪奪于民，以逃曠責。是其爲糴也，烏得謂之和哉？至于已糴之後，又不能以新易陳，故積而不散，化爲埃塵，而民間之米愈少也。

隋開皇五年，度支尚書長孫平奏：令民間，每秋家出粟麥一石以下，貧富有差，輸之當社。委社司檢校，以備凶年，名曰義倉㊱。胡寅曰㊲：賑飢，莫要乎近其人㊳。隋義倉取之于民不厚，而置倉于當社，飢民之得食也，其庶矣乎。後世義倉之名固在，而置倉于州郡，一有凶飢，無狀有司，固不以上聞也。良有司敢以聞矣，比及報可，委吏胥出而施之，文移反復，給散艱阻，監臨胥吏，相與侵〔二一〕没。其受惠者，大抵城郭之近，力能自達之人耳。居之遠者，安能扶老携幼數百里以就龠合之廩哉？

唐李訢曰㊴：去歲京師不稔，移民就豐。既廢營生，困而後達。又于國體，實有虛損。曷若預儲倉粟，安而給之，豈不愈于驅督老弱，餬口千里之外哉？宜敕州郡，常調九分之二，京師度支歲用之餘，各立官司。年豐糴粟，積之于倉。儉則加私之二〔一三〕，糶之于人。如此民必力田，以取官絹，積財以取官粟。年登則常積，歲凶則直給。數年之中，穀積而人足，雖災不爲害矣。

辛棄疾帥湖南㊵，賑濟榜文秪用八字，曰：「劫禾者斬，閉糴者配。」丘濬曰㊶：荒歉之年，民間閉糴，固是不仁。然當此際米價翔涌，正小人射利之時也。而必閉之者，蓋彼亦自量其家口之衆多，恐嗣歲之不繼耳。彼有何罪而配之耶？若夫劫禾之舉，此盜賊之端，禍亂之萌也。周人荒政除盜賊，正以此耳。小人乏食，計出無聊，謂飢死與殺死等死耳。與其飢而死，不若殺而死。況又未必殺耶？聞粟所在，群趨而赴之，哀告求貸，苟有不從，即肆劫奪。自諉曰：「我非盜也，迫于飢寒，不得已耳！」嗚呼！白晝攫人所有，謂之非盜，可乎？漸不可長。彼知其負罪于官，因之鳥駭鼠竄，竊弄鋤梃，以扞游徼之吏。不幸而傷一人焉，勢不容已，遂至變亂，亦或有之。臣願明敕有司，遇有旱災之歲，勢必至飢窘，必先榜示，禁其劫奪。諭之不從，痛懲首惡，以警餘衆，決不可行姑息之政。此非但救飢荒，乃弭禍亂之先務也。然則富民閉糴，何以處之？曰：必先諭之以惠鄰，次開之以積福，許其隨時取直，禁人侵其所有。民之無力者，官予之券，許其取息。待熟之後，官爲追償。苟積粟之家，丁口頗衆，亦必爲之計算，推其贏〔一二〕餘，以濟匱乏。若彼僅僅自足，亦不可强也。然亦嚴爲之限：凡有所積不肯發者，非至豐穰，禁不許出糶。彼見得利，恐其後時，自計有餘，亦不能以不發矣。

趙抃救災記曰㊷：熙寧八年，吴越大旱。州縣吏録民之孤老疾弱不能自食，二萬一千九百餘人，以〔一四〕故事：「歲廩窮人，當給粟三千石而止。」及簡〔一五〕富人所輸，及僧道士食之羨者，得粟四萬八千餘石，佐其費。使自十月朔日，人受粟日一升，幼小者半之。憂其衆相蹂也，使受粟男女異日，而人受二日之食。憂其且流亡也，于城市郊野爲給粟之所五十有七，使各以便受之，而告以「去其家者勿給」。計官爲不足用也，取吏之不在職而寓于境者，給其食而任以事。告富人無得閉糴。又爲之出官粟，得五萬二千餘石，平其價，予民爲糶粟之所凡十有八，使糴者自便如受粟。又僦民修城，四千一百人〔一六〕，爲工三萬八千，計其傭與粟，再倍之。民取息錢者，告富人縱予之，而待熟，官爲責其償。棄男女者，使人得收養之。明年春人疫病，爲病坊，處疾病之無歸者，募僧二人，屬以視醫藥飲食，令無失時。凡死者，使在處收瘞之。法：「廩窮人，盡三月當止」，是歲五月而止。事有非便文者，抃一以自任，不以累其屬。有上請者，或便宜，多輒行。事無巨細必躬親。給病者藥食，多出私錢。民得免于轉死，得無失斂埋者，皆抃力也。又曰㊸：烖沴之行，治世不能使之無，而能爲之備。民病而後圖之，與夫先事而爲計者，則有間矣。不習而有爲，與夫素得之者，則有間矣。

富弼擘畫屋舍安泊流民事行移曰㊹：當司訪聞㊺：青、淄、登、濰、萊五州地分，甚有河北災傷流移人民，逐熟過來㊻。其鄉村縣鎮人户，不那趲房屋安泊㊼，多是暴露，並無居處。目下漸向冬寒，切㊽慮老小人口，別致飢凍死㊾，甚損和氣㊿。須議別行擘畫下項：

一、州縣坊郭等人户，雖有房屋，又緣見[51]是出賃與人户居住，難得空閑房屋。今逐等合那趲房屋間數如後：

第一等，五間。　第二等，三間。

第三等，兩間。　第四等、五等，一間。

一、鄉村等人户，甚有空閑房屋，易得小可屋舍。逐等合那趲間數如後：

第一等，七間。　第二等，五間。

第三等，三間。

右各請體認。見今流民不少，在州即請本州出榜，在縣鎮鄉村，即指揮縣司曉示人户，依前項房屋間數，各令那趲，立定日限，須管數足。仍叮嚀約束，管當人等，不得因緣騷擾，乞覓人户錢物。如有違犯，嚴行斷決。仍指撝州縣城鎮門頭人[52]，常切辨認[53]：才候見有上件災傷流民老小到門内，其在州則引于司理處出頭，其在縣即引于知縣處出頭，其在鎮内即引于監務處出頭。各仰逐官相度人數[54]，指定那趲房屋主人姓名，令幹當人，晝時引押[55]，于抄點下房屋内安泊。如門頭不肯引領者，許流民于隨處官員處出頭，速取勘決訖，當便指揮安泊了當。如有流民欲前去未肯安泊者，亦聽從便。如有流民不奔州縣，直往鄉村内安泊者，仰耆壯畫時引領[56]，于攢那下房内安泊訖，申報。本縣及當職官員，躬親勸誘。逐家量口數，各與桑土或貨種，救濟種植度日。如内有見在房數少者，亦令收拾小可材料，權與蓋造應副[57]。若有下等人户，委的貧虛，別無房屋那應，不得一例施行。除此擘畫之外，如更有安泊不盡老小，即指撝逐處僧尼等寺，道士女冠宫觀，門樓廊廡，及更別攢那新居房屋，安泊河北逐熟老小。如有指揮不及事件，亦請當職官員，相度利害，一面指揮施行。務要流民安居，不致暴露失所。

富弼曉示流民許令諸般採取營運不得邀阻事曰：當司訪聞得上件飢民等，多在山林泊野[58]，打刈柴薪草木，貨賣糴食，及拾橡子造作吃用，并于沿河打魚，取採蒲葦博[59]口食。多被逐處地主或地分耆壯，妄稱係官或有主地土，諸般名目，邀阻不得採取。似此向去冬寒，必是大段抛擲死損[60]，須專行指撝：

右請當職官員體認：見今流移飢民至處，立便叮嚀指揮諸縣官，火急行遣，遍于鄉村道店村疃内，分明粉壁曉示：應係流移飢民等，除人户墓園、桑棗果園，及應係耕種地内諸般樹，不得採取斫伐外，其近外遠去處，泊野山林内，柴薪草木橡子，并沿河蒲葦，芟打捕魚，諸般養活流民等事件，不拘係官係私，有主地分，自隨流民諸般採取，養活骨肉。其耆壯地〔三〕主，並不得輒有約攔阻障。如違，仰逐地方耆壯，具地主姓名，解押送官，嚴行斷遣。若耆壯通同攔障，並仰流民于近便縣鎮官員處，出頭陳告，立便追捉，重行勘斷，申當司。所有前項事件，蓋爲應急，救濟流移飢民。才候向去豐熟日，即依舊施行㉑。

富弼告諭勸誘人户各量出斛米以救濟飢民事曰：勘會當路淄、青、濰、登、萊五州，自春以來，風雨時若，夏已大稔，秋復倍登，咸遂收成，絕無災害。兼曾指撝州縣，許人户就近輸納，務從百姓之便，不顧公家之煩。當司累奉朝廷指撝：凡事並從寬恤，一無騷擾，頗獲安居。今者河北一方，盡遭水害，老小流散，道路填塞，風霜日甚，衣食不充，已逼飢寒，將棄溝壑。坐見死亡之阨，豈無賑恤之方？又緣廩所收㉒，簿書有數，流民不絕，濟贍難周。欲盡救災，必須衆力，庶幾凍餒稍可安存。況乎今年田苗，既大豐于累載，而又諸郡物價，復數倍于常時。蓋因流民之來，遂收踴貴之值。豈可只思厚己，不肯救人？共覩災傷，諒皆痛惘。兼日累據諸處申報：以斛斗不住增長價例，乞當司指撝諸州縣城郭鄉村百姓，不得私下擅添物價，所貴飢民易得糧食。見今别路州縣城郭鄉村，並皆有此指揮，惟當司不曾行。蓋恐止定價例㉓，則傷我土居之人，須至别作擘畫，可使兩無所失。其上項五州鄉村人户，分等第並令量出口食，以濟急難。施斗石之微，在我則無所損，聚萬千之數，于彼則甚有功。凡在部封，共成利濟。斂本路之物，救鄰封之民，寔用通其有無，豈復分于彼此？今具逐家均定所出斛米數目如後：

第一等，二石。　第二等，一石五斗。

第三等，一石。　第四等，七斗。

第五等，四斗。　客户，三斗。已上，並米豆中半送納。

富弼支散流民斛斗畫一指揮行移曰：當司昨爲河北遭水，失業流民，擁併過河南，于京東青、淄、濰、登、萊五州豐熟處，逐處散在城郭鄉村不少。當司雖已諸般擘畫，採取事件，指揮逐州官吏，多方安泊存恤，救濟施行。本使體量，尚恐流民失所，尋出給告諭文字，送逐州給散諸縣，令逐耆長，將告諭指揮鄉村等第人户并客户，依所定石斗，出辦米豆數。內近州縣鎮，只于城郭內送納，其去州縣鎮城遠處，只于逐耆令耆長置曆受納[64]。于逐耆第一等人户處，圖那房屋，盛貯收附封鎖。施行去訖。自後，據逐州申報，已告諭到斛米數目，受納各有次第。今體量得飢餓死損，須至令上項五州，一例于正月一日，委官分頭支散上件勸諭到斛斗救濟飢民者：

一、請本州纔候牒到，立便酌量逐縣耆分多少差官：每一官令專十耆或五七耆。據耆分合用員數，除逐縣正官外，請于見任并前資、寄居及文學、助教、長史等官員內[65]，須是揀擇有行止、清廉、幹當得事，不作過犯官員。仍斟會所差官員本貫，將縣分交互差委支散[66]。免致所居縣分，親故顔情，不肯盡公。及將封去貼牒書填定官員職位姓名，所管耆分去處，給與逐官收執。火急發遣，往差定縣分，計會縣司，畫時將在縣收到贓罰錢或頭子錢[67]，并檢取遠年不用故紙賣錢，收買小紙，依封去式樣字號。空歇[68]，雕造印板，酌量流民多少，寬剩出給印押。曆子頭[69]各于曆子後，粘連空紙三兩張，便令差定官員，令本縣約度逐耆流民家數，分擘曆子與所差官員。便令親自收執，分頭下鄉，勒耆壯引領，排門點檢，抄劄流民。每見流民，逐家盡底喚出本家骨肉數目，當面審問的寔人口，填定姓名、口數。逐家便各給曆子一道，收執照證，準備請領米豆。即不差委公人、耆壯抄劄[70]，別致作弊、虛僞、重疊，請却曆子。

一、指揮差委官抄劄給曆子時，仔細點檢逐處流民。如内有雖是流民，見今已與人家作客、鋤田、養、種，及有錢本，機織販舂諸般買賣圖運過日，不致失所人，更不得一例劄姓名，給與曆子，請領米豆。

一、應係流民，雖有屋舍，權時居住，只是旋打刈柴草，日逐求口食人等，並盡底抄劄，給與曆子，令請領米豆。

一、應有流民，老小羸疲，全然單寒，及孤獨之人，只是尋討乞丐，安泊居止不常〔二四〕等人，委所差官員，擘畫歸著耆分，或神廟寺院安泊。亦便出給曆子，令請米豆，不得謂見難爲拘管，輒敢遺棄，却致抛擲死損。請提舉官常切覺察。

一、應係士官(71)，貧窮年老，殘患孤獨見求乞貧子等，仰抄劄流民官員，躬親檢點。如別不是虛僞，亦各依曆子，令依此請領米豆。

一、指揮差委官員，須是于十二月二十五日已前，抄劄集定流民家口數，給散曆子了當。須管自皇祐元年正月一日起首，一齊支給，不得拖〔二五〕延有悮。至日支散，不得日數前後不齊。

一、流民所支米豆：十五歲已上，每人日支一升；十五歲已下，每日給五合；五歲已下男女，不在支給。仍曆子頭上，分明細算定一家口數，合請米豆都數，逐旋〔二六〕依都數支給。所貴更不臨時旋計者(72)。

一、緣已就門抄劄見流民逐家口數及歲數，則支散日，更不令全家到來，只每家一名，親執曆子請領。

一、逐官：如管十耆，即每日支兩耆，逐耆并支五日口食，候五日支遍十耆，即却從〔二七〕頭支散。所貴逐耆每日有官員躬親支散。如管五七耆者，即將耆分大者，每日散支一耆。其分小者，每日支散兩耆，亦須每日一次支遍，逐次併支五日口食。仍預先有〔一七〕村莊剩〔一八〕出曉示，及令本耆壯丁，四散名〔一九〕報流民。指定支散日分去處，分明開説甚字號耆分。仍仰差去官員，須是及早親自先到所支斛斗去處，等候流民到來，逐旋支散。纔候支絶一耆，速往下次合支耆分，不得自作違慢，拖延過時，別至流民歸家遲晚，道途凍露。

一、指揮差管官員，相度逐處受納下米豆。如内有在耆分遥遠，第一等户人家收附，恐流民所去請領〔二八〕遥遠，即勒耆壯，量事圖那車乘，般赴⑬本耆地分中心，穩便人家，房屋室内收附。就彼便行支散。貴要一耆之内，流民盡得就近請領。

一、指揮所差官員，除抄劄籍定給散流民外，如有逐旋新到流民，並須官員親到審問，仔細點檢本家的寔口數，安泊去處。如委不是重疊虚〔二九〕僞，立便給與曆子，據所到口分起請。如有已得曆子流民起移，仰居停主人畫時令流民將元給曆子，于監散官員〔三〇〕毁抹；若是不來申報，及稱帶却曆子，並仰量行科決⑭，不得鹵莽重疊給印曆子，亦不得阻滯流民。

一、逐耆盡各均匀納下斛斗，切慮流民于逐耆安泊不均。仰縣司勘會，據流民多處耆分，酌量人數，發遣趲併，于少處耆分安泊，令逐耆均匀支散救濟。若是流民安泊處穩便，不願起移，即趲併別耆斛斗，就便支俵，不得抑勒流民，須令起移。

一、州縣鎮城郭内流民，若差委本處見任官員，亦先且躬親排門抄劄逐户家口數，依此給與曆子。每一度并支五日米豆，候食盡挨排日分，接續支給米豆，一般施行。

一、逐州除逐處監散官員，仍請委通判或選差清幹職官一員，住本州界内，往來都大提舉諸縣支散米豆官吏。仍點檢逐耆元納，并逐官支散文曆，一依逐件鈐束指揮施行。仍親到所支散米豆處，仔細體問。流民所請米豆，委的均濟，別無漏落。如有官員弛慢，不切用心，信縱手下公人作弊，減刻流民合請米豆，不得均濟，即密具事由申報本州，別選差官充替訖、申當司，不得蓋庇。

一、所支斛斗，如州縣內支絶已納到告諭斛斗外，有未催到數目，便且于省倉斛斗內，權時借支。據見欠斛斗，如未足處，亦逐旋請緊切催促，不得闕絶支散，悮誤流民。

一、每官一員在縣，摘道〔三二〕、手分、斗子各一名⑮，隨行幹當仍給升斗各一隻，及差本縣公人三兩人當直。如在縣公人數少，即權差壯丁，亦不得過三人。

一、所差官員，除見任官外，應係權差請官⑯。如手下幹當人，并耆壯等，及流民內有作過者，本官不得一面區分⑰，具事由押送本縣勘斷施行。

一、權差官，每月于前項臧罰〔三三〕錢內，支給食直錢五貫文，見任官不得一列〔三三〕支給。

一、權差官已有當司封去帖牒，若差見任官員，即請本州出給文示幹當。其賞罰，一依當司封去權差官帖牒內事理施行。

一、纔候起支，當司必然別州差官，徧詣逐州逐縣逐耆點檢。如有一事一件違慢，本州承牒手分，并縣司官吏，必然勘罪嚴斷，的不虛行指揮⑱。

一、逐州縣鎮，候差定官員，將印行指揮晝一抄劄一本，付逐官收執，照會施行。

一、勘會二麥將熟，諸處流民盡欲歸鄉，尋指揮逐州并監散官員，將見今籍定流民，據每人合請米豆數目，自五月初一日算至五月終，一併支與流民充路糧，令各任便歸鄉。

一、指揮出榜青、淄等州河口曉示，與免流民稅渡錢，仍不得邀難住滯。

一、指揮青淄等州曉示道店，不得要流民房宿錢事。

右具如前事，須各牒青、淄、潍、登、萊五州。候到各請一依前項，逐件指揮施行訖報。所有當司封去帖牒，如右〔二四〕剩數，却請封送當司，不得有違。

富弼宣問救濟流民事劄子曰：臣復奉聖旨，取索擘畫救濟過流民事件，今節略編纂作四册，具狀繳奏去訖。臣部下九州軍，其間近河五州頗熟；遂釀于民，得粟十五萬斛。第一等兩石，第五等三斗而已，民甚樂輸。只今⑲人户就本村耆隨處散納，貴不傷土民。多差官員領之。見任不足，即借倩前資、寄任、待闕閑官。又先時已于州縣城鎮及鄉村，抄下舍宇十餘萬間，流民來者，隨其意散處民舍中。逐家給一曆，曆各有號，使不相侵欺。仍曆前計定逐家口數，及合給〔三〇〕物數，令官員詣逐厢逐耆，就流人所居處，每人日給生豆米各半升。流民至者，安居而日享食物，又以其散在村野，薪水之利，甚不難致。以此直養活至去年五月終麥熟，仍各給與一⑳去路糧而遣歸。而按籍總三十餘萬人，此是以㉑必死之中救得活者也。與夫只于城中煮粥，使四遠飢羸老弱，每日奔走屯聚城下，終日等候，或得或不得，閃誤死者，大不侔也。其餘未至羸病老弱，稍營運自給者，不預此籍。然亦徧曉示五州人民：應是山林河泊，有利可取者，其地主不得占恡，一任流民採掇。如此救活者甚多，即不見數目。山林河泊地主，寧非所損，然損者無大害，而流民獲利者便活性命，其利害皎然也。又減利物㉒，廣招兵從一萬餘人。尋常利物，每一人，可招三人。有四五口，及四五萬人㉓。

大約通計，不下四五十萬人生全，傳云百萬者，妄也。謹具劄子奏聞。

蘇軾奏㉞：臣在浙江二年，親行荒政，只用出糶常平米一事，更不施行餘策㉟。若欲抄劄飢貧，不惟所費浩大，有出無收，而此聲一布，飢民雲集，盜賊疾疫，客主俱斃㊱。惟有依條將常平斛斗出糶，即官司簡便，不勞抄劄勘會給納煩費。但得數萬石斛斗在市，自然壓下物價。境内百姓，人人受賜。古今之法，莫良于此。

曾鞏救災議曰㊲：河北地震水災，有司建言，請發倉廩與之粟：壯者人日二升，幼者人日一升。然百姓暴露乏食，已廢其業矣，使之相率，日待二升之廩于上，則其勢必不暇乎他爲。是農不復得修其甽畝，商不復得治其貨賄，工不復得利其器用，閑民不復得轉移執事。一切棄百事而專〔三二〕意于待升合之食，以偷爲性命之計，是直以餓殍養之而已，非深思遠慮，爲百姓長計也。以中户計之：户爲十人，壯者六人，月當受粟三石六斗；幼者四人，月當受粟一石二斗。率一户月當受粟五石，難可以久行也。不行則百姓何以贍〔二五〕？其後久行之，則被水之地，既無秋成之望，非至來歲麥熟，賑之未可以罷。自今至于麥熟，凡十月，一户當受粟五十石。今被災者十餘州，州以二十萬户計之，中等以上，及非災害所被，不仰食縣官者去其半，則仰食縣官者爲十萬户。食之不遍，則爲施不均，而民猶無告者也。食之徧，則當用粟五百萬石而足。何以辦此？又非深思遠慮，爲公家長計也。至于給授之際，有淹速，有均否，有真僞，有會集之擾，有辨察之煩。措置一差，皆足致弊。又群而處之，氣久蒸薄，必生疾癘〔三二〕。此皆必至之害也。且此不過能使之得旦暮之食耳，其于屋廬修築之費，將安取哉？屋廬修築之費，既無所處，而就食于州縣，必相率而去。其故居雖有頹墻壞屋之尚可全者，故材舊瓦之尚可因者，什器衆物之尚可賴者，必弃之而不暇顧。甚則殺牛馬而去之者有之，伐桑棗而去之者有之，其害又可謂甚也。萬一或出于無聊之計，有窺倉庫盜一囊之粟、一束之帛者，彼知己負有司之禁，則必鳥駭鼠竄，竊弄鋤梃于草茆之中，以扞游徼之吏。强者既嚚而動，則弱者必隨而聚矣。不幸或連一二城之地，有枹鼓之警[88]，國家胡能晏然而已乎？然則爲今之策，下方紙之詔，賜之以錢五十萬貫，貸〔三三〕之以粟一百萬石，而事定矣。何則？今被災之州爲十萬户〔三四〕，姑計一户得粟十石，得錢五千，下户常産之貲，平日未有及此者也。彼得錢以全其居，得粟以給其食，則農得修其畎畝，商得治其貨賄，工得利其器用，閑民得轉移執事，一切得復其業而不失夫常生之計。與專意以待一升之廩于上，而勢不暇乎他爲，豈不遠哉？由有司之說，則用十月之費，爲粟五百萬石；由今之說，則用兩月之費，爲粟一百萬石。況貸之于今，而收之于後，足以賑其艱乏，而終無損于儲偫〔三五〕之實；所實費者，錢五鉅萬貫而已。此可謂深思遠慮，爲公家常計者也。

朱子社倉法曰⑧⑨：臣所居建寧府崇安縣開耀鄉，有社倉一所。係昨乾道四年，鄉民艱食，本府給到常平米六百石。委臣與本鄉土居朝奉郎劉如愚，同其賑貸。至冬收到元米。次年夏間，本府復令依舊貸與人户，冬間納還。臣等申府措置：每石量收息米二斗，自後逐年依舊斂散。或遇小歉，即蠲其息之半，大饑即盡蠲之。至今十有四年，量支息米，造成倉廒三間收貯。已將元米六百石納還本府。其見管三千一百石，並是累年人户納到息米。已申本府照會：將來依前斂散，更不收息，每石只收耗米三升。係臣與本鄉土居官，及士人數人，同其掌管。遇斂散時，即申府差縣官一員，監視出納。以此之故，一鄉四五十里之間，雖遇凶年，人不闕食。竊謂其法可以推廣，行之他處。乞特依義役體例，行下諸路州軍曉諭：人户有願依此置立社倉者，州縣量支常平米斛，責與本鄉出等人户，主執斂散，每石收息二斗。仍差本鄉土居官員士人有行義者，與本縣官同其出納。收到息米十倍本米之數，即送元米還官，却將息米斂散，每石只收耗米三升。其有富家情願出米作本者，亦從其便。息米及數，亦與撥還。如有鄉土風俗不同者，更許隨宜立約，申官遵守，實爲久遠之利。其不願置立去處，官司不得抑勒，則亦不至騷擾。

一、逐年五月下旬，新陳未接之際，預于四月上旬申府，乞依例給貸。仍乞選差本縣清强官一員，人吏一名，斗子一名前來，與鄉官同其支貸。

一、申府差官訖，一面出榜排定日分，分都支散。先遠後近，一日一都。曉示人户：産錢六百文以上，及自有營運，衣食不闕，不得請貸。各依日限具狀狀内開説：大人、小兒口數。結保：每十人結爲一保，遞相保委。如保内逃亡之人，同保均備。取保十人以下，不成保不支。正身赴倉請米。仍仰社首保正副隊長、大保長，並各赴倉，識認面目，照對保簿。如無僞冒重疊，即與簽押保明。其社首保正等人不保，而掌主保明者聽。其日，監官同鄉官入倉，據狀依次支散。其保明不實，别有情弊者，許人告首，隨事施行，其餘即不得妄有邀阻。如人户不願請貸，亦不得妄有抑勒。

一、收支米，用淳熙七年十二月、本府給到新漆黑官桶及官斗，仰斗子依公平量。其監官鄉官人從，逐廳只許兩人入中門，其餘並在門外，不得近前挨撥攙奪人户所請米斛。如違，許被擾人當廳告覆，重作施行。

一、豐年如遇人户請貸官米，即開兩倉，存留一倉。若遇飢歉，則開第三倉，專賑貸深山窮谷耕田之民，庶幾豐荒賑貸有節。

一、人户所貸官米，至冬〔三六〕納還，不得過十一月下旬。先于十月上旬，定日申府，乞依例差官將帶吏斗前來，公共受納，兩年〔三七〕交量。舊例：每石收耗米二斗，今更不收上件耗米。又慮倉廒折閲，無所從出，每石量收三升，准備折閲，及支吏斗等人飯米。其米正行附曆收支。

一、申府差官訖，即一面出榜排定日分，分都交納，先近後遠，一日一都。仰社首隊長告報保頭，告報人户，遞相糾率，造一色乾硬糙米具狀。同保共爲一狀，未足，不得交納。如保内有人逃亡，即同保均備納足，赴倉交納。監官鄉官吏斗等人，至日赴倉受納，不得妄有阻節，及過數多取。其餘並依給米約束施行。其收米人吏斗子，要知首尾，次年夏支貸日，不可差換。

一、收支米訖，逐日轉上本縣所給印曆。事畢日，具總數，申府縣照會。

一、每遇支散交納日，本縣差到人吏一名，斗子一名；社倉算交司一名，倉子兩名。每名日支飯米一斗，約半月〔三七〕發遣裹足米二石⑩。共計米一十七石五斗。又貼書一名，貼斗一名，各日支飯米一斗，約半月發遣裹足米六斗。共計四石二斗。縣官人從共一十名〔二七〕，每名日支飯米五升，十日，共計米八石五斗。已上共計米三十石二斗。一年收支兩次，共用米六十石四斗。逐年蓋牆，并買藁薦收〔二八〕補倉廒，約米九石。通計米六十九石四斗。

一、排保式：某里第某都社首某人，今同本都大保長隊長，編排到都内人口數下項。

一、請米狀式：某都第某保隊長某人，大保長某人，下某處地名，保頭某人等幾人。

今遞相保委，就社倉借米，每大人若干，小兒減半。候冬收日，備乾硬糙米，每石量收耗米三升，前來送納。保内一名走失事故，保内人情願均備取足，不敢有違。謹狀〔二九〕。

一、簿書鎖鑰，鄉官公共分掌。其大項收支，須同監官簽押，其餘零碎出納，即委官公共掌管。務要均平，不得徇私容情，别生奸弊。

一、如遇豐年，人户不願請貸，至七八月，而産户願請者聽。

一、倉内屋宇什物，仰守倉人常切照管，不得毁損，及借出他用。如有損失，鄉官點檢，勒守倉人備償。如些小損壞，逐時修整，大段改造，臨時具因依，申府乞撥米斛。

宋隆興中，中書門下省言：河〔三〇〕南、江西旱傷，立賞格以勸積粟之家，凡出米賑濟，係崇尚義風，不與進納同⑪。

丘濬曰：鬻爵非國家美事，然用之他則不可，用之于救荒，則是國家爲民，無所利之也。宋人所謂「崇尚義風，不與進納同」是也。臣願遇歲凶荒，民間有積粟者，輸以賑濟，則定爲等第，授以官秩，自遠而來者，并計其路費。授官之後，給與璽書，俾有司加禮優待，與見任同，雖有過犯，亦不追奪。如此，則平寧之時，人争積粟；荒歉之歲，民争輸粟矣。是亦救荒之一策也。

宋淳熙敕⑫：諸蟲蝗初生，若飛落，地主鄰人隱蔽不言，耆保不即時申舉撲除者，各杖一百。許人告報。當職官承報不受理，及受理而不即親臨撲除，或撲除未盡，而妄申盡静者，各加二等。諸官司荒田牧地同。經飛蝗住落處，令佐應差募人，取掘蟲子。而取不盡，因致次年生發者，杖一百。諸蝗蟲生發飛落，及遺子而撲掘不盡，致再生發者，地主耆保各杖一百。

又因穿掘打撲損苗種者，除其稅，仍計價官給地主錢數，毋過一頃。玄扈先生曰：見北人云：蝗子初生在地，土脉墳起。趁此撲除，極易爲力。

王禎備荒法曰[93]：北方高亢多粟，宜用竇窖，可以久藏。南方墊溼多稻，宜用倉廩，亦可歷遠年。其備旱荒之法，則莫如區田。區田者，起于湯旱時，伊尹所制：斸地爲區，布種而灌溉之。救水荒之法，莫如櫃田。【至當不易之論】櫃田者，于下澤沮洳之地，四圍築土，形高如櫃，種蓺其中。水多浸淫，則用水車出之，可種黄穋稻。地形高處，亦可陸種諸物。區田、櫃田，詳見農器譜[94]。此皆救水旱永遠之計也。備蟲荒之法，惟捕之，乃不爲之災[95]。然蝗之所至，凡草木葉靡有遺者，獨不食芋桑，與水中菱芡。亦不食豌豆[96]。宜廣種此。其餘則果食之脯，米豆之麵，棲于山者有粉〔三八〕葛、取葛根肉爲粉。蕨萁、取蕨根搗碎，以水淘汰，停粉爲萁[97]。蒟蒻、橡、栗之利。瀕于水者，有魚鱉蝦蟹，皆可救飢也。

校：

〔一〕姓　本書各本均缺，依中華排印本補，合傳本春秋穀梁傳原文。

〔二〕潢　黔、魯作「皇」；依平、曙作「潢」，合荀子原文。「潢然」，楊倞在同篇「垂事」章注：「與『滉』同，……水大至之貌也」，即「汪洋」、「浩蕩」之類的形容詞。

〔三〕金　平本譌作「公」；依黔、曙、魯本改正，合管子原文。

〔四〕池　平本譌作「地」；依黔、曙、魯改，合漢書原文。

〔五〕主　平、曙作「王」；依魯本、中華本改作「主」，合於漢書原文。（定枎校）

〔六〕嬴　平、曙譌作「羸」；依黔、魯改，合漢書原文。

〔七〕粱　本書各刻本均譌作「梁」，依中華排印本改作「粱」。（定枎校）

〔八〕于　平、魯、中華排印本作「巳」，依曙本改作「于」。（定枎校）

〔九〕俟　平本、曙本作「俟」，魯本、中華排印本作「候」。此處兩字義同。

〔一〇〕國家代有　平、黔、魯作「國有代者」；依曙本改，合王禎原文。

〔一一〕「管子所」三字，平本空等，「謂措」兩字殘缺；依黔、曙、魯補。所引管子，是牧民第一篇「士經」章起首的一句。

〔一二〕國　平本作「曰」，是譌字；曙本作「法」，暫依中華排印本「照黔改」（魯同）。值得注意的，是古今圖書集成食貨典卷一〇〇所引，這句止是「聖賢之君」，没有「立」字；又下句是「皆有預備之政」。

〔一三〕兔　平本譌作「免」，應依魯、曙、中華排印本改作「兔」。（定扶校）

〔一四〕抽　平、曙作「換」，依黔、魯改作「抽」。——習慣上常用「釜底抽薪」的成語。

〔一五〕待　平、曙譌作「侍」，依魯本、中華排印本改作「待」。（定扶校）

〔一六〕七曰眚禮　平本譌作「七月青禮」；又以下各句，平、魯「曰」均譌作「月」；依黔、曙改，合周禮原文。

〔一七〕藏　平本譌作「蒇」，依黔、曙、魯改正。

〔一八〕勿　平本譌作「而」，曙本作「不」；依魯本、中華排印本改作「勿」。（定扶校）

〔一九〕仲　黔、魯作「中」，依平、曙作「仲」。

〔二〇〕監　黔、魯譌作「五」，依平、曙作「監」。

〔二一〕侵　黔、魯譌作「浸」，依平、曙作「侵」。

〔二二〕嬴　平譌作「羸」，依黔、曙、魯改。

〔二三〕地　黔、魯譌作「施」，依平、曙作「地」。

〔二四〕常　平、黔、魯作「然」，依中華排印本「照曙改」。（案：古今圖書集成食貨典卷一〇八荒政部雜録一，別引「富鄭公救荒文移」，此字作「定」，似乎更好。）

〔二五〕拖　平本譌作「施」，依黔、曙、魯改。

〔二六〕旋　黔、魯譌作「循」，依平、曙作「旋」。

〔二七〕從　黔、魯譌作「兩」，依平、曙作「從」。

〔二八〕領　平本譌作「令」，依黔、曙、魯改。

〔二九〕虚　平本譌作「處」，依黔、曙、魯改。

〔三〇〕給　平本譌作「級」，依黔、曙、魯改作「給」。

〔三一〕專　平本譌作「東」，依黔、曙、魯改，合原文。

〔三二〕癘　平、曙作「癘」，魯本、中華排印本作「厲」。此處應依平、曙。（定枎校）

〔三三〕貸　黔、魯譌作「貨」，依平、曙作「貸」，合原文。

〔三四〕户　黔、魯譌作「石」，依平、曙作「户」，合原文。

〔三五〕偫　平、黔、魯均譌作「待」，依曙本改，合原文。偫音zhì，即「儲積」。

〔三六〕冬　黔、魯譌作「終」，依平、曙作「冬」，合朱集原文。

〔三七〕月　平、黔、魯譌作「日」，依曙改，合朱集原文。

〔三八〕粉　正文及小注中「粉」字，平本譌作「粉」，依黔、曙、魯改，合王禎原文。

注：

① 本書從卷四十三起，到卷六十止，總標題爲「荒政」。内容除卷六十全引王磐野菜譜，第四十六

至五十九這十四卷，全引救荒本草之外，前面四十三至四十五三卷，是「備荒總論」、「備荒考」，應當是針對災荒的政治措施，才符合於「凡例」中「有備爲中，賑濟爲下」的兩項要求。——第一項「預弭爲上」的要求「濬河築堤」，卷十二到卷二十的八卷已經系統地有了資料，「寬民力，祛民害」，也在開頭三卷中作了些交待。「凡例」中，說過「有備」的内容是「尚蓄積、禁奢侈、設常平、通商賈」；「賑濟」的内容，是「給米煮糜，計户而救之」。「尚蓄積」和「通商賈」，可以由「設常平」附帶辦到；「常平倉」和「給米煮糜」的種種設置，已經由所引「本朝詔令，前賢經畫」供給了不少資料，雖然編排散亂，但還可以清理得出來。原要求的「禁奢侈」，也許止是一句陪襯的話，所以見不到實際資料。從四十三到四十五三卷所引「本朝詔令，前賢經畫」，絕大部分出自俞汝爲的荒政要覽和馮應京皇明經世實用編；曾在北京圖書館用所藏影片膠卷校過，字句上有些差異，顯然是平露堂諸人整理付刻時改的。第四十三卷全卷，除引自王禎農書的兩條之外，全見荒政要覽，卷中不再逐條注明。

② 現見春秋穀梁傳莊公二十八年「臧孫辰告糴」一節。

③ 累：解爲重疊；「雖累凶年」，即儘管連年有災害。

④ 艾：穀梁傳原注：「獲也」；即借作「刈獲」的「刈」字用。

⑤ 現見荀子富國篇「觀國」章。

⑥ 這是丘濬大學衍義補中的兩節。第一節至「下常有餘，上無不足」止，見「卹民之患」中，即本書

所引荀子富國篇「觀國」章的案語；後面還有「禹、湯所以有災而不爲患者，知此故也」的結論。「以供天下之用」以後，未查得出處。

⑦現見管子山權數第七十五篇第一章。

⑧現見漢書卷二四食貨志（上），這是晁錯對漢文帝的建議。本書引用文字有删節。

⑨亡：借作「無」字用。（「捐瘠」，過去各家解釋有紛歧，可以暫依唐顔師古的説法，「捐」解爲不照顧，「瘠」解爲瘦弱。）

⑩辟：借作「避」，即「退讓」，也就是「少於」。

⑪有阡陌之得：漢書食貨志原作「有仟佰之得」。顔師古注曰：「仟謂千錢，佰謂百錢也。」（定枎注）

⑫見陸宣公奏議請遣使臣宣撫諸道遭水州縣狀（陸贄事蹟見下注⑭）。

⑬這個注，是荒政要覽引自南宋董煟救荒活民書的。

⑭引文見陸宣公奏議（卷六）請以税茶錢置義倉以備水旱。陸贄是唐代的「賢學士」，唐書（卷一三九）、新唐書（卷一五七）都有傳；經常向皇帝建議一些對群衆有益的事，雖然爲了保障皇帝統治的安全，但是群衆也得到了一些實利。這裏所引的奏議末兩句，「固（＝顯然）非（＝不是）獨豐公庾（＝止把政府的糧倉裝滿），不及（＝不計算）編甿（＝農民大衆）」，正代表他一貫的作風。

⑮范鎮，北宋仁宗時的諫官，宋史（卷三三七）有傳。本書據荒政要覽（卷二）轉引，是奏流民乞立經制狀；與原文頗有出入。（參看古今圖書集成經濟彙編食貨典九七荒政部引文）

⑯這是蘇軾在杭州時所上浙西災傷第一狀的節録，原奏見東坡集奏議七；救荒活民書也引有。小注本書所加，語氣似乎是徐光啓手筆。

⑰二聖：指幼年皇帝哲宗趙煦和「垂簾聽政」的太皇太后曹氏。

⑱力勝錢：當時税收單位的一種附加捐税。見東坡集奏議集卷十二第十五册（萬有文庫第一集）元祐七年十一月初七日乞免五穀力勝税錢劄子。

⑲度牒：唐會要「天寶六載（玄宗時）制：僧、尼、道士，令祠部給牒」，這是「度牒」的起源。「度牒」即「出家」的身份證明書；必需付給政府一定量的錢幣，才可領得。犯罪的人，「出家」後可以免罪；也就是説，富人犯重罪後，如能出錢買得度牒，便可免受刑罰。因此，安禄山作亂後，楊國忠立刻就派人到太原出賣度牒，「旬日，得百萬緡」。宋代繼承了這種「生財」的辦法。

⑳此段引文節録程頤所作賑濟論，文字有删改。程頤是北宋的理學家。

㉑此段引文摘引南宋吕祖謙東萊博議中論荒政（即對春秋魯大夫臧孫辰告糴的評論）。

㉒這是王禎農書（卷十）百穀譜十一「備荒論」的起處一節。原文第二節，引在本卷末，最末一大段，引在本書卷四十四末了，標作「玄扈先生曰」。這樣拆散零亂安排，尤其是後一節的「張冠李戴」，决不是原稿的定稿形式。

㉓引文除見荒政要覽之外，又見明臣奏議（卷二），題爲請豫備倉儲奏。古今圖書集成經濟彙編食貨典（卷一〇〇）荒政部藝文七也引有。楊溥是明英宗的宰相；明史（卷一四八）有傳。

㉔ 引文除見荒政要覽之外，原見何氏集（嘉靖三年刊本），古今圖書集成食貨典（卷一〇〇）荒政部藝文七亦引有。標題均作救荒議。何景明，明史（卷二八六）有傳，孝宗時進士，世宗嘉靖初年卒，爲明代著名的文人。

㉕ 此：疑當作「比」（讀 bì），即「等到」。

㉖ 荒政要覽引，標題爲備荒弭盜論；古今圖書集成食貨典（卷一〇三）荒政部藝文十同。焦是明神宗初年有名的文人，著作種類很多。

㉗ 遺人：見周禮地官。

㉘ 廩人：見周禮地官。

㉙ 俞汝爲，即纂輯荒政要覽的人。案：捕蝗論和下卷末的除蝗疏，似乎應當歸在一處；這樣的編排，顯有錯亂，本節所説姚崇、倪若水、盧懷慎等人的争論及宋朝捕蝗法，均請參看除蝗疏。

㉚ 吴遵路：宋史（卷四二六）循吏傳有吴遵路傳；傳中止説他在處置災荒上很有辦法，没有説到「知蝗不食豆苗」。

㉛ 盧慎：應作「盧懷慎」，見下卷除蝗疏。

㉜ 見荒政要覽（卷四）平糴法，鈔自唐杜佑通典（卷一二）輕重篇「平糴」的一節。杜佑原文是從管子臣乘馬以下的輕重各篇中總結得來。

㉝ 漢書卷二四上（食貨志上）「李悝爲魏文侯作盡地力之教」，計算過單位面積産量的關係後，接着

説穀價變化的影響，即現在所引這一節。（案：本書第一卷也引有「作地力之教」到「其傷一也」，可以參看。）本書引用時，仍有删節。「故大熟」上，還有以「是故善平糴者」引起的一段，説明怎樣分別上、中、下熟與小、中、大飢，然後才定出熟與飢時糴與發的比例。現引標題中「作平糴之法」，不是漢書原文。

㉞ 注文原係漢書張晏爲「上熟，其收自四（＝爲正常的四倍）」，餘四百石」所作注：「平歲，百畝收百五十石；今大熟，四倍，收六百石。計民食，終歲長（＝餘）四百石；糴三百石；——此爲糴三舍一也。」一百石還是錯了的，應作「三百」，才合於「糴三而舍一」。

㉟ 引自董煟救荒活民書論和糴，文字上有改動。「和糴」的名稱，最早始於南北朝魏，（但魏書中未見記載。）唐杜佑通典（卷一二）食貨十二輕重篇説（北魏孝明帝神龜、正光之際，公元五一八年至五二五年）「收内（＝納）兵資，與人（＝民）和糴，積爲邊備」；原意是皇家或政府出錢，向群衆購買餘糧，雙方商議價格，大家樂意，才進行買賣，所以稱爲「和」。但實行時，貪官污吏種種剥削，結果總是勒派，對農民造成沉重負擔。董煟所以説「烏得謂之『和』哉」？

㊱ 「隋開皇五年……名曰義倉」，本節内容事實是源自隋書（卷二四）食貨志；荒政要覽就原文剪裁寫成。長孫平的官職，應依隋書原文作「工部尚書」。（據隋書卷二八百官志下所記隋代制度，「工部統工部，屯田侍郎各二人，虞部、水部侍郎各一人」。）

㊲ 胡寅：南宋初年人。

㊳莫要：没有比……更重要的。

㊴荒政要覽（卷三）及欽定康濟録（卷二）、古今圖書集成食貨典（卷九五）荒政部藝文二，均引作李訢預備倉儲議；董煟救荒活民書，標明「唐德宗時，尚書李訢曰」。但魏收魏書（卷六二）李彪傳中，李彪所上封事七條，有一條（杜佑通典卷一二也節引有）却正有這麽一段，文句小有差别，内容實質全同。李彪上書，是北魏孝文帝時（公元四六六年至四九四年）的事，孝文帝太和十一年（四八七年）「以旱饑，詔聽民就豐」；魏書本紀七下、食貨志及東陽王丕、韓麒麟等傳亦有相關記載。李訢是唐德宗時的尚書；唐德宗貞元元年（公元七八五年），關中雖有蝗旱大饑，但没有「移民就豐」的記載。由時代的先後和史實對照看來，似乎止應歸之於北魏李彪，而不是唐李訢。

㊵宋史（卷四〇一）辛棄疾傳「葉衡入相，力薦棄疾……尋知潭州，兼湖南安撫」。案：葉衡入相，是孝宗淳熙元年冬十一月丙午（一一七四年十二月九日），則辛棄疾在湖南領兵，應是一一七五年的事，但本傳中，止記有辛棄疾「知隆興府，兼江西安撫。時江右大饑，詔任責荒政。始至，榜通衢曰：『閉糴者配，彊糴者斬……』」，事情有些相類似，却不是安撫湖南時所作。

㊶這是丘濬大學衍義補「卹民之患」章對辛棄疾的評論。這裏，很顯明地可以看出，丘濬是爲不肯糶穀的富民解説的。

㊷這是曾鞏的文章，見元豐類稿（以下簡稱「曾集」）卷一九，標題越州趙公救菑記。荒政要覽引用時，换了標題，字句也有些改動；現將關係較大的幾處作「案」注明。

㊸ 這一節止是越州趙公救菑記後面的一段議論，並不是另一篇文章。

㊹ 北宋仁宗慶曆八年（一〇四八年），河北大水，災區群衆流移，有些流到青州。青州的長官富弼（據宋史卷三一三本傳，他當時「以給事中移青州，兼京東路安撫使」）立即開展安頓流亡群衆的工作：替他們籌備住、吃和維持生活的各種事項。本卷據荒政要覽（卷六）引用了他當時處置和事後匯報經過的五個文件：其中兩件「行移」，發給京東路屬下的青州、淄州、登州、維州、萊州等五州地方長官；兩件曉示和告諭，指示群衆；最後一件「劄子」，回答皇帝的詢問。當時文件，大致接近口語；有些字的用法，和今天的習慣不同，不能用現在的用法解釋，讀起來有些較難理解。我們所作注釋，大半是根據宋史所引其他文件，以及北宋「話本」、南宋「語録」和某些語體詩詞、筆記小説中的語句，推測而得，未必全都合適，僅供參考。

㊺ 當司：「當」（去聲）即「本」，「司」是「管」；「當司」也就是「本官」。

㊻ 逐熟：當時河北災荒，青州等處豐收（＝「熟」），大衆趕（＝「逐」）過來就糧食。

㊼ 那趲房屋安泊：「那」字，今日寫作「挪」；「趲」字，當時作「催趕」解。「泊」，原意是船隻停靠，借作寄住。

㊽ 切：解爲「切實」。

㊾ 別致：不是明清以來，解作「新鮮」的「別致」。「別」是「分別」，由「分別」演變爲「挑選」和「不要」等意義；這裏應選用「不要」。「致」是「招致」。

㊿甚損和氣：「和氣」，不是個人相處的關係，指「天地之和」。
51見：現在寫作「現」；以下「見今」、「見在」、「見有」……的「見」字，都是這樣。
52指撝：「撝」即「揮」字。「指揮」，即現在所説「指示」。「門頭人」，即管門的人。
53切：解作「實在」，即「切實」。
54各仰逐官：「各」是「分别」，「仰」是「依靠」，「逐」是「輪到的」。
55晝時：限定的最短時間。
56耆壯：「耆」是老人，「壯」是「壯丁」；這裏應特指當地公推或官府指定管理地方瑣事的人員。由他們所代表的地方基層組織單位，大致相當於「保甲」。
57應副：「副」原解爲切下；切下的比原來小，但可以復原；符合原大小，所以可作爲另一動詞，解作「符合」。「應副」，即「相對應、能符合」，後來寫作「應付」。原來雖稍有「遷就」些的含義，但要求還不是太低，演變後，就由湊合變成了「敷衍」。
58泊：即經常保持淺水而不流動的天然水庫。梁山泊，就是京東路的一個「泊」。
59博：解作「换」。
60大段：主要部分。
61「才候向去豐熟日，即依舊施行」，解爲「一俟將來豐熟的時候，就恢復舊時秩序」。
62「廩」字上面或下面，可能漏脱一個字。

㊸「兼日……止定價例」，這一段裏面，要解釋的，有：「兼日」，即「連日」；「斛斗」，代表「糧食」；「所貴」，今日習慣説「務必」。「見今別路」，即目前京東路以外其他的「路」。「惟當司不曾行」，本路沒有這樣作；——原因在下句：「蓋恐止（＝限制）定價例（＝市價），則傷（＝損害）我土居之人」。事實上「土居之人」，止指可以有糧食出賣的人。

㊹令耆長置曆受納：「耆」指「耆壯」所代表的地方基層組織。「曆」，即記載着日期和過程的表格，大致和「手册」相似。

㊺「請于見任并前資、寄居及文學、助教、長史等官員内」：「見任」，即「現任」。「前資」，即過去（＝「前」）有過官職資歷，現在没有職守，閑住在本家鄉的。「寄居」，外地人在本地方作官，現在已經解職，但仍留居本地的。「文學」，是各級官府中管「士子」的專職官，平常不管一般大衆的事；「助教」，專管教「士子」們讀書，連「士子」們讀書以外的事也不管。「長史」，是監察官。「文學」、「助教」、「長史」，一般都是清閑的官。

㊻將縣分交互差委支散：以上「見任」到「長史」等臨時派定的官員，都按照他們的籍貫所在縣分，「迴避本籍」，受委託出差到另外的縣裏去辦支散糧食的事。

㊼臧罰錢或頭子錢：「臧」，習慣上用「贓」字。「頭子錢」，租税附加的雜税。

㊽空歇：即今日習慣上的「空白地位」。

㊾曆子頭：即手册的第一頁，如上文所説，有字號、空歇，並經過「印」、「押」，又如下文所説「填定姓

名、口數」和應支米豆總數的。後面再黏上兩三張空白紙，預備登記所支米豆等項，便成了一「道」「曆子」。

⑦⓪「即不差委公人、耆壯抄劄」：止由臨時差派的官親自辦理，不讓衙門的「公人」和保甲上的「耆壯」去調查（＝「抄」）填寫（＝「劄」）。（下句「别致」見上面注㊾）

⑦①土官：「官」字應依古今圖書集成食貨典（卷一〇八）所引，作「居」字。

⑦②「逐旋依都數支給，所貴更不臨時旋計者」：「旋」，讀去聲，即「隨即」；「都數」是「總數」；「所貴」，見上面注⑥③。

⑦③般赴：「般」，現在寫作「搬」。上句「圖那」，「圖」是「圖謀」，即出主意，想辦法；「那」是挪借。「車乘」即車子。

⑦④科決：「科」是按律定罪，「決」是當場當時執行「笞」、「杖」等刑罰。

⑦⑤「手分、斗子」：「手分」，大致是專管寫字的「小吏」（參看下面的「本州承牒手分」）；「斗子」是管量糧食的「公人」。

⑦⑥權差請官：「權」是「臨時應付」；這些臨時差派的官，不是「正資」，所以止能作爲「權差請」，便「不得一面區分」。

⑦⑦一面區分：「一面」，即自行作主；「區分」即今日習慣中所説「處分」。

⑦⑧「本州承牒手分……的不虚行指揮」：「本州承牒手分」即司州官衙門中經手辦理「帖牒」的「手

分」。「勘罪嚴斷」，從本州手分起，到各縣司官吏一併在內，而且「的（＝確實）不虛行指揮」，說明了認眞貫徹的精神，同時也可從側面看出當時官吏的疲沓、貪污和「指揮」有「虛行」的情形。

⑲ 今：懷疑應是「令」。

⑳ 「一」字下，應補「月」字。

㉑ 「以」字，疑是「從」字，字形相近寫錯。

㉒ 利物：宋代招募「禁軍」（中央部隊）「廂軍」（各省國防部隊），都要「刺手背」或「刺臂」，作爲永久標識，同時發給一定數量的錢、米、實物，作爲安家費，稱爲「利物」。

㉓ 「有四五口，及四五萬人」，這兩句可能有錯漏；似乎應作「人有四五口，即四五萬人」。新招兵們所得利物，可以每人養活四五口，一萬餘新兵，共可活四五萬人。

㉔ 現見東坡集奏議第十四乞減糶常平米賑濟狀。

㉕ 「只用出糶常平米一事，更不施行餘策」，從起處到這兩句爲止，蘇軾原奏所無。

㉖ 斃：疑是「弊」字鈔錯，——「弊」是困乏，「斃」是死亡，有些差別。

㉗ 現見元豐類稿（卷九），荒政要覽引用時，大有删改。

㉘ 枹鼓：枹音 fú，解爲鼓槌；「枹鼓」，以戰鼓象征戰事。這一節，代表了依附着統治階級的士大夫們，對農民起義所持偏見。

㉙ 朱子，指南宋朱熹。社倉法，現見朱文公集（卷九九）。（朱熹文集，傳本有晦菴先生朱文公集、

朱子大全集等多種。）

⑩ 發遺裏足米：工作報酬的名目。

⑪「宋隆興中，……不與進納同」，這一條，荒政要覽引文之外，現見丘濬大學衍義補䘏民之患篇。

⑫ 宋史（卷三五）孝宗本紀：「三十年春，正月丁丑，……命州縣掘蝗。」這個敕文，大致即是這時所公佈的。

⑬ 現見王禎農書百穀譜十一備荒論，這是原論的第二段。

⑭ 小注，王禎原有；這些圖譜，本書在前面卷五。

⑮「惟捕之，乃不爲之災」：案下一「之」字衍，應依王禎原書删去。

⑯ 小注，王禎原書無；疑係徐光啓所加。

⑰「萁」字，似原應作「食」或「飯」等字；王禎原文疑有誤。（案：「萁」字向來解作藁秸，——讀音也和「秸」字相近——「蕨萁」原來止指蕨的葉柄，並不是用「蕨」來製成的澱粉性食物「萁」。）

案：

〔一〕助　應依穀梁傳原文作「敗」。「豐年補敗」，即以豐年的收成補償遭受災害而敗傷的年份。

〔二〕當　應依荀子原文作「富」，顯係字形相似鈔寫有誤。「上下俱富」之後，便「交（＝相互）無所藏（＝隱匿）之」。

〔三〕九　管子原作「五」。

〔四〕鑄幣而贖之　上下兩處，今本管子均作「鑄幣而贖民之無糧賣子者」。

〔五〕慈母　宋本漢書原作「慈父」。

〔六〕虐　漢書原作「賦」。

〔七〕埸　蘇軾東坡集原作「務」。

〔八〕絶　應依蘇集作「遂」，語氣較婉轉。

〔九〕凡有預設備荒定制　很難講解；圖書集成作「凡於預備，皆有（明臣奏議作「用」）定制」，和上文「必修預備之政」相呼應，應依集成形式改正。

〔一〇〕文具　應依集成作「具文」。

〔一一〕自唊　何氏集無此兩字。

〔一二〕財　傳本周禮作「利」。

〔一三〕「宜敕……」以下，通典所引李彪原奏，是「宜析（＝分出）州郡常調（＝經常征收的實物）九之二，京師都（＝歸總）度支；歲用之餘，各立官司。年豐糴積於倉；儉則減私之十二糴之（＝比民間市價減少十分之二來出賣）。如此，人（＝民）必力田，以買官絹，又務貯錢，以取官粟」。本書據荒政要覽所引，文字與百衲本二十四史中宋大字本魏書更相近。但我們覺得杜佑所引，可能更實際合理，——尤其「儉則加私之二」的「加」字，必須依通典作「減」。

〔一四〕「以」字下，應依曾鞏元豐類稿原文補「告」字。

〔一五〕及簡　曾氏原文作「公斂」。

〔一六〕「人」字，應依曾集原文作「丈」。

〔一七〕有　應依古今圖書集成食貨典（卷一〇八）引文作「於」。

〔一八〕剩　應依古今圖書集成食貨典（卷一〇八）引文作「别」。

〔一九〕名　應依古今圖書集成食貨典（卷一〇八）引文作「告」。

〔二〇〕「官員」下，應依古今圖書集成食貨典（卷一〇八）引文補「處」字。

〔二一〕道　應依古今圖書集成食貨典（卷一〇八）引文作「差」。

〔二二〕「臧罰」下，依古今圖書集成食貨典（卷一〇八）引文補「頭子等」三字。

〔二三〕列　應依古今圖書集成食貨典（卷一〇八）引文作「例」。

〔二四〕右　應依古今圖書集成食貨典（卷一〇八）引文作「有」。

〔二五〕瞻　應依蘇集原文作「贍」。

〔二六〕年　應依朱集原文作「平」。

〔二七〕縣官人從共一十名　應依原文作「縣官人從七名，鄉官、人從共十名」；核對下文飯米總數，就可以算出必須是共十七名。

〔二八〕收　應依原文作「修」。

〔二九〕朱熹原文附有「保狀」的式樣，現已省去。

〔三〇〕河　丘書原作「湖」。

農政全書校注卷之四十四

荒政

備荒考中①

洪武元年八月詔曰②：今歲水旱去處所在，官司不拘時限，從實踏勘實災，租税即與蠲免。

永樂九年七月③，户部言：賑北京臨城縣饑民三百餘户④，給〔一〕糧三千七百石有奇。上曰：國家儲蓄，上以供國，下以濟民。故豐年則斂，凶年則散。但有土有民，何憂不足。今後但遇水旱民饑，即開倉賑給，無令失所。

洪熙元年正月詔曰⑤：各處遇有水旱災傷，所司即便從實奏報，以憑寬恤，毋〔二〕得欺隱，坐視民患。

宣德二年十一月詔曰⑥：各處鹽糧税糧，除宣德二年以來〔三〕未完者，依例徵納。其宣德三年税糧鹽糧，以十分爲率，蠲免三分。

宣德三年三月，工部侍郎李新自河南還，言山西民飢，流徙至南陽諸郡，不下十萬餘口。有司軍衛，各遣人捕逐，民死亡者多。上諭夏原吉曰⑦：民飢流移，豈其得已。仁人君子，所宜矜念。昔富弼知青州⑧，飲食居處醫藥，皆爲區畫；山林湖泊之利，聽民取之不禁，所活至五十餘萬人。今乃〔二〕使之失所，不仁甚矣。其即遣〔三〕官往，同布政司及府縣官加意撫綏，發倉廩給之，隨所至居住。有捕治者罪之。

宣德九年十月，敕諭巡撫侍郎周忱⑨：比聞直隸亢旱⑩，人民乏食〔三〕。爾等即委官前去，于所在官倉量給米糧賑濟，毋得坐視民患。一各處府州縣逃移人户，其遞年拖欠非見徵糧草，爾等即同府州堂上官從實取勘，見徵俱令停徵。仍設法招撫其復業，蠲免糧差一年。

正統五年七月⑪，敕諭工部〔四〕侍郎周忱：朕惟飢饉之患，治平之世，不能無之，惟國家思患預防，其爲賑濟。自古聖帝明王，暨我祖宗，成憲于兹。洪武中，倉廩有儲，旱澇有備，具在令典，民用賴之。比年所任州縣匪人，不知保民，隳廢成法，凡遇飢荒，民無仰給。今特命爾兼總督南直隸應天、鎮江、蘇州、常州、松江、太平、安慶、池州、寧國、徽州十府及廣德州預備之務⑫。爾等其精選各府州縣之廉公才幹者委之專理，必在得人。爾則往來提督。朕承祖宗大統，夙夜惓惓，以生民爲心。爾等其祗體朕心，堅乃操，勵乃志，精謀慮，勤慎毋怠。凡事所當行者，並以便宜施行，具奏來聞。勿怠勿徐，須處置有方，不致騷擾，而必見成効。庶使猝〔四〕遇災荒，民患有資，不至甚艱。朕選擇而委任，爾必精白一心，以副委任。其往懋哉⑬！如所選委官，先有別差，爾則差官代理其先辦之事。今選委者遇其考滿，亦須事完，然後赴京。爾亦不必來朝，有事但遣人齎奏。一切合行事宜，條示于後。故諭。

一、見今官司收貯諸色課程并贓法等項鈔貫⑭，及收貯諸色物料，可以貨賣者，即依時價對換穀粟，或易鈔糴買。隨土地所産，不拘稻穀米粟二麥之類，務要堅實潔净，不許插和糠粃沙土等項。并須照依當地時直兩平變易，不許虧官，不許擾民。凡州縣正官，所積預備穀粟，須計民多寡，約量足照備用，如⑮本處官庫支糴。本府官庫不敷，具申户部奏聞處置。

一、凡有丁力田廣及富實良善之家，情願出穀粟于官，以備賑貸者，悉與收受。仍具姓名數目奏聞。非情願者，不許抑逼科擾。

一、糴米在倉，每倉頒立文簿，一樣二扇⑯，備書所積之數：一本州縣收掌，一付看倉之人收掌，并用州縣印信鉗〔五〕記。但遇飢歲，百姓艱苦，即便賑貸。并頒州縣官一員，躬親監支，不許看倉之人，擅自放支。二處文簿并書放支之數，還官之數亦用。放支之後，并將實數具申户部。所差看倉，須選忠厚中正有行止老人富户，就兼收支。不許濫用素無行止之人，及僉斗級等項名色，庶免後來作弊。

一、凡各處閘洪陂塘圩田濱江近河堤岸，有損壞當修築者，先計工程多寡，務要農隙之時，量起人夫用工。或人力不敷，工程多者，先于緊要去處整理，其餘以次用工，不可追急。若近江河隄防工程浩大者，但于受利之處，令起夫協同修理。其起集人夫，務在驗其丁力均平差遣，毋容徇私作弊。凡所作工程，務要堅固經久，不許苟且，徒費人力。府縣正佐官，時常巡視，毋致損壞。

一、各處陂塘圩岸，果有實利及比先⑰有司或失于開報，許令條陳利民之實，踏勘明白，畫圖貼説，具申工部定奪；如利不及衆，不許虚費人力。

一、但遇近經水旱災傷去處，預備之事，并暫停止。豐年有收，依例整理。或有衝决圩岸，必須修理者，及時修整，亦須斟酌人力。

正統五年七月二十四日，敕行在工部右侍郎周忱：得奏，鎮、常、蘇、松等府，潦水爲患，農不及耕，心爲惻焉。今遣員外郎王瑛往視，就齎敕諭爾：爾即躬自踏勘，凡各部所渰没，不得耕種之處，具實奏來處置。其被水之民，有艱難乏食者，悉于官倉儲糧給濟，仍戒飭郡縣官，善加存恤，毋令失所。比聞浙江湖州、嘉興皆被水患，今亦命爾一體整理。朝廷專以數郡養民之務委爾，爾宜夙夜用心，勤思精慮區畫，以稱付託。欽哉。故敕。

正統六年四月初八日，敕行在工部左侍郎周忱：比聞應天、太平、池州、安慶等府，自去年四月以來，水旱相仍，軍民艱食。嘗敕南京守備等官，糶糧接濟，尚慮貧難之民，無由糴買。朕深念之。敕至，爾即查究，被災郡邑，如果人民缺食，將預備倉糧，量給賑濟，加意撫綏，毋令失所。仍戒飭有司官吏人等，不許託此作弊，違者，就拿問罪。故敕。

正統十四年十一月十九日⑱，遣官招撫河南流民敕曰：今聞河南開封府、陳州等處，多有各處逃來趂食流民，或與本處居民相聚一處。誠恐其中有等小人，久則至于誘惑爲非，難以處置。今特簡命爾往彼處，會同左副都御史王來，及彼處三司堂上官，并原專一撫流民官員，及巡按御史，及本府州縣堂上能幹官、平日爲民所信服者，分投設法，小心招撫，令各自散處，耕種生理。有缺食者，量給米糧賑濟，無田種者，量撥與田耕種。務令得所。宣諭朝廷恩重，使之警悟，不許急逼，致有激變，又爲患害。其中果有能體朝廷恩恤，各散復〔五〕業者，量與免其糧差三年，庶俾有所慕戀。仍提督所在衛所官軍，操練軍馬，固守城池。如有寇盜生發，即令相機勦捕，毋致滋蔓。爾爲近臣，受朝廷之委命，必須夙夜盡心，以畢乃事，不可因循怠忽，有誤事機。如違，罪有所歸。事妥，民安之時具奏。俟命，然後回京。故諭。

萬曆十七年⑲，敕户科右給事中楊文舉曰：直隸、浙江，係財賦重地。近該各撫按官奏報，旱災異常，小民飢困，流離失所。朕心惻然。已該部⑳，議發太僕寺馬價及南京户部銀各二十萬兩，分給賑濟。今特命爾前去南直隸、應天、蘇、松等府，及浙江、杭、嘉、湖三府地方，會同彼處撫按官，查照被災輕重，人户多寡，將前項銀兩通融分派。仍慎選實心任事有司官員，計口給〔六〕賑，務須放散如法，使飢民各沾實惠。不許任憑里書人等，侵尅冒支。其應徵應停及改折等項錢糧，仍與撫按官備細查理，逐一示諭小民，無使奸猾吏胥，及糧長土豪，通同作弊。各該承委官員，悉聽爾會同撫按官，嚴加稽考，遵照上中下定格，分别薦奬論劾。倘有無知惡少，乘機嘯聚，假名勸借，公行搶奪，甚至拒捕傷人者，爾即會同撫按官，遵照先次諭旨，擒拿首惡；審實，一面梟示，一面具奏。若府州縣官，有縱容隱匿者，從實參奏。敕内開載未盡事宜，聽爾斟酌奏請施行。事完之日，通將賑過州縣，用過銀兩數目，造册奏繳。爾受兹委任，尤當持法奉公，悉心經畫，務使惠溥人安，以副朕軫恤小民至意。如或遷延踈玩，具文塞責，罪有所歸。爾其欽哉！故敕。

席書奏疏曰㉑：嘉靖十七年〔六〕。臣竊見今歲南京地方，夏秋旱澇相仍，人民飢饉殊甚。初賣牛畜，繼鬻妻女，老弱展轉，少壯流移，或縊死于家，餓死于路。父老皆言今非昔比，各官已嘗具奏，廷議已下賑恤，但飢民甚多，錢糧絶少，以此數乏錢穀。兹欲按圖給濟，如汲壺水以洒涸河，徒有虚聲，决無實補。爲今日計，先須分別等第，酌量緩急。以地言之：江北鳳陽、廬、淮、揚四府，滁、和二州爲甚，江南應天、鎮江、太平三府次之，徽、寧、池、安、蘇、常等府又次之。此地有三等，難于一例處也。以户言之：有絶爨枵腹，垂命旦夕者；有貧難已甚，可營一食，得免溝壑者；有秋禾全無，尚能舉貸者。民有三等，難于一槩施也。今賑恤兩畿，宜先江北，次及江南二等三等州縣可也。賑濟户口，宜先垂死，次及可緩，二等三等人民可也。臣日夜籌計：今日有司倉庫既無儲備，户部錢糧又難遍給。考求荒政于古，率多有礙于今。惟作粥一法，不須審户，不須防奸，至簡至要，可以舉行時下，可以救死目前。今世俗皆謂作粥不可輕舉。緣曾有聚于一城，不知散布諸縣，以致四遠飢民，聞風併集，生者勢力難給，死者堆積〔七〕無計。遂謂作粥之法，不宜輕舉，可痛可惜。今計南畿相應作粥州縣：江南，宜于應天、太平、鎮江，分布一十二縣；江北，擇要急者，宜分布三十二縣。總計四十三州縣。大約大縣設粥十六處，中縣減三之一，小縣減十之五。如臣賑粥事宜欵目，備行各該州縣設粥廠分，約日並舉。凡窮餓者，不分本郡〔八〕外省，不分江南江北，不分或軍或民，不分男女老幼，一家三口五口，但赴廠者，一體給粥賑濟。計自十一月中起，至麥熟爲止，四個半月爲率：江南十二縣，約用米五萬餘石；江北三十州縣，約用米十萬餘石。有司能守，此法一行，餓窮垂死之人，晨舉而午即受惠，三四舉而即免死亡。其効甚速，其功甚大。此古遺法，非今創舉。竊謂此法非但宜于兩畿，實可推于天下。舍此而欲將今在銀兩，審係貧民，唱名支散，飽者多或竊冒，餓者率至潰亡，死者仍死，逃者仍逃。求補尺寸，萬萬決無能矣。

林希元曰㉒：嘉靖八年。救荒有二難：曰得人難，審户難。有三便：曰極貧之民便賑米，次貧之民便賑錢，稍貧之民便賑貸。有六急：曰垂死貧民急饘粥，疾病貧民急醫藥，病起貧民急湯米，既死貧民急墓瘞，遺棄小兒急收養，輕重繫囚急寬恤。有三權：曰借官錢以糴糶，興工作以助賑，貸牛種以通變。有六禁：曰禁侵漁，禁攘盜，禁遏糴，禁抑價，禁宰牛，禁度僧。有三戒：曰戒遲緩，戒拘文，戒遣使。戒遣使何也？在得人耳。如萬曆己丑之役，使者如中川之鍾化民，何可不遣？如江南之楊，何可遣㉓？其綱有六，其目二十有三。

程文德疏曰㉔：嘉靖三十二年。水災異常，言官屢奏，持議未見歸一。臣以今日内帑不必發，大臣不必往。夫救荒莫便于近，莫不便于拘。宜各遣行人，賫詔宣諭，令各州縣自爲賑給，聽其便宜處置。凡官帑公廩贖納勸借，苟可濟民，一不限制。又近日户部申明開帑〔七〕事例，亦許就本地上納。即粟麥黍菽，凡可救飢者，得輸官計直，請劄受官。決不可開事例。仍登計全活之數，定爲等則，以憑黜陟。即撫按守巡賢否，亦以是稽之。得旨〔九〕下部行之。

馮應京實用編〔一〇〕載張朝瑞保甲法曰㉕：弭盜救荒，莫良于保甲。二者相須並行，方克成功。蓋保甲爲弭盜而設，是以治之之道編之也。民情莫不偷安，故其成也難。爲賑飢而設，是以養之之道編之也。民情莫不好利，故其成也易。先將城内，以治所爲中央，餘分爲東南西北四坊。如東坊，以東一保、東二保、東三保等爲號，每保統十甲，設保正副各一人。每甲統十户，設甲長一人。南西北坊亦如之。東坊自北編起，南坊自東編起，西坊自南編起，北坊自西編起，至東北而合。坊不可易，而序不可亂。大約如後天八卦流行之序㉖：自東方之震起，馴由南方之離，西方之兑，北方之坎，至東北之艮止。次將境内，以城郭爲中央，餘外鄉邸，亦分東南西北四方，各量山川道里，即令在城四坊〔二〕保正副，分方下鄉，會同該鄉保正副，量村莊爲界編之。其編亦如在城法。大村分爲數保，中村自爲一保，小村合鄰近數處共爲一保。一保十甲，聽自增減甲數，因民居也。一甲十户，不可增減户數，便官查也。或餘剩二三户，總附一保之後，名曰畸零。此皆不分土著流寓，而一體編之也。其在鄉四坊保正，俱以在城保正副分坊統之。如在城東一保，統東鄉幾保；在城東二保，統東鄉幾保。以至南與西北，莫不皆然。是保甲者舊法也；分東南西北四坊，而以在城統在鄉者，余之管見也。蓋計坊分統，内外相維，久之周知其地里，熟察其人民。凡在鄉户口真僞，盜賊有無，飢饉輕重，在城皆得與聞。或有在鄉保長抗令者，即添差人役，助在城保長拿治之。此法行則不煩青衣下鄉㉗，而公事自辦矣。有司唯就近隨事覺察在城保長，使不爲鄉邸害耳。此蓋居重馭輕，强幹弱枝之意，亦待衰世之微權也。而于弭盗賑飢，尤爲切要。編完以在城四坊保數，及所統在鄉保數，要見在城某坊一保，統某鄉幾保，某保坐落何地名，及各甲數，并保正副甲長姓名，俱要開寫真正書名㉘，不許混造排行。或曰：往歲賑飢，皆領于里甲，而今欲編保甲以代之，不亦迂乎？不知國初之里甲，猶今時之保甲也。初以相鄰相近，故編爲一里；今年代久遠，里甲人户，皆散之四方矣。每見里長領賑，輒自侵隱；甲首住居窵遠，難以周知。及至知而來，來而取，取而訟，訟而追，追而得，計所得不足償其所失。是故强者怒于言，懦者怒于色，只得隱忍而去。甚有鰥寡孤獨之人，里甲曰：「彼保甲報之，我何與焉？」保甲曰：「彼里甲報之，我何與焉？」互相推諉，使其轉死溝壑，無與控訴者，往往有之。不若立爲畫一之法，俱歸保甲，蓋凡編甲之民，萃處一處，責之查審，其呼唤爲易集，其貧富爲易知，其奸弊爲易察也。昔熙寧就村賑濟，張詠照保糶米，徐寧孫逐鎮分散，朱文公分都支給㉙，皆用此法，何名爲迂哉？

附：放糶倉穀法，各倉所錢糧出入之地，奸僞易生，若不立法稽核，恐民不霑平糶實惠。各縣凡遇放糶，先宜當官較准斗斛等秤，務與時勢相合，印單釘號，給各領用，仍存一副在官備照㉚。次置官單，照式刊刻，聽各收銀富民刷印填給。交銀已完之人，執憑支穀。每倉，置木籌三十根，每根長三尺，方一寸二分，以天地人三字編號。自天一號，歷至天十號止；地人俱照編號。并發委官收，候給糴穀人執照出入。各富民于倉外擇一近便空處，專收價銀。經收守倉居民，在倉發穀。該縣選發謹慎吏役四名，赴糶穀倉聽用。一名掌籌傳送，一名在東邊門外查驗單票號籌，放人入倉。二名在西邊門内，一收單驗穀，一收籌放穀出門。倉内用大銅鑼一面，東邊門外置鼓一面。凡有保甲人民，持銀赴糴，富民即時將銀秤收明白，備將保甲人名銀數并應與穀數，登記號簿，及填單付糴穀人執候。類有十人，先將天字號籌十根，散各執單持籌，從東邊聽吏查明，擊鼓三聲，放入。如糴穀二石，或一石五斗者，必數人支領，單上明註幾人進倉，領籌幾根。即一人止糴穀五斗，亦准領籌一根。蓋有一人，即執一籌也。量穀牙斗，用盪平斛，不許用手平斛，致有高下。十人量完，發穀之人，將單即註發訖二字，鳴鑼一聲，十人負穀齊行，然後門外擊鼓，放人入，庶倉内不致壅雜。若散天字號籌已盡，即散地字號籌。地字號籌已盡，即散人字號籌。計散人字號籌之時，而送天字號籌之吏已至矣。相繼輪轉，周流不窮。如東無單籌執照而入者，與西無單籌負穀而出〔二〕者，及有單無籌，有籌無單，并穀比單數多者，許各吏一體拿送究治。委官選差皂隸四名守門，捕役四名，内外巡綽，以防奸弊。至晚收單，吏將單類〔三〕送委官查銷。委官將銀封貯縣庫，仍聽道府并府管糧官，該縣正官，不時親臨倉所查驗。或曰：限以五斗，恐貧民銀少。聽其升糴，恐人衆擁擠，富民收銀不及。宜另擇空處，每晨領穀數石，或以升糶，或以斗糶。此不論保甲，不用單籌，不拘銀錢，聽其便宜。令糶至晚，交價還官，此亦一法也。

耿橘條議曰㉛：荒年煮粥，全在官司處置有法，就村落散設粥廠。若盡聚之城郭，少壯棄家就食，老弱道路難堪，一不便也。竟日伺候二飧，遇夜投宿無地，二不便也。穢雜易染疾疫，給散難免擠踏，三不便也。非上人親嘗，嚴察人衆，虞粥缺少，增入生水，食之往往致疾。且有插和雜物於米麥中，甚至有插入白土石灰者，立見斃亡。以上諸弊，一一講防，窮民度可籍延喘息。有謂煮粥不若分米，蓋目擊其艱苦也。若城郭中官司加意經理，各處村落，屬慕義者主之，畫地分煮，澤易徧而取效速，亦荒政之不可廢者。

城四門擇空曠處爲粥場。繩列數十行，每行兩頭豎木橛，繫繩作界。飢民至，令入行中，挨次坐定，男女異行。有病者另入一行，乞丐者另入一行。預諭飢民各携一器。粥熟鳴鑼，行中不得動移。每粥一桶，兩人舁之而行。見人一口，分粥一杓，貯器中，須臾而盡。分畢再鳴鑼一聲，聽民自便。分者不患雜踩，食者不苦見遺。上午限定辰時，下午限定申時，亦無守候之勞。庶法便而澤周也。

王士性賑粥十事㉜：一曰，示審法。夫賑恤所以不霑實惠者，止因官炤里甲排年編造，而里甲細户，散住各鄉，不在一處。故里老得任意詭造花名，借甲當乙，無由查核。

既住居不一，則其勢不得不裹糧入城，赴縣候審，喧集躭延。今約報飢民，不照里排，止炤保甲。州縣官先畫分界，小縣分爲十四五方，大縣二三十方。大約每方二十里，每方内一義官一殷實户領之。如此方内若干村，某村若干保，某保灾民若干名。先令保正副造册，義官殷實户覈完送縣。仍依册用一小票，粘各人自己門首。縣官親到，逐保令飢民跪伏門首，按册覈查。排門沿户，舉目瞭然，貧者既無遺漏，富者又難詭名。且不致聚集概縣之民，赴縣淹待。他日散粟散粥，亦俱照方舉號，挈領提綱，官民兩便。

二曰別等第。夫賑多詭冒，良不如散粥便。第生儒之輩，門楣之家，有寧餓死而不食嗟來者，則賑尤不〔一四〕可後也㉝。所慮賑粟散粥，兩相影射，重支則倉粟不及。各保正副報册之時，即確查次貧願領賑災民某人，極貧願食粥災民某人。其次貧願賑者，又分爲二等：某係正次，量賑若干；某係極次，應多賑若干。庶無冒領〔一五〕。

三曰定賑期。賑之不霑實惠者，非獨詭名冒領；即賑矣，里甲一召，四鄉雲集，由其居錯犬牙，一動百動故也。及至城市，動淹旬日。得不償失，遂棄而歸。此穀皆爲里長歇家有耳。今既炤保甲，可以隨方定期。如初三日開倉，則初一日出示：初三日賑東方灾民，仰天字號地字號若干方保甲，帶領應賑人赴縣；餘方不許預動。初四日賑西方亦如之。南北亦然。如東方至者，亦視其遠近以爲次第，庶無積日空回之弊。

四曰分食界。今煮粥者多止于城内，則仍爲强棍所得啜，而遠者病者殘軀體者，猶然溝中瘠也。故莫若分界而多置爨所。今既每方二十里，則以當中一村爲爨所。州縣出示，此方東至某村，西至某村，南至某村，北至某村。但在此方之内居住飢民，已報名者，方得每日至村就食，令保甲察之。不在此方内者，申〔一六〕令還本方，不得預此方之食。庶乎方内之民，極遠者不過行十里而返，近者或一二里。人縱飢餓，然午得一飽，緩步而歸；明日早至，决不致損命。

五曰立食法。夫煮粥之難，難在分散。待哺既衆，彼我相擠，隨手授之，不得人人均其多寡。當令飢民至者隨其先後，來一人則坐一人，後至者，坐先至肩下。但坐下者即不許起。一行坐盡，又坐一行。以面相對，以背相倚，空其中街，可用走動。坐者令直其雙足，不許蹲踞盤辟，轉身附耳，人頭一亂，查數爲難。有起便手者，畢則仍回本處。坐至正午，官擊梆一聲，唱給一次食。即令兩人擡粥桶，兩人執瓢杓，令飢民各持碗坐給之。其有速食先畢者，或不得再與，再與則亂生。須將頭碗散遍，然後擊二梆，高唱給二次食。從頭又散亦如之。又遍，然後擊三梆，高唱給三次食。從頭分散亦如之。三食已畢，縱頭食者，不得過多，但求免死而已。然後再查簿中，誰係有父母妻子飢病在家，不能自行者，以其所執瓶罐，再給一人之食，與之携歸。如是處分俱訖，方令飢民起行。其有流民欲去東西南北，從此方過者，亦炤此坐食。但食畢，即分派保甲數人，欲東者押過東方，欲西者押過西方，送出〔一七〕境訖，明日不得再預此方之食。恐其聚爲亂階也。

六曰立賑法。臨賑無法，則强壯先得，孱弱空手，甚至病瘠者且踐踏而死矣。當令各村保飢民，隨地遠近，各定立某處，聚集弗混。先後每一村保，用藍旗一竿先引，次用大牌一面，即炤册書各姓名于上，要以軍法巡行。保正副領各細户，執門首原票，魚貫從左而入，交票于官。官驗畢，鈐二斗三斗字樣于票，執之向廒口領穀。一村保畢，堂上鳴鑼一聲，仍執旗牌從右引出。聽鑼聲，則左者復入，庶無混亂。出者仍令原人押送關外，貧民不許在街停留，富民不許邀截討債。再差探馬，于近城一二十里外，不時查訪。違者即枷號遊示，以警其餘。

七曰備爨具。煮粥之穀，必發于官倉，不勸借富民。但必須殷實户領之，所領之穀，亦不必定將原穀，以夫車絡繹于道。但令伊將己穀舂用，不失官數則已。其所領倉穀，任從殷實户，附城自糶。在官胥徒，不得指以糶官穀勒掯之。至于領穀之後，殷實〔一八〕户與保甲，擇中村寬闊處所，置灶十餘座，或公館，或寺院，無則空地搭蓋籬泊，須可隱風，毋令飢者凍死。又當多置缸桶瓢杓。其碗筯則飢民自備。柴亦取給于官穀。若取于保甲，又必指此以科派細户矣。水則令保甲編户挑之。煮粥之人，借用殷實户家丁。庶官與結算穀石之時，不得指他人影射爲奸。人飢必成疫，須多置蒼术醋碗薰燒，以逐瘟氣。其粥成之後，又須嚴禁將生水攙稀，致久飢者食後暴死。

八曰登日曆。監爨官置一曆簿，送州縣鈐印。如今日初一日起，分爲二大欵：一、本處飢民。照其坐位，從頭登寫花名：趙天、錢地、孫玄、李黄。有父母妻子病在家下不能來者，公同保甲查的，即註于本人下：父係何名，妻係何姓，不得冒支。前件以上若干人。二、外處流民。又分作東西南北四小欵：一、某處人某人某人係欲過東者；一、某係欲走西走南走北者。其下即註本日保甲某人送出境訖，違者連坐保甲。前件亦結以上共若干人。至初二日，又分作三大欵：一、本處舊管飢民。即昨日給過粥者，官則先炤昨日舊名，盡數填此項下。來者分付先儘舊人，炤昨日坐定點名；如有不到者，大紅筆抹去。前件總結共若干人。二、本處新救飢民。其有新來者，令坐舊人之下，以便查點。亦結共若干人。三、外處流移。若流民則每日皆新來者㉞，其昨日給過舊人，除病老不能動移外，再與給食，餘者不得存留。炤前記共若干人。至初三日以後，即與初二日同。但初二新收者，亦作初三舊管登。如初三無新收，即于本欵下註無字。如此，不惟人數有所稽查，有一人即有一人之食，合勺米穀，無由冒領。

九曰禁亂民。如此賑粟，如此煮粥，則邑無不遍之村，人無不得之食。病而死者有，餓而死者無矣。各災民但當安心守法，聽候賑期。本州縣窮民，不許三三五五，强行勒借富户，噪呼嚷亂，致生事端。其外州縣流民，亦當散處乞〔一九〕食，不許百十爲群，搶奪市集，驚動鄉村。違者，以亂民論。先打一百棍，綁縛遊示三日，處以强盗之律。各州縣將本地方飢民有無勒借，流民有無嘯聚，盗賊有無生發，五日馬上一報。見形察影，預爲撲滅。

十曰省冗費。此行審飢，必以官就民。本道單車就道，止用藍旗四竿，執板皂隸四名，行李一槓。差遣舍快馬疋稱是。到處中火止蔬肉三器。諸長吏亦宜如是。如州縣正官遍歷不完，分遣佐貳，或教官陰醫巡驛等官㉟，亦無不可。但須單騎耦役，自齎飲食可也。

玄扈先生除蝗疏曰㊱：國家不務畜積，不備凶飢，人事之失也。凶飢之因有三：曰水，曰旱，曰蝗。地有高卑，雨澤有偏被。水旱爲災，尚多倖免之處；惟旱極而蝗，數千里間草木皆盡，或牛馬毛幡幟皆盡，其害尤慘，過于水旱也。雖然，水旱二災，有重有輕，欲求恒稔，雖唐堯之世，猶不可得，此殆由天之所設。惟蝗不然。先事修備，既事修救。人力苟盡，固可殄滅之無遺育。此其與水旱異者也。雖然水而得一丘一垤，旱而得一井一池，即單寒孤孑〔二〇〕，聊足自救。惟蝗又不然。必藉國家之功令，必須百郡邑之協心，必賴千萬人之同力。一身一家，無勠力自免之理。此又與水旱異者也。總而論之，蝗災甚重，而除之則易。必合衆力共除之，然後易。此其大指矣。謹條例如左：

一、蝗災之時。謹案春秋至于勝國㊲，其蝗災書月者一百一十有一：書二月者二，書三月者三，書四月者十九，書五月者二十，書六月者三十一，書七月者二十，書八月者十二，書九月者一，書十二月者三。是最盛于夏秋之間，與百穀長養成熟之時，正相值也，故爲害最廣。小民遇此，乏絶最甚。若二三月蝗者，按宋史言：二月，開封府等百三十州，蝗蝻復生，多去歲蟄者。漢書安帝永和四年、五年，比歲書夏蝗；而六年三月，書去歲蝗處復蝗。子生曰蝗蝻。蝗子則是去歲之種蝗，非蟄蝗也。聞之老農言，蝗初生如粟米，數日旋大如蠅，能跳躍群行，是名爲蝻。又數日即群飛，是名爲蝗。所止之處，喙不停嚙，故易林名爲飢蟲也㊳。又數日，孕子于地矣。地下之子，十八日復爲蝻，蝻復爲蝗。如是傳生，害之所以廣也。秋月下子者，則依附草木，枵然枯朽，非能蟄藏過冬也。然秋月下子者，十有八九；而災于冬春者，百止一二。則三冬之候，雨雪所摧，隕滅者多矣。其自四月以後，而書災者，皆本歲之初蝗，非遺種也。故詳其所自生，與其所自滅，可得殄絶之法矣㊴。

一、蝗生之地。謹按蝗之所生，必于大澤之涯。然而洞庭、彭〔三〕蠡、具區之旁㊵，終古無蝗也。必也驟盈驟涸之處，如幽涿以南，長淮以北，青兖以西，梁宋以東，諸〔二二〕郡之地，湖〔二三〕濼〔八〕廣衍，暵溢無常，謂之涸澤，蝗則生之。歷稽前代及耳目所睹記，大都若此。若他方被災，皆所延及與其傳生者耳。略摭往牘，如元史：百年之間，所載災傷路郡州縣，幾及四百。而西至秦晉，稱平陽、解州、華州各二，稱隴、陝、河中，稱絳、耀、同、陝、鳳翔、岐山、武功、靈寶者各一。大江以南，稱江浙龍興、南康、鎮江、丹徒各一。合之二十有二。於四百爲二十之一耳。自萬曆三十三年北上，至天啓元年南還，七年之間，見蝗災者六，而莫盛於丁巳㊶。是秋奉使夏州，則關、陝、邠、岐之間，徧地皆蝗。而土人云：百年來所無也。江南人不識蝗爲何物，而是年亦南至常州，有司士民盡力撲滅，乃盡。故涸澤者，蝗之原本也。欲除蝗，圖之此其地矣。

一、蝗生之緣，必于大澤之旁者。職〔九〕所見萬曆庚戌〔二四〕㊷，滕、鄒之間，皆言起于昭陽呂孟湖。任丘之人，言蝗起于趙堡口，或言來從葦地。葦之所生，亦水涯也㊸，則蝗爲水種無足疑矣。或言是魚子所化，而職獨斷以爲蝦子。何也？凡倮蟲介蟲與羽蟲，則能相變。如螟蛉爲果蠃，蛣蜣爲蟬，水蛆爲蚊是也。若鱗蟲能變爲異類，未之聞矣。此一證也。爾雅翼言，蝦善游而好躍，蝻亦善躍。此二證也。物雖相變，大都蛻殼即成，故多相肖。若蝗之形酷類蝦：其首其身其紋脉肉味，其子之形味，無非蝦者。此三證也。又蠶變爲蛾，蛾之子復爲蠶。太平御覽言豐年則蝗變爲蝦，知蝦之亦變爲蝗也。此四證也。蝦有諸種，白色而殼柔者，散子于夏初。赤色而殼堅者，散子于夏末。故蝗蝻之生，亦早晚不一也。江以南多大水而無蝗。蓋湖漅積瀦，水草生之。南方水草，農家多取以壅田。就不其然，而湖水常盈，草恒在水，蝦子附之，則復爲蝦而已。北方之湖，盈則四溢，草隨水上。迨其既涸，草留涯際，蝦子附於草間。既不得水，春夏鬱蒸，乘濕熱之氣，變爲蝗蝻，其勢然也。故知蝗生于蝦，蝦子之爲蝗，則因於水草之積也。

一、考昔人治蝗之法，載籍所記頗多。其最著者，則唐之姚崇。最嚴者，則宋之淳熙勑也㊹。崇傳曰：開元三年，山東大蝗，民祭且拜，坐視食苗，不敢捕。崇奏：詩云㊺：「秉彼〔二五〕蟊賊，付畀炎火。」漢光武詔曰㊻：「勉順時政，勸督農桑，去彼螟蜮，以及蟊賊。」此除蝗證也。且蝗畏人易驅，又田皆有主，使自救其地，必不憚勤。請夜設火坎其旁，且焚且瘞乃可盡。古有討除不勝者，特人不用命耳。乃出御史爲捕蝗使，分道殺蝗。汴州刺史倪若水上言：「除天災者，當以德。昔劉聰除蝗不克，而害愈甚。」拒御史不應命。崇移書謂之曰：「聰僞主，德不勝妖；今妖不勝德。古者良守，蝗避其境。謂修德可免，彼將無德致然乎？今坐視食苗，忍而不救，因以無年，刺史其謂何？」若水懼，乃縱捕得蝗四十萬石。時議者諠譁，帝疑，復以問崇。對曰：「庸儒泥㊼文不知變；事固有違經而合道，反道而適權者。昔魏世山東蝗，小忍不除，至人相食。後秦有蝗，草木皆盡，牛馬至相噉毛。今飛蝗所在充滿，加復蕃息。且河南河北，家無宿藏，一不穫則流離，安危繫之。且討蝗縱不能盡，不愈於養以遺患乎？」帝然之。黄門監盧懷慎曰：「凡天災，安可以人力制也？且殺蝗多，必戾和氣，願公思之。」崇曰：「昔楚王吞蛭而厥疾瘳，叔敖斷蛇福乃降。今蝗幸可驅。若縱之，穀且盡，如百姓何？殺蟲救人，禍歸于崇，不以累公也。」蝗害訖息。宋淳熙勑：諸蟲蝗初生，若飛落，地主隣人隱蔽不言，耆保不即時申舉撲除者，各杖一百。許人告報，當職官承報不受理，不即親臨撲除，或撲除未盡而妄申盡净者，各加二等。諸官司荒田牧地，經飛蝗住落處，令佐應差募人，取掘蟲子，而取不盡，因致次年生發者，杖一百。諸蝗蟲生發飛落，及遺子而撲除不盡，致再生發者，地主耆保各杖一百。又因穿掘打撲損苗種者，除其税；仍計價，官給地主錢數，毋過一頃。此外復有二法：一曰以粟易蝗。晉天福七年，命百姓捕蝗一斗，以粟一斗償之，此類是也。一曰食蝗。唐貞元元年，夏蝗。民蒸蝗曝颺，去翅足而食之。臣謹按蝗蟲之災，不捕不止。倪若水、盧懷慎之説謬也。不忍于蝗，而忍于民之饑而死乎？爲民禦災捍患，正應經義，亦何違經反道之有？修德修刑，理無相左。夷狄盜賊，比于蝗災，總爲民害，寧云修德可弭？一切攘却捕治之法，廢而不爲也？淳熙之勑，初生飛落，咸應申報撲除取掘，悉有條章。

今之官民，所未聞見。似應依倣申嚴，定爲公罪，著之絜〔一〇〕令也。食蝗之事，載籍所書，不過二三。唐太宗吞蝗，以爲代民受患，傳述千古矣。乃今東省畿南，用爲常食，登之盤飱。臣常治田天津，適遇此灾，田間小民，不論蝗蝻，悉將煮食。城市之内，用相餽遺。亦有熟而乾之，鬻于市者，則數文錢可易一斗。噉食之餘，家户囷積，以爲冬儲，質味與乾蝦無異。其朝晡不充，恒食此者，亦至今無恙也。而同時所見山陝之民，猶惑于祭拜，以傷觸爲戒。謂爲可食，即復駭然。蓋妄信流傳，謂戾氣所化。是以疑神疑鬼，甘受戕害。東省畿南，既明知蝦子一物，在水爲蝦，在陸爲蝗，即終歲食蝗，與食蝦無異，不復疑慮矣。

一、今擬先事消弭之法。臣竊謂既知蝗生之緣，即當于原本處計畫。宜令山東、河南、南北直隸有司衙門，凡地方有湖蕩洶窪積水之處，遇霜降水落之後，即親臨勘視：本年潦水所至，到今水涯，有水草存積，即多集夫衆，侵水芟刈，斂置高處。風戾日曝，待其乾燥，以供薪燎。如不堪用，就地焚燒，務求净盡。此須撫按道府，實心主持。令州縣官，各各同心恊力，方爲有益。若一方怠事，就此生發，蔓及他方矣。姚崇所謂「討除不盡者，人不用命」。此之謂也。若春夏之月，居民于湖洶中，捕得子蝦〔一一〕一石，減蝗百石，乾蝦一石，減蝗千石。但令民通知此理，當自爲之，不煩告戒矣。

一、水草既去，蝦子之附草者，可無生發矣。若蝦子在地，明年春夏，得水土之氣，未免復生，則須臨時捕治。其法有三：其一、臣見傍湖官民，言蝗初生時，最易撲治。宿昔變異，便成蝻子，散漫跳躍，勢不可遏矣。法當令居民里老，時加察視：但見土脉墳起，即便報官，集衆撲滅。此時措手，力省功倍。其二、已成蝻子，跳躍行動，便須開溝捕打。其法：視蝻將到處，預掘長溝，深廣各二尺。溝中相去丈許，即作一坑，以便埋掩。多集人衆，不論老弱，悉要趨赴沿溝擺列。或持箒，或持撲打器具，或持鍬鍤。每五十人，用一人鳴鑼其後。蝻聞金聲，努力跳躍，或作或止，漸令近溝。臨溝即大擊不止。蝻蟲驚入溝中，勢如注水，衆各致力，掃者自掃，撲者自撲，埋者自埋，至溝坑俱滿而止。前村如此，後村復然。一邑如此，他邑復然，當净盡矣。若蝻如豆大，尚未可食。長寸以上，即燕齊之民，畚盛囊括，負戴[二六]而歸，烹煮暴乾，以供食也。其三、振羽能飛，飛即蔽天，又能渡水。撲治不及，則視其落處，糾集人衆，各用繩兜兜取，布囊盛貯，官司以粟易之。大都粟一石，易蝗一石，殺而埋之。然論粟易，則有一説。先儒有言：救荒莫要乎近其人。假令鄉民去邑數十里，負蝗易粟，一往一返，即二日矣。臣所見蝗盛時，幕天匝地，一落田間，廣數里，厚數尺，行二三日乃盡。此時蝗極易得，官粟有幾，乃令人往返道路乎？若以金錢近其人而易之，隨收隨給，即以數文錢易蝗一石，民猶勸爲之矣。或言差官下鄉，一行人從，未免蠶食里正民户，不可不戒。臣以爲不然也：此時爲民除患（二七），膚髮可捐，更率人蠶食，尚可謂官乎？佐貳爲此，正官安在？正官爲此，院道安在？不于此輩創一警百，而懲噎廢食，亦復何官不可廢，何事不可已耶？且一郡一邑，豈乏義士？若紳若弁、青衿義民，擇其善者，無不可使。亦且有自願捐貲者，何必官也？其給粟則以得蝗之難易爲差，無須預定矣。

一、後事剪除之法，則淳熙令之取掘蟲子是也。元史食貨志亦云：「每年十月，令州縣正官一員，巡視境内，有蟲蝗遺子之地，多方設法除之。」臣按蝗蟲下子，必擇堅垎黑土高亢之處，用尾栽入土中下子。深不及一寸，仍留孔竅。且同生而群飛群食，其下子必同時同地，勢如蜂窠，易尋覓也。一蝗所下十餘，形如豆粒，中止白汁。漸次充實，因而分顆，一粒中即有細子百餘。或云一生九十九子，不然也。夏月之子易成。八日内，遇雨則爛壞；否則，至十八日生蝻矣。冬月之子難成，至春而後生蝻。故遇臘雪春雨，則爛壞不成。亦非能入地千尺也。此種傳生，一石可至千石。故冬月掘除，尤爲急務。且農力方閑，可以從容搜索。官司即以數石粟易一石子，猶不足惜。第得子有難易，受粟宜有等差；且念其衝冒嚴寒，尤應厚給，使民樂趨其事，可矣。臣按已上諸事，皆須集合衆力。無論一身一家一邑一郡，不能獨成其功，即百舉一隳，猶足僨事。唐開元四年夏五月，勑委使者，詳察州縣勤惰者，各以名聞。繇是連歲蝗災，不至大飢，蓋以此也。臣故謂主持在各撫按，勤事在各郡邑，盡力在各郡邑之民。所惜者北土閑曠之地，土廣人稀。每遇災時，蝗陣如雲，荒田如海。集合佃衆，猶如晨星，畢力討除，百不及一，徒有傷心慘目而已。昔年蝗至常州，數日而盡；雖緣官勤，亦因民衆。以此思之，乃愈見均民之不可已也。

一、備蝗雜法有五：

一、王禎農書言：蝗不食芋桑與水中菱芡。或言不食菉豆、豌豆、豇豆、大麻、茵麻、芝麻、薯蕷。凡此諸種，農家宜兼種，以備不虞。

一、飛蝗見樹木成行，多翔而不下，見旌旗森列，亦翔而不下。農家多用長竿，挂衣裙之紅白色。光彩映日者，群逐之，亦不下也。又畏金聲砲聲，聞之遠舉。總不如用鳥銃入鐵砂或稻米，擊其前行。前行驚奮，後者隨之去矣。

一、除蝗方：用稈草灰，石灰灰〔一二〕，等分爲細末。篩羅禾穀之上，蝗即不食。

一、傅子曰㊽：陸田命懸于天。人力雖修，苟水旱不時，一年之功棄矣。水田之制由人力，人力苟修，則地利可盡也。且蟲災之害，又少于陸。水田既熟，其利兼倍，與陸田不侔矣。

一、元仁宗皇慶二年㊾，復申秋耕之令。蓋秋耕之利，掩陽氣于地中㊿，蝗蝻遺種，翻覆壞盡。次年所種，必盛于常禾也。

玄扈先生曰(51)：荒飢之極，則辟穀之法亦可用。爲辟穀方者，出於晉惠帝時，黄門侍郎劉景先，遇太白山隱士所傳。曾見石本，後人用之多驗，今録于此。昔晉惠帝時，永寧二年，黄門侍郎劉景先表奏：臣遇太白山隱士，傳濟飢辟穀仙方上進，言：「臣家大小七十餘口，更不食别物，惟水一色。若不如斯，臣一家甘受刑戮。」今將真方鏤板，廣傳天下：大〔二八〕豆五斗，淨淘洗，蒸三遍，去皮。又用大麻子三斗，浸一宿，漉出蒸三遍，令口開〔二九〕。右件二味。豆黄擣爲末，麻仁亦細擣，漸下黄豆同擣令匀。作團子如拳大，入甑内蒸。從初更進火，蒸至夜半子時住火，直至寅時出甑。午時曒乾，擣爲末，乾服之，以飽爲度，不得食一切物。第一頓，得七日不飢。第二頓，得四十九日不飢。第三頓，得三百日不飢。第四頓，得二千四百日不飢。更不服，永不飢也。不問老少，但依法服食，令人强壯，容貌紅白，永不憔悴。渴即研大麻子湯飲之，轉更滋潤臟腑。若要重喫物，用葵子三合許，爲末，煎，冷服〔三〇〕。取下其藥如金色，任喫諸物，並無所損。前知隨州朱貢，教民用之有驗，序其首尾，勒石于漢陽軍大别〔三一〕山太平興國寺。又傳寫方：用黑豆五斗，淘淨蒸三遍，曒乾去皮，細末。秋麻子三升，温浸一宿，去皮曒乾爲細末。細糯米三升，做粥熟和擣前二味爲劑。右件三味，合搗爲如拳大，入甑中蒸一宿。從一更發火，蒸至子時，日出，方纔取出甑。曒至日午，令乾，再搗爲末。用小棗五斗，煮去皮核，同前三味爲劑，如拳頭大，再入甑中蒸一夜。服之一飽爲度。如渴者淘麻子水飲之，便更滋潤臟腑。芝蔴汁無白湯亦得少飲。不得别食一切之物。又許真君方，武當山李道人傳，累試有驗。

避難歇食方：用白麪六兩，黄臘三兩，白膠香五兩。右拌。將前麪，冷水湅令熟，如打麪糊同〔二〕。然後爲圓，如黑豆大，日曒乾。再將蠟溶成汁了，將圓子投入内，打令匀。候冷單紙裹，安在浄處。如服時，每日早晨，空心可服三五十丸，冷水嚥下，不得熱食。如要喫時，任意不妨。又服蒼术方：用蒼术一斤，好白芝蔴香油半斤。右件，將术用白米泔浸一宿，取出，切成片子。前香油炒令熟，用瓶盛取。每日空心服一撮，用冷水湯嚥下。大能壯氣駐顏色，辟〔三〕邪，又能行履。飢即服之。詳此數方，其間所用品味，不出乎穀，民間亦難卒得。若官中預蓄品味，飢歲荒年，給賜飢民。無資糧賑濟之勞，而可延餓莩時月之命。實益世之方，安可祕而不流傳哉！

校：

〔一〕給　魯本譌作「納」，應依平、曙、中華排印本作「給」。（定枎校）

〔二〕毋　平本譌作「母」，應依魯本、曙本、中華排印本改作「毋」。下同改。（定扶校）

〔三〕「遺」字，平本空等，依黔、曙、魯補。

〔四〕猝　平本譌作「倅」，依曙、魯、中華排印本改作「猝」。（定扶校）

〔五〕鉗　本書各刻本均作「鉗」，是明代習慣；中華排印本改作近代通用的「鈐」；暫依原本。「鉗記」，是印在前後兩頁接續的地方，一頁一半，像鉗的兩邊，作爲標記。「鈐」是古字，意義相同。

〔六〕給　平本作「結」，依黔、曙、魯改作「給」。

〔七〕積　黔、魯作「集」，應依平、曙作「積」。

〔八〕郡　魯本譌作「部」，依平、曙、中華本作「郡」。（定扶校）

〔九〕旨　平本譌作「旹」（古「時」字），依黔、曙、魯改正。

〔一〇〕實　平本譌作「寔」，依曙、魯、中華排印本改作「實」。（定扶校）

〔一一〕坊　魯本譌作「方」，應依平本、曙本、中華排印本作「坊」，下同。（定扶校）

〔一二〕出　黔、魯作「入」，應依平、曙作「出」。

〔一三〕類　暫依平、曙作「類」；黔、魯作「彙」，係清代以後習慣。

〔一四〕寧餓死而……則賑尤　平、曙無「而」字，黔、魯無「尤」字，暫依中華排印本兩存。

〔一五〕領　平本譌作「破」，依黔、曙、魯改作「領」。下同改。

〔一六〕申　平作「中」，曙改「務」，依黔、魯改作「申」。

〔一七〕出　平、曙作「此」，依中華排印本「照黔、（魯）改」。

〔一八〕實　平本譌作「寔」，依曙、魯、中華排印本改作「實」。下一處「寔」字同改，不另出校。（定枎校）

〔一九〕乞　平本譌作「訖」，依曙、魯、中華排印本改作「乞」。（定枎校）

〔二〇〕孑　魯本、中華排印本譌作「子」，按文義，應依平、曙作「孑」，即「單寒孤孑」。（定枎校）

〔二一〕彭　黔、魯譌作「鼓」，依平、曙作「彭」。

〔二二〕諸　魯本、中華排印本作「都」，應依平、曙作「諸」。（定枎校）

〔二三〕湖　魯本、中華排印本作「胡」，應依平本、曙本作「湖」。參看本卷案〔八〕。（定枎校）

〔二四〕戌　平本譌作「戍」，應依魯、曙、中華排印本改作「戌」。（定枎校）

〔二五〕彼　魯本譌作「被」；應依平、曙、中華排印本作「彼」，合於詩經原文。（定枎校）

〔二六〕戴　黔、曙作「載」，應依平、魯作「戴」與原疏合。（「戴」是頂在頭上走，可以空出兩手作其他工作；這種方法，至今還有許多地方應用，並不希奇。孟子梁惠王上，有「頒白（＝頭髮黑白間雜的老人）者，不負戴於道路矣」的話，徐光啓止是運用古成語。）

〔二七〕患　平、曙、中華排印本作「患」，魯本作「害」。（定枎校）

〔二八〕大　黔、魯作「黑」；依平、曙作「大」，與王禎原書同。

〔二九〕「口開」下，黔、魯及中華排印本均多「取仁」兩字；依平、曙删去，合王禎原文。「開」字，平、曙譌作「閉」，應依黔、魯及王禎原書改作「開」。

〔三〇〕用葵子三合許爲末煎冷服　「末」字，平、曙作「未」，黔、魯作「米」；「爲」字，各本均缺。中華排印本「照山西臨縣志改」「爲」作「研」，改正「末」字，「煎」字下增「湯」字。現依中華書局據聚珍本排印的王禎農書改正。

〔三一〕別　平、曙譌作「列」，依中華排印本「照黔、(魯)改」，合王禎原書。

〔三二〕前麪冷水湅令熟如打麪糊同　平本「湅」字譌作「凍」，「令」字譌作「冷」，「糊」字作「一」。但句法尚可與王禎原書核對；黔本改平本的「凍」爲「溲」，「一同」爲「令勻」。曙、魯及中華排印本與黔本同。除聚珍本王禎農書的「煉」字，不如本書「湅」字之外，其餘依聚珍本農書改。

〔三三〕辟　平本、曙本作「僻」；依魯本、中華排印本改作「辟」，合於王禎農書。（定枎校）

注：

①這一卷所收材料，從第一條到「萬曆十七年」條止，都引自俞汝爲荒政要覽(卷一)「詔諭」；「席書奏疏」以下三條，是官員上給皇帝的奏疏；「張朝瑞保甲法」以下，是賑濟災民的辦法；後面「除蝗法」，則是向自然作積極鬥争的措施。我們認爲這些是徐光啓原稿中曾着意經營的明代荒政總結資料。最後所附「辟穀法」，原出王禎農書，現在標爲「玄扈先生曰」，則絶不是徐光啓原計畫中所有。

②引文除見荒政要覽外，並見明會典。又明史本紀二，洪武元年八月（詔）「災荒，以實聞（＝報告），免（＝蠲免賦税）」。洪武元年是公元一三六八年。

③永樂九年七月：明成祖（朱棣）年號永樂，九年是公元一四一一年。引文見荒政要覽外，並見通紀會纂，但紀年爲八年。

④北京臨城縣：今河北省臨城縣；明代屬北京真定府。

⑤明仁宗（朱高熾）年號洪熙。洪熙元年是公元一四二五年。引文亦見荒政考略。

⑥明宣宗（朱瞻基）年號宣德，二年是公元一四二七年。據明史本紀九，「十一月……己亥，以皇長子生，大赦天下，免明年税糧三之一」。

⑦夏原吉，見卷十三注㊴。據明史（卷一一一）「七卿年表」，宣德三年，夏原吉任户部尚書，應管民事，所以皇帝向他説（＝「諭」）了這一段話。

⑧富弼知青州時救濟過境災民措施，見本書卷四十三。

⑨周忱：案明史（卷一五三）本傳，「五年，……用大學士楊榮薦，遷忱工部右侍郎，巡撫江南諸府，總督税糧……」

⑩直隸亢旱：續文獻通考（卷二二二）（宣德）「八年，南北畿（按明代北京順天等府，南京應天等府均爲直隸省）、河南、山東、山西，自春徂夏，不雨」。又荒政考略「八年詔曰：『……今畿内（＝京城所屬州縣）……並奏自春及夏，雨澤不降，人民飢窘……所有合行事宜，特條開列……』」條文，

雖未全載，但荒政考略的一條，和本書引文，内容不同；又從本書引文「一，各處府州縣……」的「一」字，可見必有多條。

⑪正統五年七月：正統是明英宗（朱祁鎮）第一個年號；正統五年是公元一四四〇年。

⑫預備之務：事先爲（救濟災荒）作的準備事務。

⑬懋哉：尚書臯陶謨：「懋哉懋哉！」解爲「功德盛大」，即成績偉大豐富。

⑭鈔貫：「鈔」是政府印發的紙幣。據明史（卷八一）食貨志五「錢鈔」條，「……鈔……中圖（畫）錢貫十串爲一貫……其等凡六：曰一貫，曰五百文、四百文、三百文、二百文、一百文。每鈔一貫，準（＝當）錢（當時通行的方眼「緡錢」）千文，銀一兩；四貫準黄金一兩」。所謂「鈔貫」，即紙幣的代稱。

⑮「如」字，疑有錯誤；可能應作「於」或「由」。

⑯一樣二扇：今日口語中的「同樣兩分」。

⑰「比先」兩字，疑有誤；可能是字形相似的「地方」，輾轉鈔錯。「地方」即當地，可作爲上面「利及」的受格，和下文「如利不及衆」的「衆」字一樣。

⑱正統十四年十一月十九日：即公元一四四九年十二月三日。這時明英宗已被瓦剌也先俘虜；景泰帝祁鈺代立爲皇帝，仍用正統十四年年號。

⑲萬曆十七年：萬曆是明神宗朱翊鈞的年號。萬曆十七年是公元一五八九年。明史本紀二〇，（萬曆）「十七年……六月，……南畿（即南直隸省）、浙江大旱，太湖水涸；發帑金（國庫）八十萬

（銀八十萬兩）振之」。
⑳「已」字下，疑脱去「詔」「敕」……等動詞一字。
㉑席書：明史卷一九七（列傳八五）有傳。
㉒林希元傳附見明史（卷二八二）蔡清傳。這篇文章，是從林所著荒政叢言中節録的，個別字句稍有改動（文中「米」字疑應作「水」）。
㉓小注，疑徐光啓所加。萬曆己丑，即萬曆十七年。鍾化民，見卷三十二注㉜。「江南之楊」，疑即指上面萬曆十七年敕中所指户科右給事中楊文舉。
㉔程文德傳附見明史（卷二八三）羅洪先傳。這篇疏，見荒政要覽（卷二）奏疏類引。小注，疑係徐光啓所加。
㉕即馮所著皇明經世實用編。本篇，見卷十五國朝重農考。張朝瑞，明史無傳；中國人名大辭典九五六面所載：「明海州人。隆慶進士……」即嘉靖到萬曆間人。
㉖後天八卦流行之序：「後天八卦」，是宋代的説法，以「太乙下行九宫」形式的方格，稱爲「洛書」。從正東的「震」起，向東南（「巽」）、南（「離」）……到東北的「艮」止，依震、巽、離、坤、兑、乾、坎、艮的次序，循環一周。
㉗青衣：官府差人，穿黑色制服，稱爲「皂隸」。明史（卷六七）輿服三，「（洪武）十四年，令各衙門祇（候）禁（衛）原服皂衣，改爲淡青」，所以稱「青衣」。

㉘ 書名：明代以來的宗法習慣，每族人，各代男丁，都按一定的「字派」排列，由讀書識字的人，代爲取名，將來讀書應考，都用這個名，稱爲「書名」。以與「乳名」(「小字」)、「字」、「號」及「排行」(即老二、老三之類)區別。「族譜」也按書名「字派」排列。

㉙ 「熙寧就村賑濟……朱文公分都支給」：熙寧，北宋神宗年號；趙抃救災事，見上卷；張詠，北宋太宗至真宗時人；徐寧孫未查得(疑是南宋袁州通判徐瑑)；朱文公指朱熹，朱熹社倉法見上卷。

㉚ 備照：準備核對(＝「照」)。

㉛ 耿橘，見本書卷八注㊿④；「條議」，現見荒政要覽(卷六)條議荒年煮粥。

㉜ 王士性傳附見明史(卷二二三)其「從父」王宗沐傳末。這篇文章，見經世實用編卷十五。本書引用，條文次序有改動。

㉝ 「第生儒之輩……不可後也」，平本連點。這裏，作者的特意突出，與徐光啓的着重，充分反映了「士大夫」的階級特徵。

㉞ 「則每日皆新來者」，平本連點，與上文「昨日給過粥者」對舉。

㉟ 佐貳或教官陰醫巡驛等官：「佐」(「同知」)、「貳」(包括「通判」或「判官」，「推官」)即府及州的副級官員。教官包括「教授」、「訓導」、「學正」、「教諭」等專管「文武學生」的官。「陰」是陰陽學官(「正術」、「典術」、「訓術」)；「醫」是「官醫」；「巡」是巡檢司；「驛」是驛丞。這些都不是當地正常最高級的「正(印)官」。(參看前卷四十三富弼支散流民斛斗畫一指揮行移中第一條所開列「正

官」以外可借供差遣的「官」及注㊀⑥⑤）

㊱這是徐光啓根據歷史紀載，訪問觀察和實踐，總結下來的一篇文字。（甲）對蝗的發生規律，有深入正確認識；（乙）破除了「蝗災」是「天禍」的迷信，建立了以人類主觀努力來戰勝自然災害的信心；（丙）提出組織群衆，大家動手的辦法；（丁）當事消弭和事後剪除並重的方案，都是可取而有積極意義的。

㊲勝國：見卷三注㉝。

㊳易林名爲飢蟲也：易林漢焦延壽著。四部叢刊本易林（卷四）師卦是：「蝗齧我稻，驅不可去，實穗無有，但見空藁。」（卷五）恒卦：「蝗螟爲賊，傷害稼穡，愁飢於年，農夫鮮食。」又注曰：「蝗，蝝屬，蟲名；螟，食苗心蟲。皆害稼者也。」無「名爲飢蟲也」。

㊴這一段歷史紀録，再加以訪問所得知識，總結了蝗的發生時間規律，精確細緻；最後得出「詳其所自生，與其所自滅，可得殄絶之法矣」的結論，完全正確。

㊵彭蠡、具區：彭蠡是鄱陽湖的古名；具區是太湖的古名。

㊶丁巳：萬曆四十五年（一六一七年）。這年正月，據本集「行實」，徐光啓奉命去甘肅册立慶王。（據明史卷一〇二表三，慶王從建文三年起，居住寧夏；嗣王倬淮，萬曆四十五年襲封。）所以下文説「奉使夏州」，經過「關、陝、邠、岐」。

㊷萬曆庚戌：萬曆三十八年（一六一〇年）。

㊸「亦水涯也」以下，原疏止有一句「則蝗之生於大澤之旁者，因水草之積也」。現在下面這一大段推論，説蝗是蝦子變成，原疏所無；顯係平露堂刻書時，整理人所「增」的。（參看鄒樹文論徐光啓除蝗疏，科學史集刊一九六三年第六期。）但下面一段末了，「在水爲蝦，在陸爲蝗」，則原疏中確實存在，未能絶對肯定徐光啓就絶没有相信蝦變爲蝗的事。

㊹敕文見前卷四十三。

㊺詩小雅甫田之什大田第一章：「去其螟螣，及其蟊賊……秉畀炎火。」

㊻未見到根據。

㊼泥：讀「ㄋㄧˋ」，即「拘泥」。

㊽傅子曰：見本書卷七注52。

㊾元仁宗皇慶二年，即公元一三一三年。元史未見此項記録。

㊿「掩陽氣于地中」一句，未必是原稿中文字。本書卷六，徐光啓對韓氏直説「將陽和之氣掩在地中」，曾有過批評，這裏不應自相矛盾。

51這一大段文字，實際上是王禎農書百穀譜十一「飲食類」僅存的「備荒論」後段，前段已見上卷引用。我們揣測，這一段原來雖已鈔出，但並不打算收用。平露堂諸人整理付刻時，未查對來源，隨便就加上「玄扈先生曰」了。

案：

〔一〕「來」字，應依荒政要覽原引作「先」。「以先」即以前；「以來」則是以後。既是明年，則今年和以前的便得「依例徵納」。（參看本卷注⑥）

〔二〕「乃」字下，荒政要覽原引文有「驅逐」兩字，應補。

〔三〕人民乏食　荒政要覽作「兵民飢窘」，荒政考略作「人民飢窘」。

〔四〕「工部」下，荒政要覽原有「右」字。據本傳，周忱在正統五年「進左侍郎」（約等於第一副部長；「右侍郎」約等於第二副部長），七月間，可能還是「右」侍郎未「進」的時候。下一條仍是「右侍郎」，可以證明。

〔五〕復　平、曙本作「復」，魯、中華排印本作「服」。荒政要覽原作「復」。「復」是「恢復」、「回去」，「服」是「擔承」；似應作「服」。

〔六〕嘉靖十七年　荒政要覽卷二奏議所引，無「十七」兩字。案：席書卒於嘉靖六年（明史卷一一二表一三，卒於六年三月），不應於嘉靖十七年有奏。明史本紀十五，孝宗弘治十七年（一五〇四年）「八月免南畿（即南直隸省）被災夏税」。依本傳，席書在弘治中「由工部主事移户部，進員外郎……」户部管民事，這個疏所説正是南畿的災情。可能應作「弘治十七年」，否則應刪「十七」兩字。

〔七〕帑　應依荒政要覽作「納」。「開納」，即「捐官」、「進納」，……也就是由政府出賣官爵，換取豪民的錢。

〔八〕湖漅　案：清光緒排印本徐文定公集（卷二）屯鹽雜疏（以下簡稱「原疏」），是根據徐氏家藏舊稿排印的，作「湖」是正確的。「漅」本來是安徽省巢湖的專名，這裏借作淺水巨形湖泊的通名。

〔九〕職　應依原疏作「臣」，方合疏體。（下文亦有稱「臣」處，可以爲證。）

〔一〇〕絜　應依原疏作「緊」，解爲「緊急」。

〔一一〕「蝦」字，應依原疏作「蝗」，下同。

〔一二〕石灰灰　應依原疏作「石炭灰」。

農政全書校注卷之四十五

荒政

備荒考下

張朝瑞建議常平倉廒曰①：伏覩大明會典，洪武初，令天下縣分，各立預備四倉，官爲糴穀收貯，以備賑濟，就責本地年高篤實人民管理。蓋次災則賑糴，其費小；極災則賑濟，其費大。曰賑濟，則賑糴在其中矣。賑糴，即常平法也。奈何歲久法湮，各州縣僅存城内預備一倉，其餘鄉社倉，盡亡之矣。看得天災流行，國家代有，則救荒之政，誠當亟講。顧既荒而賑救之也難，未荒而預備之也易。今之談荒政者不越二端：曰義倉，曰社倉，此預備而斂散者也；曰平糴，曰常平，此預備而糴糶者也。昔魏李悝平糴法②：中飢則發中熟之所斂，大飢則發大熟之所斂而糶之。漢耿壽昌請令邊郡築倉，以穀賤時則增價而糴以利農；穀貴時則減價而糶以利民，名曰常平倉③。英雄豪傑，先後所見略同。萬世理荒之上策，在是矣。今欲爲生民長久之計，則常平倉斷乎當復者。兹欲令各屬縣，備查四鄉，有倉者因之，有而廢者修之；無者各於東西南北適中，水陸通達，人煙輳集，高阜去處，官爲各立寬大堅固常平倉一所。倉基約四畝。合用工料：本道查發贓罰，并該府縣查處無礙官銀輳合，陸續備辦建造。每歲將守巡道及府縣所理罪犯紙贖④，實將一半糴穀入倉。或查有廢寺田産，及無礙官銀，聽其隨宜糴買。又或民願納穀者，一如祖宗已行之法，一千五百石，請勅獎爲義民。三百石以上，勒石題名。或如近日救荒之令，二百石以上，給與冠帶；五十石以上，給與旌扁。大約每鄉一倉，上縣糴穀五千石，中縣糴穀四千石，下縣糴穀三千石，各實之。但不許逼抑科擾平民。各擇近倉殷富篤實居民二名掌管，免其雜差，准其開耗。每收穀一百石，待後發糴之時，每名准與平糴三石，二名共糴六石，以酬其勞。糴完即换掌管，勿使重役。城中預備倉，照常造送查盤，四鄉常平倉，免送查盤。止於年終，各倉經管居民，將舊管新收開除實在總撒數目，用竹紙小册開報該縣。縣將四倉類册，申送各院，并布政司，及道府查考。凡收糴，俱該縣掌印官，或委賢能佐貳官監督，不許濫委滋弊。穀到，用該縣原發較勘平準斛斗收量明白，暫貯別所，積至百石以上，方許稟官一收。如有臨收留難，及未收虚出倉收，既收侵盗私用，冒借虧欠等弊，查追完足，各縣徑自從輕發落。其有侵冒至百石者，通詳定奪。每歲秋冬之交，本道或該府掌印官，單車間一巡視，以防掌印官之治名而不治實者。每除無飢小飢之年不糶外，或值中飢大飢，四鄉管倉人役，禀官監糶。另委富民數名，用官較平等收銀⑤。其出糶一節，當與四隣保甲之法並行。如該鄉穀多，即糶穀一日，保甲一週。穀少，則糶穀分爲二三日或四五日，保甲一週。務使該鄉積貯之穀數，可待飢民冬春之糶數方善。四鄉不能盡同，各宜審量行之。大率賑糶與賑濟不同，不必每甲尋貧民而審別之，以多寡其穀數。如一甲應糶五斗、或一石、或二石，則甲甲皆同。惟以穀攤人，不因人增穀。糶銀每甲一封亦可，庶乎易簡不擾。或甲中十家輪糶，則每日每甲糶不過二人，每人糶不過二斗。此荒年賑糶之大較也。每鄉除無災都保不開外，先期將有災保甲，派定次序，分定月日，某日糶某保某甲，某日糶某保某甲。明日出令，保正副公舉貧民。至期，令其持〔一〕價糶買。如富者混買，連坐保甲。仍行宋張詠賑蜀之法：一家犯罪，十家皆坐不得糶。中飢糶倉穀之半，大飢糶倉穀之全。俱照原糶價銀出糶，不可加增，寧減之，大約減荒年市價三分之一，方可壓下穀價，不至騰踴。或倉穀糶盡，而民飢未已，則慎選員役，持所糶之穀本，赴有收去處，循環糴糶，源源而來，民自無飢。救荒有功員役，分別奬賞。此蓋儲用社倉之法，而糶用常平之意者也。四鄉糶完，即將穀價送官，聽掌印官于秋成之日，就近各選殷實人户領銀，盡數照時價糴穀。雖牙脚等費⑥，晒揚等耗，與造册紙張工食等項，俱准開銷。其穀晒揚乾潔，官監上倉，如法安置。仍總計糴穀正銀，并牙脚折耗等費，每石約共銀若干，報官貯册，以爲日後出糶張本。官不得將銀貯庫過冬，致高殺價難買〔二〕。如穀賤不糴，責有所歸。是倉不設於空僻去處者，恐荒年盜起，是齎之糧也。穀不隸於臺使查盤者，恐委盤問罪，是遺之害也。行平糴之政，而不用稱貸取息〔三〕之法者，恐出納追呼，蹈青苗法之擾民也。蓋社倉之法立，則以時斂散，富者不得取重息，而貧民霑惠於一歲之中。常平之法立，則減價糶賣，富者不得騰高價，而貧民受賜於數十年後大飢之日。昔蘇文忠公自謂⑦：「在浙中二年，親行荒政，只用出糶常平米一事，更不施行餘策。若欲抄劄飢貧，不惟所費浩大，有出無收。而此聲一布，飢民雲集，盜賊疾疫，客主俱斃。惟有依條將常平斛斗出糶，即官司簡便，不勞抄劄勘會給納煩費，但將數萬石斛斗在市，自然壓下物價。境内百姓，人人受賜。」此前賢已試之法，信不我欺。故曰常平法斷當復也。就經金、衢二府勘議申呈，隨該本道看得城内之預備倉，以待賑濟。然有出無收，其費甚鉅。四鄉之社倉以待斂散，然易散難斂，其弊頗多。惟常平倉，胡端敏公⑧所謂「不必更爲立倉，就當藏穀於四鄉倉之側」者。其法專主糶糴，而糴本常存。蓋不費之惠，其惠易徧；弗損之益，其益無方。誠救荒之良策矣。矧今節奉明文，建倉積穀，以備凶荒，此正興復常平倉之大機也。但積穀固難，建倉尤難。建一時美觀之倉非難，建百年永賴之倉爲難。欲如法建倉，非多方處費不可。今據二府屬縣查勘，四鄉倉基，雖各就緒，而營造之費，則未備也。本道隨查，將守巡兩道項下紙贖，每縣先坐發銀四十兩，各爲買基造倉之費。餘少工料，合聽陸續議處外，惟事當經始，若非仰藉各院明示，允賜遵行，曷克有濟？合無候詳允日，備行各府定委管糧通判，專董其事。仍嚴督各縣掌印官，先將查出各鄉倉基舊址，及空閑官地，并尚義捐助者，聽從建倉外，若係湊買民地，即以所發紙贖，照時值給買，不得虧損於民。其倉務要宏敞堅固，可垂百年。蓋藏之計寧廣毋狹，寧質毋文，毋惜小費，毋急近功。見在興工，匠役食費，應照府議，行令各縣酌量動支預備倉穀給用倉簿内按季開報〔四〕。欠少工料價值，悉聽本道陸續查發贓罰，或該府縣查處無礙官銀，請詳動支，輳合建造，並不許分毫科擾里甲。如工費一時不能接濟，許於四倉之中，擇近便或一倉或二倉，先行起建，餘聽漸舉。至於各倉穀本，以後許將守巡道并府縣所理罪犯紙贖，實將一半，糴穀入倉，仍聽查處別項無礙官銀，隨宜糴買，陸續積貯，不急取盈。如民間有義助建倉及輸粟備賑者，照依前例呈請分別獎勸，但不許坐派大户，科罰擾民。其餘糴買安置掌管稽查糶放等項事宜，悉照前議舉行。工完之日，聽道府親行查閲。有功員役，甄別獎賞。年久倉有損壞，如無官銀，准及時支穀修理，但不許賤算穀價。仍令該府縣掌印官，遵照新頒保民實政簿式，將創修過倉廒積貯過穀數等項，逐款填造。遇蒙各院巡歷復命，及本官考滿，一體中送稽核。中間未盡事宜，俟本道博採輿論，隨時斟酌舉行。

一、定倉基：凡倉基，俱南向，以四畝爲率。或地不足四畝者，聽其隨地建造。前後左右段落，務要酌量停匀，毋使偏邪。甚有基地不足三畝者，聽其將社學及看倉耳房，從便另造于別地，不造入倉内亦可。然地基窄狹者，正廳房門可小，而兩倉房間架斷不可小。以其每間盛穀，原約四百石有餘，小則難容也。各倉基址，必擇高阜之處，以避水濕侵穀。若地有不平者，須填補方正平坦，方可興工。四面水道，必開濬歸一，不得聽其二三漫流。各縣先將四倉四至丈尺畝數，坐落地名，與應建倉廒廳舍間數，每倉畫圖一張，貼説明白。并應給買民基價數，一一勘處停妥，徑送二道及該府廳查覈。

一、定倉式：保民實政簿開：各縣立四鄉倉，每縣積穀，務期萬石爲率，州縣大者倍之。則大縣當儲二萬石，中縣一萬五千石，小縣一萬石矣。今議頒倉式：該府廳督令各縣相度地基，依式建造。每縣各分四鄉，每鄉建倉一所。頭門一座，約高一丈三尺八寸，中闊一丈，入深連簷一丈七尺六寸。兩傍耳房每間闊八尺，以便住看倉人役。頂上用大竹簚覆之，蓋瓦。大門二扇，每扇闊三尺。東西廒房，大縣共該貯穀五千石，每邊應造廒房七間。中縣約共四千石，每邊應造廒房五間。小縣約共二千五百石，每邊應造廒房三間。每廒房一間，約貯穀四百石以上，約高一丈三尺六寸，闊一丈一尺二寸，入深一丈六尺。廒内先用地工將廒深築堅實外，簷用石板鑲砌，内用厚磚砌底，仍用條石墊擱楞木，從宜鋪釘松木杉木厚板，方鋪簟蓆。其倉頂上方木爲椽，椽上用板幔，板上用大籓竹打笆覆之。笆上用土，土上蓋瓦，其瓦須密。各週圍廒墻角，闊二尺八寸。先行築實，方用條石砌脚三層，上用地伏磚扁砌，純灰抿縫。中用稍碎磚瓦，少以泥和填實，仍用鐵牽銙釘⑨。如地勢高燥者，四面俱用磚墻。廒後及兩側，墻俱包簷，廒前墻上，簷闊二尺四寸。不拘七間五間三間，中俱隔爲三段。七間者，中三間，兩傍各二間。五間者，中三間，兩傍各一間。三間者，亦隔三段，各開三門。氣樓亦如之。其廒内貼墻處，用木栅釘相思縫厚板⑩，使穀不著墻，以防浥爛。廒口亦用相思厚板横閘。如地勢卑濕者，廒前一面不用磚墻。廒板外用圓木栅欄一帶，上面建廊，闊五尺六寸。廳前及兩倉外、明堂空地，俱用石板鋪平，以便晒穀。正廳三間，中間止作一天花板，懸聖諭六條，以便朔望講習鄉約，約高一丈九尺六寸。中間闊一丈四尺八寸，兩傍每間闊一丈四寸，入深除簷二丈六〔五〕寸。中間照壁門六扇。廳前兩傍用欄杆，外簷三尺。頂上用便磚，磚上用瓦，内地用方磚砌。簷下石板幔。三面墻垣，墻脚闊二尺，先用地工築實，方用大石板砌脚三層，上用地伏磚扁砌，亦用鐵牽銙釘牢固。後社學三間，或買舊磚建造。約高一丈七尺二寸，中間闊一丈一尺二寸，兩傍每間闊一丈，入深一丈六尺四寸。頂上用幔板鋪完蓋瓦，内地用方磚砌，兩傍用磚砌。腰牆上用窗，每邊四扇。中間用槅門四扇。三面墻垣，墻脚闊二尺，先用地工築實，脚用石砌二層。高二尺，上用磚砌。本倉外週圍墻垣，墻脚闊三尺五寸，約高一丈一尺。上用牆梯瓦蓋。先用地工深築堅實，墻脚用大石塊砌，高三尺，方用土築。務離倉墻一二丈，内可容人行。其土不可貼近本墻掘取。以上各項倉房廳舍，務期堅固經久，不在華美。其丈量地基，起造房屋，并量木植磚石，俱用大官鈔尺爲準。其木匠小尺不用，須使畫一，毋致參差。

一、辦倉料：倉廒，每邊七間，合用柱木每根徑六寸，矮柱每根徑六寸，桁條每根徑五寸五分，抽楣每根徑四寸，椽木每根徑三寸，穿柵木每根徑四寸，地板楞木每根徑五寸，地板壁板每塊厚八分。正廳三間，合用中柱木每根徑一尺一寸，用實木邊柱每根徑九寸，大梁每根長二丈、徑一尺四寸，二梁每根〔六〕長一丈、徑一尺一寸，步梁每塊長八尺、徑一尺，抽楣木每根徑四寸五分，桁條每根徑六寸，椽木每根徑三寸。門房三間，合用柱木每根徑五寸，桁條每根徑四寸，抽楣木每根徑三寸。大門二扇，每扇闊三尺。後社學三間，合用柱木每根徑六寸，桁條每根徑五寸五分，抽楣木每根徑三寸五分，大梁每根徑九寸、長一丈八尺，二梁每根徑八寸五分、長一丈，椽木每根徑二寸五分。頂上用幔板鋪完蓋瓦。其餘幫機連簷門窗等項，開載不盡者，俱要隨宜酌量，採買製作，務使與各項材木，大小規式相稱。凡磚瓦，就於近倉之地，立窑一二座，令窑户自燒造。石灰見買。地伏磚每塊長一尺二寸，闊七寸，厚三寸，秤重十八斤，上燒常平二字。開磚每塊長一尺一寸，闊五寸，厚一寸，上燒常平二字。方磚每塊長一尺，闊一尺。便磚每塊長七寸，闊六寸三分。瓦每塊長九寸，闊七寸，重一斤半。凡採買木植，俱要選擇圓長首尾相應，乾燥老黄色者。毋將背山白色嫩木搪塞虚應。石板採買上好青白堅細者，黄色疎爛者不用。其磚瓦須擇青色者，如黄色者不用。以上各項物料，各縣掌印官，親將每倉應造廒房廳舍，逐一親自從實勘估。酌量某項應用若干，該價若干；某項應用若干，該價若干，估定照數給銀，責令原定各役，採買木石等料。搬運一到，即具數報掌印官，并佐貳委官及總管，各查驗揀選。堪用者收之，不堪者即時退换，不得虚冒混收。燒造磚瓦不如式者，不許混用。仍置簿送縣印鈐，日逐登填收發數目明白。委官不時稽查。各縣仍將查估過工料價銀總撒數目，逐一造册，報道查核。東西兩邊倉廒與正廳，一應木石磚瓦，皆用新料。其門房社學材植等料，倘有見成民房願賣，可以改用者，一照時價，給與見銀平買，庶工省費廉，建造尤速。惟不虧其價，而人自樂從矣。

一、督保甲：凡保甲之法，先行府，督令各縣舉行。當趁冬月農隙之時，上緊督催，各查照原行審編。其四鄉保甲，以在城保甲，分東西南北各統之。凡各縣〔七〕倉工如有遲悞，即以在城保甲，各催在鄉保甲，以在鄉保甲，各催管工人役。不得用公差下鄉，恐滋煩擾。凡鄰倉庾居民，不許挑坑聚水。違者罰修倉廒。

吕坤積貯條件曰⑪：穀積在倉，第一怕地溼房漏，第二怕雀入鼠穿。此其防禦，不在人力乎？大凡建倉，擇於城中最高處所。院中地基，務須鐓背⑫。院墻水道，務須多留。

一、倉屋根基，須掘地實築。有石者石爲根脚，無石者用熟透大磚磨邊對縫，務極嚴匝。厚須三尺，丁横俱用交磚，做成一家，以防地震。房須寬，寬則積不蒸；須高，高則氣得洩。仰覆瓦，須用白礬水浸，雖連陰彌月，亦不滲漏。梁棟椽柱，務極粗大：應費十金者，費十五二十金。一時無處，固利於苟完，數年即更，實貽之倍費。故善事者一勞永逸，一費永省，究竟較多寡，一費之所省爲多也。以室家視倉廒者，當細思之。一、風窗，本爲積熱壞穀，而不知雀之爲害也。既耗我穀，而又遺之糞，食者甚不宜人。今擬風窗之内，障以竹篾，編孔僅可容指，則雀不能入倉。墻成後，洞開風窗過秋，始得乾透。其地先鋪煤灰五寸，加鋪麥糠五寸，上墁大磚一重。糯米雜信⑬，浸和石灰稠黏，對合磚縫。如木有餘，再加木板一週；缺木處所，釘蓆一週可也。一、假如倉廒五間，東西稍間，各用板隔斷，與門楣齊。穀止積於四間，留板隔東一間，如常閑空。值六七月久陰氣溼，或新收穀石，生性未除，倘不發洩，必生内熱。州縣官責令管倉人役，將穀自東第三間起，倒入東一間閑空之處，一間倒一間。是滿倉翻轉一遍，熱氣盡洩，本味自全，何紅腐之有？一、太倉禁用燈火。今各倉積柴安竈，全無禁約，萬一火起，何以捄之？以後不許仍用。官吏以下飯食，外面喫來，不得已者送飯。冬月但用湯壺。如違重治。一、倉斛：有洪武年間鐵樣，用木邊角以鐵葉固之，以防開縫。仍用印烙其四裹，以防剜空。但有不係官烙，自作矮身闊口，及小出大入者，坐贓重究。

附：笋粥法：吳興掌故云⑭：「嘗見山僧作笋粥，幽尚可愛。」又云：「山僧煮笋用大塊，云薄則味脱。大塊久煮令軟，其味自全。」贊寧寄問天目舊友「山中所出」？伊僧報詩云：「山中人事違，天眼中修定。我本無根株，只將笋爲命。」但笋亦有毒，須用薑或茱萸醬制之。一説滑利大腸，而益于肺，謂之「刮腸篦」。一云：「竹實少陽之氣，而尅脾土。」

淡黄虀煮粥法：取菜洗净，貯缸中。用麥麵入滚熱水調極薄漿，澆菜上，以石壓之，便不用鹽滲。六七日後，菜變黄色，味有微酸，便成黄虀矣。此後，但以菜投入虀汁中，便可作虀，更不復用麵。取虀切碎，虀米相兼，煮粥食之，每米二升，可當三升之用。【用蕪菁爲之，獨可當米。】雖不及純米養人，充塞飢腸，聊以免死，亦儉歲節縮之一法也。往從陽羨山中野人家得此法，念其可以度荒，每用語人。且如此用菜，菜之用益弘。穀不熟曰飢，菜不熟曰饉。古人飢饉並言，良有以也。

辟穀方：用黃蠟炒粳米充飢，食胡桃肉即解。

千金方⑮：蜜二斤，白麪六斤，香油二斤，茯苓四兩，甘草二兩，生薑四兩，去皮乾薑二兩，炮爲末，拌勻擣爲塊子。蒸熟陰乾爲末，絹袋盛。每服一匙，冷水調下，可待百日。玄扈先生曰：「未必然。」

生服松柏葉法：用茯苓、骨碎補、杏仁、甘草，擣羅爲末，取生葉蘸水衮藥末同食，香美。

食草木葉法：用杜仲、醋鹽炒，去絲。茯苓、甘草、荆芥，等分爲末，糊丸如桐子大。每服數丸，細嚼，即喫草木，可以充飢。止有竹葉惡草不可食。嘗見苦行僧人入山耽靜，必炒鹽入竹筒携往。云食草葉有毒，惟鹽可解。玄扈先生曰：或云，先食碧芸草，則草木葉皆可食。

食生黃豆法：取槿樹葉同生黃豆嚼之，味不作嘔，可以下咽。每日食豆二三合，可度一日。

服百滾水法：水經百滾煎熬，亦能補人。曾在嚴陵，見衲僧枯坐深崖，多積山柴，每日煎服沸水數碗，棗數枚，芝麻合許，可百日不死。

療垂死飢人法：邊海有失風船，飄至塘。船中人餓將絶者，急與食，往往狼吞致死。有煮稀粥潑卓上，令飢人漸漸吮食之，盡生。飢腸微細，不堪頓食也。

救水中凍死人法：凡隆冬冒冰雪，或入水中凍死。急取綿絮蓋煖，用熱灰鋪心臍間，可活。若遽用火烘炙，逼冷氣入內，多不能生。

長史卞同⑯序救荒本草曰⑰：植物之生於天地間，莫不各有所用【高識人】。苟不見諸載籍，雖老農老圃，亦不能盡識。而可亨可芼者⑱，皆躪藉於牛、羊、鹿、豕而已。自神農氏品嘗草木，辨其寒温甘苦之性，作爲醫藥，以濟人之夭札⑲，後世賴以延生。而本草書中所載，多伐病之物，而於可茹以充腹者，則未之及也。敬惟周王殿下，體仁遵義，孳孳爲善，凡可以濟人利物之事，無不留意。嘗讀孟子書，至於「五穀不熟，不如荑稗⑳」。因念林林總總之民，不幸罹于旱澇，五穀不熟，則可以療飢者，恐不止荑稗而已也。苟能知悉，而載諸方册，俾不得已而求食者，不惑甘苦於荼薺㉑，取昌陽，棄烏喙㉒，因得以裨五穀之缺，則豈不爲救荒之一助哉？於是購田夫野老，得甲坼勾萌㉓者四百餘種，植於一圃，躬自閲視。俟其滋長成熟，迺召畫工繪之爲圖，仍疏其花實根幹皮葉之可食者，彙次爲書一帙，名曰救荒本草，命臣同爲之序。臣惟人情，於飽食暖衣之際，多不以凍餒爲虞，一旦遇患難，則莫知所措，惟付之於無可奈何。【説盡世人之情】故治己治人，鮮不失所。今殿下處富貴之尊，保有邦域，於無可虞度之時，乃能念生民萬一或有之患，深得古聖賢安不忘危之旨，不亦善乎？神農品嘗草木，以療斯民之疾；殿下區別草木，欲濟斯民之飢，同一仁心之用也。雖然今天下方樂雍熙泰和之治，禾麥産瑞，家給人足，不必論及於荒政。而殿下亦豈忍覩斯民仰食於草木哉！是編之作，蓋欲辨載嘉植，不没其用，期與圖經本草㉔並傳于後世。庶幾萍實有徵㉕，而凡可以亨芼者，得不躪藉於牛、羊、鹿、豕，苟或見用於荒歲，其及人之功利，又非藥石所可擬也。尚慮四方所産之多，不能盡録，補其未備，則有俟於後日云。

僉事李濂序重刻救荒本草曰㉖：淮南子曰㉗：「神農嘗百草之滋味，……一日而七十毒」，由是本草興焉。【實心實語】陶隱居、徐之才、陳藏器、日華子、唐慎微之徒㉘，代有演述，皆爲療病也。嗣後孟詵有食療本草，陳士良有食性本草㉙，皆因飲饌以調攝人，非爲救荒也。救荒本草二卷，乃永樂間周藩集録而刻之者，今亡其板。濂家食時，訪求善本，自汴携來。晉臺按察使石岡蔡公，見而嘉之，以告于巡撫都御史蒙齋畢公。公曰：「是有裨荒政者。」乃下令刊布，命濂序之。按周禮大司徒以荒政十二聚萬民，五曰舍禁。夫舍禁者，謂舍其虞澤之厲禁，縱民采〔八〕取以濟飢也。若沿江瀕湖諸郡邑，皆有魚蝦螺蜆菱芡茭藻之饒，飢者猶有賴焉。齊梁秦晉之墟，平原坦野，彌望千里。一遇大侵，而鵠形鳥面之殍，枕藉于道路。吁可悲已！後漢永興二年，詔令郡國種蕪菁以助食。然五方之風氣異宜，而物産之形質異狀，名彙既繁，真贋難別。使不圖列而詳説之，鮮有不以虺床當蘼蕪，薺苨亂人參者，其弊至於殺人，此救荒本草之所以作也。是書有圖有説，圖以肖其形，説以著其用。首言産生之壤，同異之名；次言寒熱之性，甘苦之味；終言淘浸烹煮蒸晒調和之法。草木野菜，凡四百一十四種。見舊本草者，一百三十八種，新增者二百七十六種云。或遇荒歲，按圖而求之，隨地皆有，無艱得者。苟如法采食，可以活命。是書也，有功於生民大矣。昔李文靖爲相㉚，每奏對常以四方水旱爲言。范文正㉛爲江淮宣撫使，見民以野草煮食，即奏而獻之。畢、蔡二公刊布之盛心，其類是夫！

救荒本草總目㉜

草木野菜等共四百一十四種出本草一百三十八種，新增二百七十六種。

草部二百四十五種

木部八十種

米穀部二十種

果部二十三種

菜部四十六種

葉可食二百三十七種

實可食六十一種

葉及實皆可食四十三種

根可食二十八種

根葉可食一十六種

根及實皆可食五種

根筍可食三種

根及花可食二種

花可食五種

花葉可食五種

花葉及實皆可食二種

葉皮及實皆可食二種

莖可食三種

筍可食一種

筍及實皆可食一種

校：

〔一〕持 平本及中華排印本作「特」，應依黔、曙、魯改作「持」。

〔二〕高穀價難買 黔、魯本作「穀價高難買」，平本作「高殺價難買」，中華排印本校「照曙改」作「高穀價難買」。疑仍當依平本。冬天，農民要現錢應用，忍痛賤價出賣糧食，富人和商人乘機屯積。這時，應由常平倉收糴，穩定市價，如官府將穀價留着過冬，等明年正月初大家都要用錢而穀價更賤時，壓（＝「殺」）價買進，官可以得到更大利潤。但殺價過高，仍會有買不到的情形。所以下文有「穀賤不糴，責有所歸」的話。

〔三〕息 平本譌作「悉」，依黔、曙、魯改作「息」。

〔四〕「報」字及下文「該府縣」的「府」字，中華排印本校記都是「平本墨釘，照黔、曙補」。我們所見平本，這兩個「墨釘」已經補刻。

〔五〕六 平本譌作「水」，魯作「四」；依中華排印本「照曙改」。

〔六〕根 平本、魯本作「塊」，依曙本、中華排印本改作「根」。下同。

〔七〕縣 平、曙、中華排印本作「鄉」，魯本作「縣」，從上下文義看，應改作「縣」。（定扶校）

〔八〕采 平本譌作「米」；依黔、曙、魯改，合於中華書局出版板畫叢書所影印嘉靖四年山西刻本救荒本草。（以下各卷，簡稱爲「晉本」）。

注：

①張朝瑞，見前卷四十四注㉕。這篇文章，現見馮應京皇明經世實用編重農考。

②李悝平糴法：見卷四十三注㉝。

③常平倉：見凡例注㊲。

④紙贖：明代特别流行納錢贖罪；從成祖以後，主要的是「納鈔」，所以稱爲「紙贖」。

⑤官較平等：「較」是「校正」。「平」是兩盤的「天平」。「等」是單盤的精密小稱，專稱金、銀及藥物等類少量物品；清代以後習慣，寫作「戥」字。

⑥牙脚：「牙」指「牙行」，即專業的介紹人；「脚」指「脚力」，即運輸工貲。

⑦蘇軾謚文忠。這段引文，已見前卷四十三。

⑧胡端敏公：明胡世寧，謚端敏，明史（卷一九九）有傳。

⑨鐵牽鈐釘：「鈐」字，不見字書；懷疑是根據「盼」字新造的字，即「絆」。「鐵牽」，即鐵制的長形大「馬釘」。「釘」字，作動詞；「鈐釘」，即加鐵牽絆起來，增加堅牢程度。

⑩相思縫：即在板緣掏半邊槽，使板接縫嚴密。

⑪吕坤，明史（卷二二六）有傳，這篇文章，應在所著實政録中；馮應京皇明經世實用編引有。

⑫鏊背：「鏊」音 ào（從前寫作爊），是從上面加温的一個器具，中間高，四面漸低。

⑬信：即氧化砒。

⑭吴興掌故：係明徐獻忠（見本書卷十六注㊽）所著。我們未核對原書。

⑮千金方：相傳是唐代稱爲「醫聖」的孫思邈所輯。

⑯卞同，事跡未詳。中國人名大辭典三八面，有（明）「卞同……景泰中知東安」，但未必即是這個王府長史卞同。第一，永樂四年（一四〇六年）到景泰元年（一四五〇年）就已四十多年，時代不合；第二，「王府長史」，據明史（卷七五）職官四，是正五品官，而知縣事的，是正七品，四十多年前的五品官，降爲七品，也不合情理。「長史」，是前漢的官名；漢書（卷一九上）百官公卿表：文帝二年，置丞相，有兩「長史」。長史是「諸史之長」，即總管官。明代，王府有長史司，有左右長史各一人；卞同是周府周王朱橚左長史，救荒本草序末有「永樂四年歲次丙戌秋八月奉議大夫周府左長史臣卞同拜手謹序」。

⑰據一九五九年中華書局出版版畫叢書中影印救荒本草所載，這個序文，作於永樂四年秋八月（即公元一四〇六年九至十月）；是原書第一次刊版的序。

⑱可亨可芼：「亨」是古代「烹」字的寫法，即生切後加水煮；「芼」是將生菜放進熱湯中燙熟。

⑲夭札：國語魯語（上）「夏父弗忌爲宗」章，「其夭札也」。韋昭注：「不終（＝短命）曰夭，疫死曰札。」

⑳「五穀不熟，不如荑稗」，孟子告子上：「五穀者，種之美者也；苟爲不熟，不如荑稗。」荑稗，即稗子。

㉑不惑甘苦於荼薺：詩邶風谷風第二章有「誰謂荼(=苦菜)苦？ 其甘如薺！」兩句。事實上，大衆是能分辨這兩種植物的；脱離生産的剥削階級，才會「惑」。這裏止能是玩弄古詩辭句。

㉒「取昌陽，棄烏喙」：「昌陽」，即白菖 Acorus Calamus，可用作健胃藥，韓愈進學解「訾醫師以昌陽引(=延長)年」。即説白菖原是有益的藥物。「烏喙」即附子，有大毒。

㉓甲坼勾萌：「甲坼」，是從坼裂的種殼(=「甲」)中出來的幼小植物，見易解「雷雨作而百果草木皆甲坼」疏。「勾」是像鈎一樣，彎曲地出在地面以上的幼芽，多數雙子葉植物都是這樣；「萌」同「芒」，是直出地面的幼芽，單子葉植物大半是這樣。(見禮記月令「句者畢出，芒者盡達」注。)四字連用，通指幼小植物。

㉔圖經本草：北宋仁宗專命太常博士蘇頌撰述的本草學書，有圖有説。(參看本草綱目「序例」上圖經本草條。)

㉕萍實有徵：孔子家語記載楚王渡江，獲得一個奇異的果子，「大如斗(=小碗)，赤如日」，不知道是什麽，叫人去問孔子。孔子回答説是「萍實」。(這是一個傳説故事，表示孔子知識豐富。)「有徵」，即有記載可查。

㉖這是嘉靖四年(一五二五年)，山西省重刻救荒本草的序文；中華書局一九五九年出版的版畫叢書中影印的，就是李濂所序的山西本。影印本序文末李濂自己題署的官銜籍貫，是「賜進士出身，奉政大夫、山西等處提刑按察司僉事，奉敕提督屯政，大梁李濂」。

㉗ 淮南子修務篇前段，「古者民茹草飲水，采樹木之實，食蠃蛖（＝螺蚌）之肉，時多疾病毒傷之害。於是神農乃始……嘗百草之滋味，水泉之甘苦，令民知所避就。當此之時，一日而遇七十毒」。

㉘ 「陶隱居……唐慎微」：都是本草學家。陶弘景，南朝宋至梁時人，著有名醫别録；徐之才，北齊人，著有雷公藥對；陳藏器，唐玄宗時人，著有本草拾遺；日華子，據北宋掌禹錫說，宋太祖開寶年間，有一個「日華子大明」，不著姓氏，著有日華諸家本草；唐慎微，宋徽宗時作證類本草的人。

㉙ 「孟詵有食療本草，陳士良有食性本草」：孟詵是武則天時代的人，陳士良是五代南唐人。（案：序文中「嗣後」兩字，止可以對陶、徐兩人說，對陳藏器已經勉强，對日華子、唐慎微更不適用。）

㉚ 李文靖：北宋真宗時的宰相李沆，謚文靖。

㉛ 范文正：范仲淹，謚文正。

㉜ 這二十一行總目，是救荒本草原有的；嘉靖四年（一五二五年）山西刻本，就在卷首上文所引卞同序文之後，分卷目録之前。本書大致就是從當時刻本中録出的。中華排印本在這個總目第一行下，加括號作注説：「校者按：總目所列數字不盡相符。」另外本書卷首總目中，這十四卷救荒本草，每卷都有「子目」；子目中，中華排印本作有七處校正，「照實數改」正了六個數字。我們將這十四卷「子目」和這個「總目」，以及十四卷的實際内容，三方面作了幾次核對，發現「不盡相符」的原因，共有三點，都出自本書刻本的錯漏。

（一）原書木部八十種，本書缺去「葉及實皆可食」的「木檾樹」一種（原書木部第六十九種）。因此，（甲）本書木部止有七十九種；（乙）本書「草木野菜等共四百一十四種」實際上止有四百一十三種；（丙）葉及實可食的，也少一種。

（二）本書卷五十三子目中「根葉可食二十三種」，中華排印本校改爲「二十二種」的，實際上包含「根葉可食」十一種、「根笋可食」三種、「根及實可食」二種、「根及花可食」二種、「花葉可食」四種。中華排印本校改後，數字雖已相合，可是不將這二十二種依可食部分分作五類，則（甲）「根葉可食」的總數，在原書連「菜部」五種合計，確是十六種，而依本書子目計算，應是二十七種；（乙）「根笋」、「根及花」兩類，没有着落；（丙）總目中「根及實」和「花葉」兩類，種數也「不符」。

（三）米穀部二十種，原書分作「實可食」的七種，「葉及實皆可食」的十三種；本書各本（包括中華排印本在内）的子目，則作「實可食二十種」。因此，原總目的（甲）「實可食」六十一種，依本書子目，應是七十四種；（乙）「葉及實可食」的，種數也就不够四十三種。

這三點本書引用救荒本草新出的差錯，顯然由平露堂整理付刻時造成。另外，救荒本草原書的目録，也有些不正確的地方。

（一）分卷目録（晉刻本，上下兩卷，各有詳細的分部及分類目録）中，下卷木部標題下注明「一百種」；實際上木部止有八十種。總目作八十種，不錯。

（二）木部目録中，「實可食」的，漏去「橡子樹」一種（並漏去應在「山藜花」前的「新增」兩字）。

「葉及實皆可食」的，漏去「柘樹」一種。

（三）總目總數四百一十四種下的小注「出本草一百三十八種，新增二百七十六種」，數字有誤，大致應是「出本草一百七十一種，新增二百四十三種」。

（四）分卷目録中，木部「葉可食」的一類中，「椒樹」與「回回醋」兩種，實際上應納入「葉及實皆可食」；因此總目中「葉及實皆可食」的，應當是四十五種而不是四十三；「葉可食」的，也就相應地減去兩種。草部「葉可食」的一類，依正文的叙述看來，實際上包含有「葉」、「葉及苗芽」和「葉及笋」三個小群。「葉及苗芽」（即包括嫩莖枝在内）占「葉可食」這個大類的百分之六十二左右，似乎應和止採（成熟）葉供食的區别。「笋」，指由根系直接迸發出地面的肥大嫩枝條，也和成熟的「葉」不全同。

原書和本書的這些混亂，必須清理。清理的第一步，是將本書所引四百一十三種植物，保留原書所分草、木、米穀、果、菜五部；仍按「救飢」中所叙述的利用部分分「類」，而將「類」的總數，由原書的十五增加到十七；依本書的十四卷，每卷逐步逐類，一種一種地登記，作成一個總表。現在看來，這個總表還可以幫助讀者參攷檢查核對，所以謄正作爲附録，附在本書之末。歸結這個總表的數字，可以把數字「不盡相符」的情況，澄清如下。

分部	本書分卷次 \ 分類	葉	葉及苗	葉及笋	實	葉及實	根	根及葉	根及實	根及笋	根及花	花	花及葉	花葉及實	葉皮及實	莖	笋	笋及實	共計
草部	46	14	20																34
	47	10	23																33
	48	10	22	1															33
	49	16	20	1															37
	50	12	14																26
	51						24												24
	52				20	12													32
	53							11	2	3	2		4			3		1	26
	小計	62	99	2	20	12	24	11	2	3	2		4			3		1	245
木部	54	39				2													41
	55				20														20
	56					7						5	1	2	2	1			18
	小計	39			20	9						5	1	2	2	1			79
米穀部	57				7	13													20
果部	58				14	5	2		2										*23
菜部	58	14																	14
	59	19				5	2	5	1										32
	小計	33				5	2	5	1										46
共計		134	99	2	61	44	28	16	5	3	2	5	5	2	2	3	1	1	413
			235																
原總目		237			61	43	28	16	5	3	2	5	5	2	2	3	1	1	414

*卷五十八，包括果部全數二十三種，菜部十四種，共三十七種。

再依「救飢」所利用的可食部分，分單項歸納，得：

葉　三〇四種　實　一一五種　根　五四種
花　一四種　笋　七種　莖　三種
(樹)皮　二種

救荒本草所收，是黄河下中游地區出産的糧食以外植物性食物全部清單，其中「葉」最多，「皮」最少。我們初步認爲這七個單項的利用數量情况，大致反映着三種因素。①採收的難易，②食用價值的高下，③加工的繁簡。樹皮原是常有的東西，但一般樹皮，絶大多數粗澀堅硬，又含有大量酚性聚合物，實在「難以下咽」。止有榆皮，含有多量多縮糖酸，雖然剥取和加工困難些，但食用價值較高，所以和較易剥取而可食成分還不太低的桑白皮，向來在食物中占有地位。「莖」，依救荒本草的叙述推測，專指「花軸」。花軸止在嫩時可以食用，能採獲的時間太短，而且分量不會多。救荒本草所謂「笋」，似乎專指從根系發出的肥大嫩苗。它和花，食用價值頗高，但是採獲時間和分量，也和花軸一樣極有限。在「救飢」方面，莖笋花三項的意義都不大。根系，掘取須付出頗大勞力，洗净加工……等也不輕鬆。果實種子，作爲食物，食用價值既高，收採和加工，也較容易，問題是一年中出現期間過短。止有葉，生存期較長，一次採收後，往往不久又可以得到另一批新出的。因此，葉在「救飢」中占有最重要的地位。

*　　*　　*　　*

據四庫全書總目提要的記載，農政全書還有一種四十六卷的「別本」。我們曾懷疑這個「別本」，可能正是徐光啓原計畫中，本書的真貌。它並不是將救荒本草中四百多種植物全部收録，作爲現在的十四卷，而止是分析批判地從其中選出一部分——容易大量採獲，食用價值高，而又容易加工的——配合另一些種類，總起來作爲一卷，即第四十六卷，全書就告結束。當時揣想，「六十卷本」中的十四卷救荒本草，止有五十多種附有「玄扈先生曰」的評論；可能原來第四十六卷，就止限於這五十七種植物。現在詳細考慮後，覺得這五十七種中，小桃紅（即鳳仙花，在卷四八）和菖蒲（卷五一），都有難吃的評語，肯定是不會收入的。孩兒拳頭（卷五五，即繫迷）、沙果子樹（卷五八）、孛孛丁菜（卷五九，即蒲公英）、樓子葱（卷五九）等條的評論，止是解釋「正名」的，未必一定收入。百合（卷五一）、回回米（即薏苡）、絲瓜苗（兩種在卷五一）、莧菜（卷五八）、山藥（卷五九）等，都有「不必救荒」的評語，而且已在前面「種植」（卷四〇）、「樹藝」（卷二七）中有過較詳盡叙述的，也有不再重複的可能。可以肯定必須收入的，估計有葍子根（卷五一）、稗子（卷五二）、橡子樹、無花果（卷五五）、槐樹芽（卷五六）幾項，評論中有「製作法」，有特別着重推廣的推薦語言。其餘注明「恒蔬」、「勝藥」、「良藥」、「嘉果」的，如萱草花、茴香（卷四六）、馬蘭頭、獨掃苗、蕳蒿（卷四七）、黄精苗、蘆笋、何首烏、瓜蔞根（卷五三）、枸杞、楮桃樹、文冠果（卷五六）、馬齒莧菜、苦藚菜、莙薘菜、苜蓿、水芹（卷五八）、後庭花、薺菜、紫蘇、丁香茄兒（卷五九）等，估計凡前面「樹藝」、「種植」中未收的，可能録入；已收有的，是否還再收，不能肯定。其餘各種止注明「嘗過」的，大致也是同樣處理。這樣原計畫第四十六卷的篇幅，決不會很大。因此，暫時還想保留從前的基本看法，認爲全鈔救荒本草決不是徐光啓原來的打算；而野菜譜更不在原計畫中了。我院從揚州購得的一個手鈔四十六卷本農政全書，第四十六卷，止節鈔了野生薑、萱草花、山甜菜、蒺藜子、櫱子、絲瓜苗、蒼耳子、黄精苗、茅芽根、瓜樓根、夜合樹、白楊樹、椿木、青楊樹、橡子樹、柏樹、皂角樹、槐樹芽、棠梨樹、桑樹、榆樹、御米花、李子、杏樹、棗樹、竽、苦蕒菜、雁來紅、灰菜、天茄三十種植物，和我們的猜想大致符合。不過，和四庫全書所指四十六卷本，是不是同一版本，目前無法斷定，所以在這裏附記存疑。

農政全書校注卷之四十六

荒　政　採周憲王救荒本草（一）

草　部　葉可食

野生薑

【野生薑（二）】本草名劉寄奴①。生江南，其越州、滁州皆有之。今中牟南沙崗，間亦有之。莖似艾蒿，長二三尺餘。葉似菊葉而瘦細，又似野艾蒿葉亦瘦細。開花白色。結實黄白色，作細筒子蒴兒。蓋蒿之類也。其子似稗而細。苗葉味苦，性温無毒。

救飢：採嫩葉煠熟，水浸淘去苦味，油鹽調食。

刺薊菜

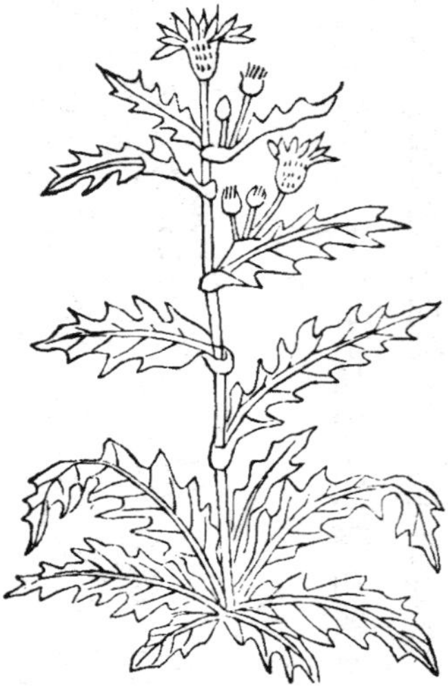

【刺薊菜】本草名小薊，俗名青刺薊，北人呼爲千針草。出冀州，生平澤中，今處處有之。苗高尺餘。葉似苦苣葉。莖葉俱有刺，而葉不皺。葉中心出花頭，如紅藍花而青紫色。性涼無毒；一云味甘性温。

救飢：採嫩苗葉煠熟，水浸淘净，油鹽調食，甚美。除風熱。

大薊

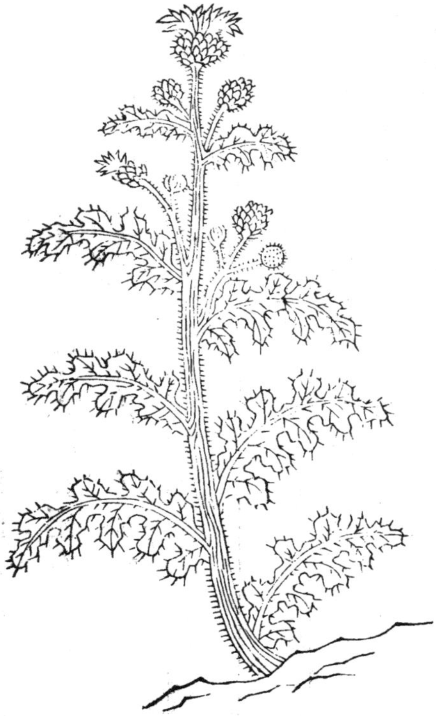

【大薊】生山谷中，今鄭州山野間亦有之。苗高三四尺。莖五稜。葉似大花苦苣菜葉。莖葉俱多刺，其葉多皺。葉中心開淡紫花，味苦，性平無毒，根有毒。

救飢：採嫩苗葉煠熟，水淘去苦味，油鹽調食。

山莧菜

【山莧菜】本草名牛膝，一名百倍，俗名脚斯蹬，又名對節菜。生河内川谷，及臨朐、江、淮、閩、粤、關中、蘇州皆有之，然皆不及懷州者爲真。蔡州者，最長大柔潤。今鈞州山野中亦有之。苗高二尺已來。莖方，青紫色；其莖有節如鶴膝，又如牛膝狀，以此名之。葉〔二〕似莧菜葉而長，頗尖艄，音哨。葉皆對生。開花作穗。根味苦酸，性平無毒，葉味甘微酸。惡螢火、陸英、龜甲、白前。

救飢：採苗葉煠熟，換水浸去酸味，淘净，油鹽調食。

款冬花

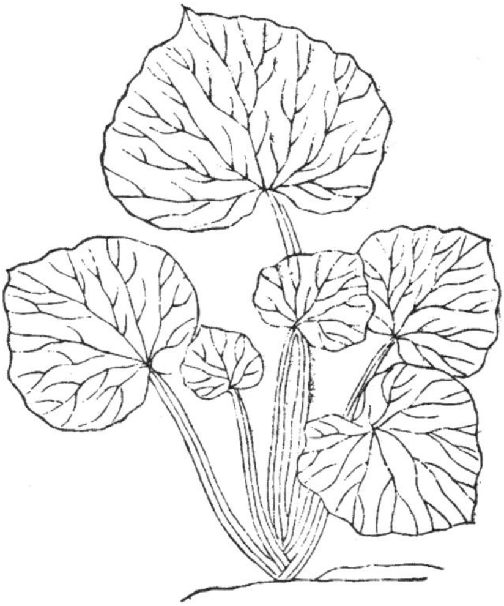

【欵冬花】一名橐吾，一名顆凍〔三〕，一名虎鬚，一名菟奚，一名氐冬。生常山山谷及上黨水傍，關中、蜀北、宕昌、秦州、雄州皆有，今鈞州密縣山谷間亦有之。莖青，微帶紫色。葉似葵葉，甚大而叢生；又似石葫蘆葉頗團。開黄花。根紫色。圖經云：葉如荷而斗直。大者，容一升；小者，容數合。俗呼爲蜂斗葉，又名水斗葉。此物不避冰雪，最先春前生，雪中出花，世謂之鑽凍。又云：有葉似萆薢。開黄花，青紫蕚，去土一二寸；初出如菊花，蕚通直而肥實無子。陶隱居所謂「出高麗、百濟」者，近此類也。其葉味苦，花味辛甘。性温無毒。杏仁爲之使，得紫菀〔四〕良，惡皂莢、硝石、玄參；畏貝母、辛夷、麻黄、黄芩、黄連、青葙。

救飢：採嫩葉煠熟，水浸淘去苦味，油鹽調食。

萹蓄

【萹蓄】亦名萹竹。生東萊山谷，今在處有之。布地生道傍。苗似石竹。葉微闊，嫩緑如竹。赤莖如釵股，節間花出，甚細，淡桃紅色，結小細子。根如蒿根。苗葉味苦，性平；一云味甘，無毒。

救飢：採苗葉煠熟，水浸淘净，油鹽調食。

大藍

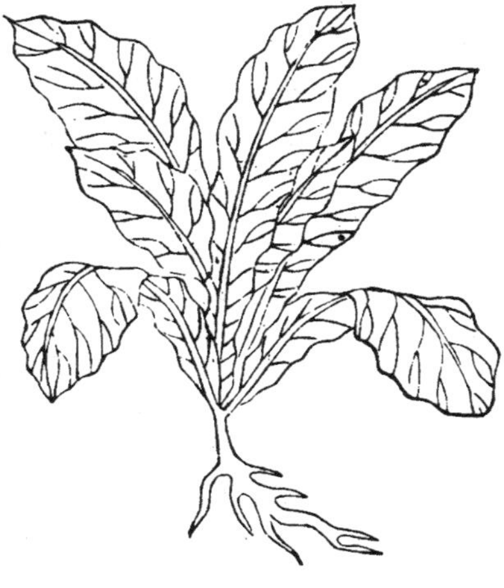

【大藍】生河內平澤，今處處有之，人家園圃中多種。苗高尺餘。葉類白菜葉，微厚而狹〔五〕窄尖艄，淡粉青色。莖叉梢間，開黃花。小莢，其子黑色。本草謂菘藍，可以爲靛染青。以其葉似菘菜，故名菘藍，又名馬藍。爾雅所謂葴〔六〕馬藍是也。味苦，性寒，無毒。

救飢：採葉煠熟，水浸去苦味，油鹽調食。

石竹子

【石竹子】本草名瞿麥，一名巨句麥，一名大菊，一名大蘭，又名杜母草、鷰麥、蘥音葉。麥。生太山川谷，今處處有之。苗高一尺已來。葉似獨掃葉而尖小，又似小竹葉而細窄。莖亦有節，稍間開紅白花而結蒴，内有小黑子。味苦辛，性寒無毒。蘘草、牡丹爲之使，惡螵蛸。

救飢：採嫩苗葉煠熟，水浸淘净，油鹽調食。

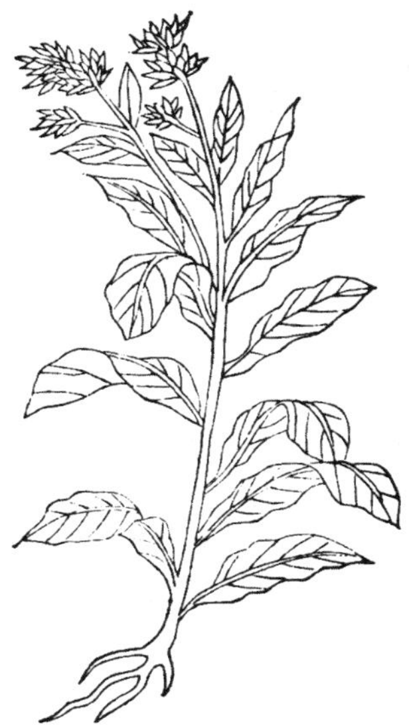

【紅花菜】本草名紅藍花，一名黄藍。出梁、漢及西域，滄、魏亦種之，今處處有之。苗高二尺許。莖葉有刺，似刺薊葉而潤澤，窊面。稍結梂彙，亦多刺。開紅花，蘂出梂上。圃人採之，採已復出，至盡而罷。梂中結實，白顆如小豆大。其花暴乾，以染真紅，及作胭脂。花味辛，性温，無毒。葉味甘。

救飢：採嫩葉煠熟，油鹽調食。子可笮作油用。

萱草花

【萱草花】 俗名川草花，本草一名鹿葱，謂生山野，花名宜男。風土記云「懷姙婦人佩其花，生男」故也。人家園圃中多種。其葉就地叢生，兩邊分垂，葉似菖蒲葉而柔弱，又似粉條兒菜葉而肥大。葉間攛葶，開金黄花，味甘無毒。根涼，亦無毒。葉味甘。

救飢：採嫩苗葉煠熟，水浸淘净，油鹽調食。

玄扈先生曰：花葉芽俱嘉蔬，不必救荒。根亦可作粉，如治蕨法。邇歲洊飢，山民多賴之。京師人食其土中嫩芽，名扁穿。花葉芽俱嘗過。

車輪菜

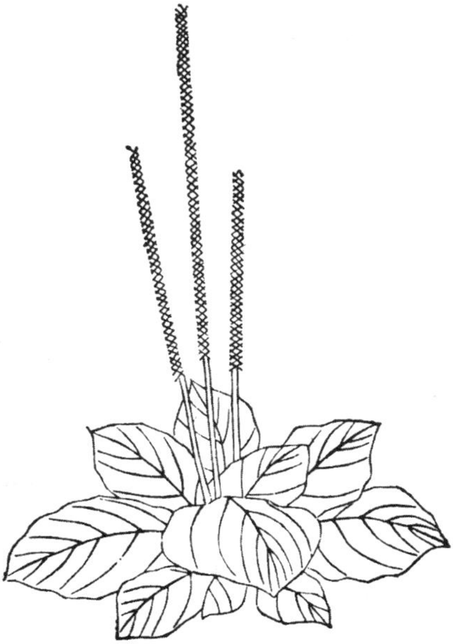

【車輪菜】本草名車前子，一名當道，一名芣苢，一名蝦蟇衣，一名牛衣〔二〕，一名勝舄菜。爾雅云：馬舄，幽州人謂之牛〔七〕舌草。生滁州及真定平澤，今處處有之。春初生苗，葉布地如匙；而累年者，長及尺餘，又似玉簪葉，稍大而薄。葉叢中心，攛葶三四莖，作長穗如鼠尾。花甚密，青色、微赤。結實如葶藶子，赤黑色。生道傍。味甘鹹，性寒，無毒；一云味甘，性平。葉及根味甘，性寒。常山爲之使。

救飢：採嫩苗葉煠熟，水浸去涎沫，淘净，油鹽調食。

白水葒苗

【白水葒苗】本草名葒草，一名鴻䕡。有赤白二色。爾雅云「紅蘢〔八〕古，其大者蘬」；鄭詩云「隰有遊龍」是也。所在有之，生水邊下溼地。葉似蓼葉而大長，有澁〔三〕。花開紅白，又似馬蓼。其莖有節而赤，味鹹，性微寒，無毒。

救飢：採嫩苗葉煠熟，水浸淘净，油鹽調食。洗净，蒸食亦可。

黃耆

【黃耆】　一名戴糝，一名戴椹，一名獨椹，一名芰草，一名蜀脂，一名百本，一名王孫。生蜀郡山谷及白水、漢中、河東、陝西；出綿上呼爲綿黃耆。今處處有之。根長二三尺。獨莖，叢生枝幹。其葉扶疎，作羊齒狀，似槐葉微尖小，又似蒺藜葉，闊大而青白色。開黃紫花，紅〔四〕槐花大。結小尖角，長寸許。味甘，性微温，無毒；一云味苦，微寒。惡龜甲、白蘚皮。

救飢：採嫩苗葉煠熟，換水浸淘洗，去苦味，油鹽調食。藥中補益，呼爲羊肉。

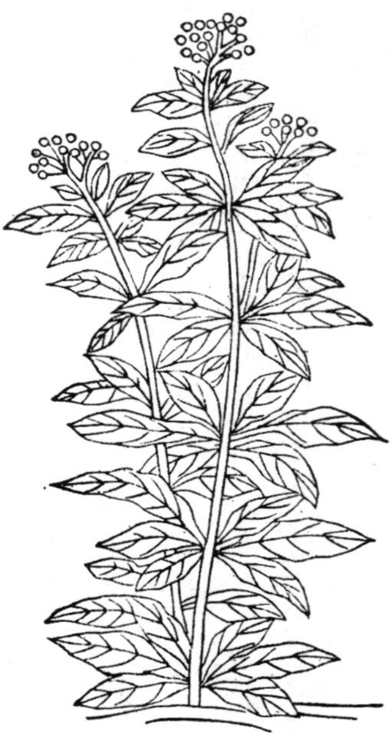

【威靈仙】一名能消。出商州上洛華山，并平澤及陝西、河東、河北、河南、江湖、石州、寧化等州郡。不聞水聲者良。今密縣梁家衝山野中亦有之。苗高一二尺。莖方如釵股，四稜。莖多細茸白毛。葉似柳葉而闊，邊有鋸齒，又似旋覆花葉。其葉作層生，每層六七葉相對排，如車輪樣，有六層至七層者。花淺紫色，或碧白色。作穗似蒲臺子，亦有似菊花頭者。結實青色。根稠密多鬚。味苦，性温，無毒。惡茶及麵湯；以甘草、枝〔五〕子代飲可也。

救飢：採葉煠熟，換水浸去苦味，再以水淘净，油鹽調食。

【馬兜鈴】根名雲南根，又名土青木香。生關中及信州、滁州、河東、河北、江淮、夔州〔六〕、浙州郡皆有，今高阜等去處亦有之。春生苗如藤蔓。葉如山藥葉而厚大，背白。開黄紫花，頗類枸杞花。結實如鈴，作四五瓣。葉脱時，鈴尚垂之，其狀如馬項鈴，故得名。味苦，性寒；又云平，無毒。

救飢：採葉煠熟，用水浸去苦味，淘净，油鹽調食。

旋覆花

【旋覆花】 一名戴椹，一名金沸草，一名盛椹。上黨田野人呼爲金錢花。爾雅云「覆，盜庚」。出隨州，生平澤川谷。今處處有之。苗多近水傍。初生大如紅花葉而無刺。苗長二三尺已來。葉似柳葉，稍寬大。莖細如蒿簳。開花似菊花，如銅錢大，深黄色。花味鹹甘，性温、微冷利，有小毒。葉味苦，性涼。

救飢：採葉煠熟，水浸去苦味，淘净，油鹽調食。

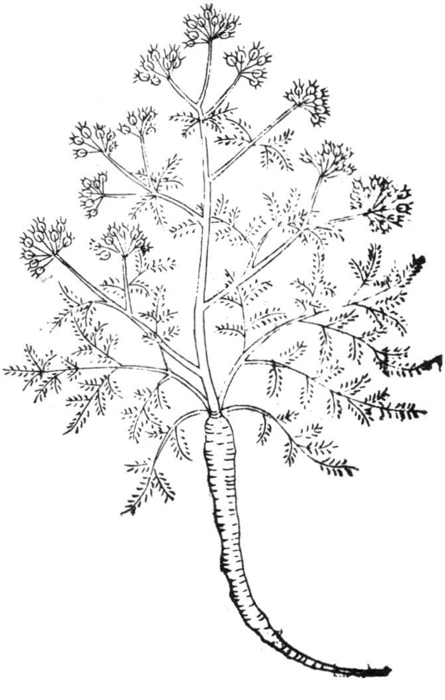

【防風】一名銅芸，一名茴草，一名百枝，一名屏風，一名簡根，一名百蜚。生同州沙苑川澤，邯鄲、琅邪、上蔡、陝西、山東，處處皆有〔九〕。今中牟田野中亦有之。根上黄色，與蜀葵根相類，稍細短。莖葉俱青緑色，莖深而葉淡。葉似青蒿葉而闊大，又似米蒿葉而稀疎。莖似茴香。開細白花。結實似胡荽子而大。味甘辛，性温無毒。殺附子毒。惡乾薑、藜蘆、白斂、芫花。又名〔七〕石防風，亦療頭風眩痛。又有叉〔一〇〕頭者，令人發狂；叉尾者，發痼疾。

救飢：採嫩苗葉作菜茹，煠熟，極爽口。

鬱臭苗

【鬱臭苗】本草茺蔚子是也。一名益母，一名益明，一名大札，一名貞蔚。皆云蓷。音推。益母也。亦謂蓷臭穢。生海濱池澤，今田野處處有之。葉似荏子葉，又似艾葉而薄小色青。莖方，節節開小白花。結子黑茶褐色，三稜細長。味辛甘，微溫；一云微寒，無毒。

救飢：採苗葉煠熟，水浸淘净，油鹽調食。

澤漆

【澤漆】本草一名漆莖，大戟苗也。生太山川澤，及冀州、鼎州、明州，今處處有之。苗高二三尺，科叉生。莖紫赤色。葉似柳葉，微細短。開黄紫花，狀似杏花而瓣頗長。生時摘葉，有白汁出，亦能嚙刺人，故以爲名〔一二〕。味苦辛，性微寒，無毒；一云有小毒；一云性冷，微毒。小豆爲之使，惡薯蕷。初〔一三〕嘗，葉味澁苦；食過，回味甘。

救飢：採葉及嫩莖煠熟，水浸淘净，油鹽調食。採嫩葉蒸過，晒乾，做茶喫，亦可。

酸漿草

【酸漿草】本草名酢漿草，一名醋母草，一名鳩酸草，俗爲小酸茅。舊不著所出州土，今處處有之。生道傍下溼地。葉如初生小水苹，每莖端，皆叢生三葉。開黃花。結黑子。南人用苗揩鍮音偷。石器，令白如銀色光艷。味酸，性寒，無毒。

救飢：採嫩苗葉生食。

【蛇床子】一名蛇粟，一名蛇米，一名虺床，一名思益，一名繩毒，一名棗棘，一名牆蘼。爾雅一名盱〔一三〕。生臨淄川谷田野，今處處有之。苗高一二尺〔八〕，青碎作叢似蒿枝，葉似黄蒿葉，又似小葉蘼蕪，又似藁本〔一四〕葉。每枝上有花頭百餘，結同一窠，開白花如傘蓋狀。結子半黍大，黄褐色。味辛甘，無毒，性平〔一五〕；一云有小毒。惡牡丹、巴豆、貝母〔一六〕。

救飢：採嫩苗葉煠熟，水浸淘洗净，油鹽調食。

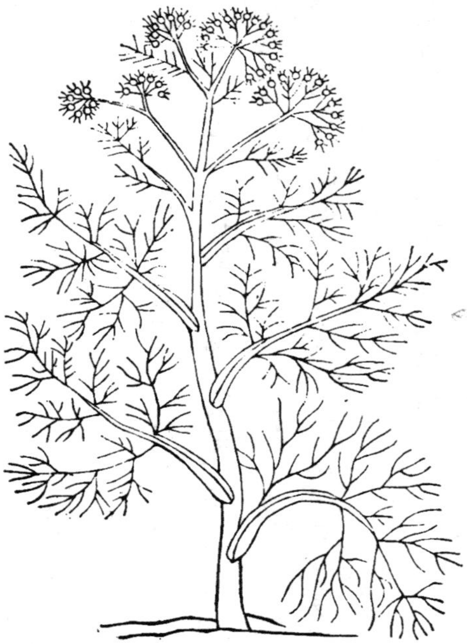

【茴香】 一名蘹音懷〔一七〕。香子，北人呼爲土茴香。茴蘹聲相近，故云耳〔一八〕。今處處有之，人家園圃多種。苗高三四尺。莖粗如筆管。傍有淡黄袴葉，抪莖而生。袴葉上，發生青色細葉，似細蓬葉而長，極疎細，如絲髮狀。袴葉間，分生叉〔一九〕枝，稍頭開花。花頭如傘蓋，黄色。結子如蒔蘿子，微大而長，亦有線瓣。味苦辛，性平，無毒。

救飢：採苗葉煠熟，換水淘净，油鹽調食。子調和諸般食味，香美。

玄扈先生曰：葉可作恒蔬。

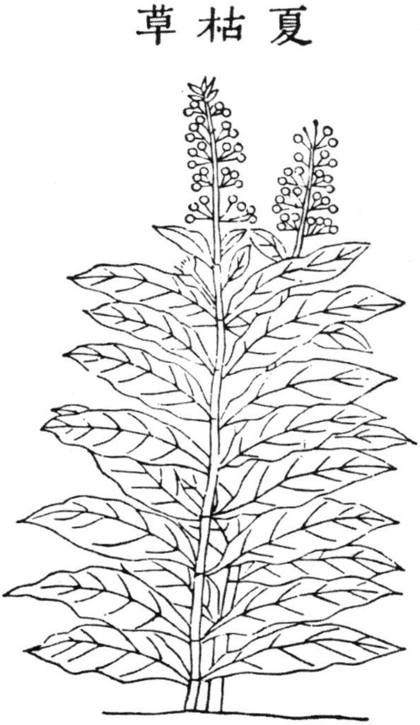

【夏枯草】本草一名夕句，一名乃東，一名燕面。生蜀郡川谷，及河、淮、浙[二〇]、滁平澤。今祥符西田野中亦有之。苗高二三尺。其葉對節生；葉似旋覆葉而極長大，邊有細鋸齒，背白，上多氣脉紋路。葉端開花，作穗長一二三寸許。其花紫白似丹參花。葉味苦，微辛，性寒，無毒。土瓜爲之使。俗又謂之鬱臭苗，非是[二一]。

救飢：採嫩葉煠熟，换水浸淘去苦味，油鹽調食。

藁本

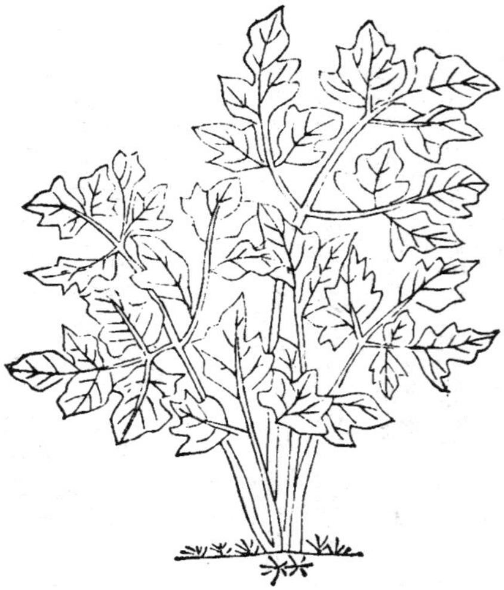

【藁本】 一名鬼卿，一名地新，一名微莖。生崇山山谷及西川、河東、兗州、杭州。今衛輝輝縣栲栳圈山谷間亦有之。俗名山園荽。苗高五七寸。葉似芎藭葉細小，又似園荽葉而稀踈。莖比園荽莖頗硬直。味辛，微苦，性温，微寒，無毒。惡藺茹，畏青箱子。

救飢：採嫩苗葉煠熟，水浸淘净，油鹽調食。

【柴胡】一名地薰，一名山菜，一名茹草葉，一名芸蒿。生弘農川谷，及冤句、壽州、淄州、關陝江湖間皆有，銀州者爲勝。今鈞州密縣山谷間亦有。苗甚辛香。莖青紫堅硬，微有細線楞。葉似竹葉而小。開小黄花。根淡赤色。味苦，性平，微寒，無毒。半夏爲之使；惡皁〔三三〕莢，畏女菀、藜蘆。又有苗似斜蒿，亦有似麥門冬苗而短者。開黄花，生丹州，結青子，與他處者不類。

救飢：採苗葉煠熟，换水浸淘去苦味，油鹽調食。

漏蘆

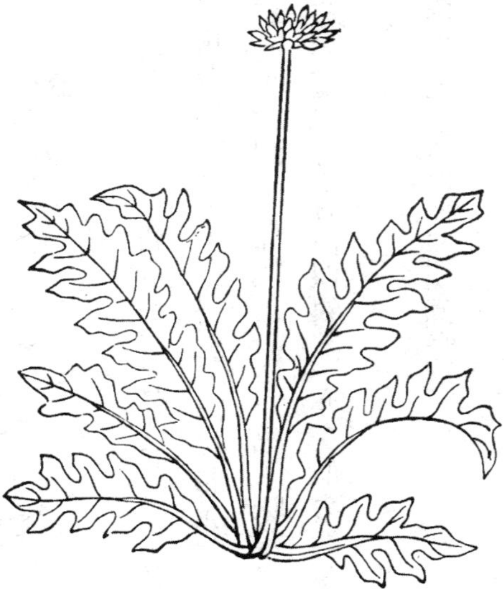

【漏蘆】一名野蘭，俗名莢蒿。根名鹿驪根，俗呼爲鬼油麻。生喬山山谷，及秦州、海州、單州、曹、兗州；今鈞州新鄭沙崗間亦有之。苗葉就地叢生。葉似山芥菜葉而大，又多花；又有似白屈菜葉，又似大蓬蒿葉，及似風花菜脚葉而大。葉中攛葶，上開紅白花。根苗味苦鹹，性寒，大寒無毒。連翹爲之使。

救飢：採葉煠熟，水浸淘去苦味，油鹽調食。

龍膽草

【龍膽草】一名龍膽，一名陵游，俗呼草龍膽。生齊朐山谷，及冤句、襄州、吴興皆有之。今鈞州新鄭山崗間亦有。根類牛膝，而根一本十餘莖，黄白色，宿根。苗高尺餘。葉似柳葉而細短，又似小竹。開花如牽牛花，青碧色，似小鈴形樣。陶隱居注云：「狀似龍葵，味苦如膽，因以爲名。」味苦性寒，大寒無毒。貫衆、小豆爲之使，惡防葵、地黄。又云：浙中又有〔九〕龍膽草，味苦澁，此同類而别種也。

救飢：採葉煠熟，换水浸淘去苦味，油鹽調食。勿空腹服餌，令人溺不禁。

鼠菊

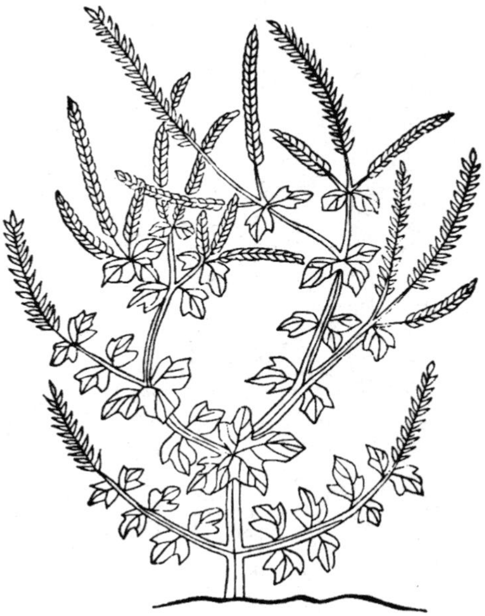

【鼠菊】本草名鼠尾草，一名葝，音勁。一名陵翹。出黔州及所在平澤有之。今鈞州新鄭崗野間亦有之。苗高一二尺。葉似菊花葉微小而肥厚，又似野艾蒿葉而脆，色淡綠。莖端作四五穗，穗似車前子穗而極疎細。開五瓣淡粉紫色花，又有赤、白二色花者。黔中者，苗如蒿。爾雅謂「葝，鼠尾」，可以染皁。味苦，性微寒，無毒。

救飢：採葉煠熟，換水浸去苦味，再以水淘令浄，油鹽調食。

前胡

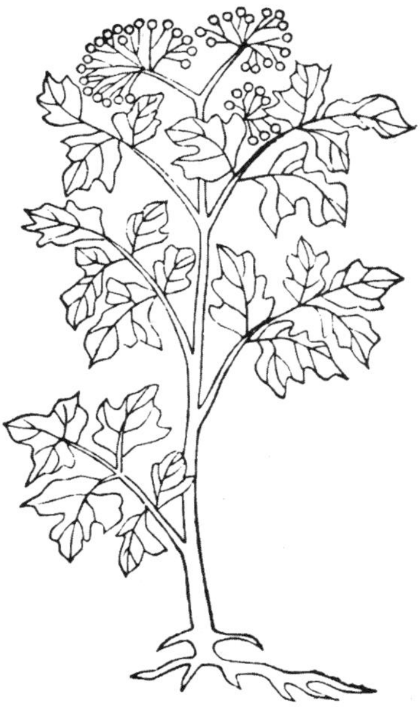

【前胡】生陝西、漢、梁、江、淮、荆、襄、江寧、成州諸郡，相、孟、越、衢、婺、睦等州皆有。今密縣梁家衝山野中亦有之。苗高一二尺，青白色，似斜蒿，味甚香美。葉似野菊葉而瘦細；頗似山蘿蔔葉，亦細；又似芸蒿。開黪白花，類蛇床子花。秋間結實。根細，青紫色；一云外黑裡白。味甘辛微苦，性微寒，無毒。半夏爲之使；惡皁莢，畏藜蘆。

救飢：採葉煠熟，換水浸淘净，油鹽調食。

地榆

【地榆】生桐柏山及冤句山谷，今處處有之。密縣山野中亦有此。多宿根。其苗初生布地，後擸葶，直高三四尺，對分生葉。葉似榆葉而狹細，頗長，作鋸齒狀，青色。開花如椹子，紫黑色；又類豉，故名玉豉。其根外黑裡紅，似柳根。亦入釀酒藥。燒作灰，能爛石。味苦甘酸，性微寒；一云沉寒無毒。得髮良，惡麥門冬。

救飢：採嫩葉煠熟，用水浸去苦味，換水淘凈，油鹽調食。無茶時，用葉作飲，甚解熱。

川芎

【川芎】一名芎藭，一名胡窮，一名香果。其苗葉名蘼蕪，一名微蕪，一名茳蘺。生武功川谷、斜谷、西嶺、雍州川澤，及冤句。其關陝、蜀川、江東山中，亦多有，以蜀川者爲勝。今處處有之，人家園圃多種。苗葉似芹而葉微細窄，却有花叉；又似白芷葉，亦細；又如園荽葉微壯。又有一種，葉似蛇床子葉，而亦粗壯。開白花。其芎，人家種者，形塊大、重。實多脂潤，其裡色白。味辛甘，性温，無毒。山中出者，瘦細，味苦辛，其節大、莖細，狀如馬銜，謂之馬銜芎；狀〔二三〕如雀腦者，謂之雀腦芎，皆取有力。白芷爲之使，畏黄連。其蘼蕪，味辛香，性温，無毒。

救飢：採葉煠熟，換水浸去辛味，淘净，油鹽調食。亦可煮飲，甚香。

葛勒子

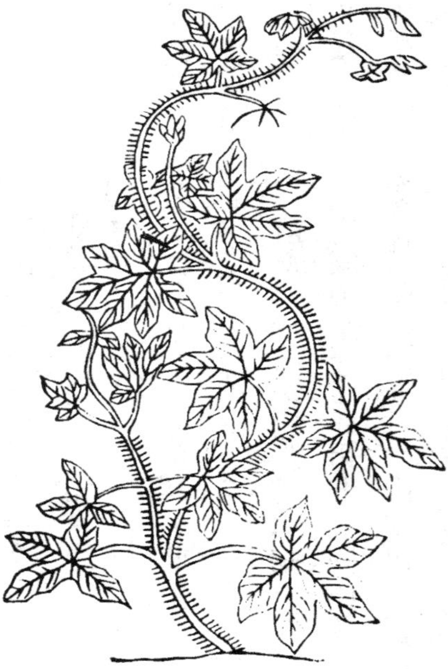

【葛勒子秧】本草名葎草，亦名葛勒蔓，一名葛葎蔓，又〔二四〕名澁蘿蔓。曼而生藤，長丈餘，莖多細澁刺。葉似萆麻葉而小，亦薄。莖葉極澁，能抓挽人。莖葉間，開黃白花。結子，類山絲子。其葉，味甘苦，性寒，無毒。

救飢：採嫩苗葉煠熟，換水浸去苦味，淘净，油鹽調食。

猪牙菜

【猪牙菜〔一〇〕】本草名角蒿，一名莪蒿，一名蘿蒿，又名藘蒿。舊云生高崗〔二五〕及澤田，壍洳處多有；今處處有之，生田野中。苗高一二尺。莖葉如青蒿，葉似斜蒿葉而細，又與蛇牀子葉頗似〔二六〕。稍間開花，紅赤色，鮮明可愛。花罷，結角子，似蔓菁角，長二寸許，微彎。中有子黑色，似王不留行子。味辛苦，性温無毒；一云性平，有小毒。

救飢：採嫩苗莖葉煠熟，水浸去苦味，淘净，油鹽調食。

連翹

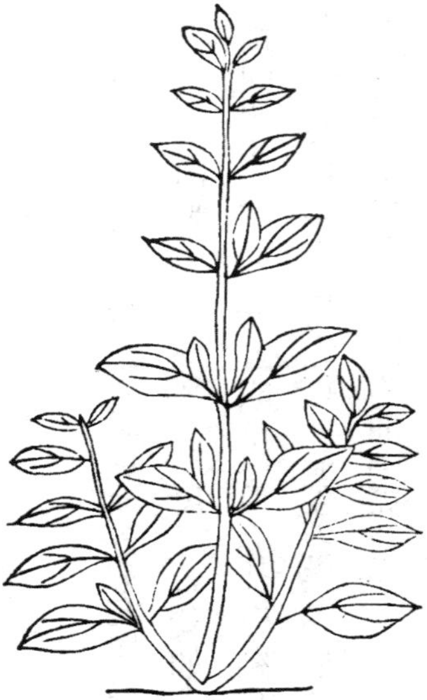

【連翹】一名異翹，一名蘭華，一名折根，一名軹，音紙。一名三廉。爾雅謂之連，一名連苕。生太山山谷，及河中、江寧、澤、潤、淄、兖、鼎、岳、利州、南康皆有之；今密縣梁家衝山谷中亦有。科苗高三四尺。莖稈赤色。葉如榆葉大，面光色青黄，邊微細鋸齒，又似金銀花葉，微尖艄。開花黄色可愛。結房，狀似山梔子。蒴微匾而無稜瓣（二七）。蒴中有子如雀舌樣，極小。其子折之，間②片片相比如翹，以此得名。味苦，性平，無毒。葉亦味苦。

救飢：採嫩葉煠熟，換水浸去苦味，淘洗淨，油鹽調食。

校：

〔一〕採周憲王救荒本草　平、黔、魯缺「救荒」兩字；依曙本及中華排印本補，與第四十七至五十九各卷標題下注文，同一格式。案：救荒本草，係明代第一代周王朱橚所纂集。朱橚是明太祖朱元璋第五個兒子，和成祖朱棣同母。明史（卷一一六）列傳，記有「洪武三年（一三七〇年）封吴王，……十一年改封周王，……十四年就藩開封，……永樂……以國土夷曠，庶草蕃廡，考核其可佐飢饉者四百餘種，繪圖疏之，名『救荒本草』……洪熙元年（一四二五年）薨，子憲王有燉嗣」。則編救荒本草的，確是周定王橚，不是他的兒子憲王。李時珍本草綱目（「序例」上）救荒本草條下載着「洪武初，周憲王因念旱澇民飢，咨訪野老田夫，得草木之根、苗、花、實可備荒者四百四十種；圖其形狀，著其出產，苗、葉、花、子，性味食法，凡四卷……」其中有三個錯誤：（甲）書成於永樂初，不是洪武初；（本傳之外，本書卷四十五所引卞同序文有年月可證。）（乙）作者是定王橚，不是憲王有燉；（丙）植物總數是四百十四種，不是四百四十。第三項，可能是筆誤；第一項，是承襲嘉靖三十四年汴梁陸東刻本之誤；第二項，出自疏忽。可是李時珍的著作，後人很少敢於懷疑的，所以一直有許多書，都將救荒本草的作者，寫作「周憲王」。

〔二〕葉　魯譌作「莖」；依平、黔、曙作「葉」，合晉刻原字。

〔三〕涷 平、黔從晉刻誤作「東」，應依曙、魯本改作「涷」。

〔四〕菀 各本均譌作「苑」，作爲藥材名，應改作「菀」。（定枎校）

〔五〕狹 平本誤作「挾」，應依黔、曙、魯本改作「狹」。

〔六〕葴 平、黔、魯本均誤從晉刻作「葳」；應依曙本改作「葴」，方與爾雅合。

〔七〕牛 平、黔本從晉刻作「一」，應依曙、魯本改作「牛」。

〔八〕蘢 平、魯、曙本均作「籠」；依中華排印本改作「蘢」，方與爾雅合。（定枎校）

〔九〕皆有 黔、魯本作「有之」，依平、曙作「皆有」，與晉刻合。

〔一〇〕叉 平本誤作「又」，應依黔、曙、魯改作「叉」，與晉刻合。下同改，不另出校。

〔一一〕亦能噛刺人故以爲名 黔、魯本缺這兩句，晉刻無「刺」字，暫依平、曙本。

〔一二〕初 平、黔、魯從晉刻作「令」，應依曙本改正。

〔一三〕旴 平本譌作「盱」；應依魯、曙、中華排印本改作「旴」，合於爾雅。（定枎校）

〔一四〕藁本 黔、魯譌作「藁木」，依平、曙作「藁本」，合晉刻原文。

〔一五〕味辛甘無毒性平 平、黔、魯作「味苦性甘無毒性平」，曙本作「味苦性平無毒」；應依晉刻作「味辛甘無毒性平」。

〔一六〕一云有小毒惡牡丹巴豆貝母 中華排印本缺；應依平、黔、曙、魯本有，合晉刻。

〔一七〕小注「音懷」，平本空等；黔、魯無；依曙本補，合晉刻。

〔一八〕耳　黔、魯作「爾」，依平、曙本從晉刻作「耳」。

〔一九〕叉　平本譌作「乂」，應依黔、曙、魯本改作「叉」合晉刻。下同改，不另出校。

〔二〇〕浙　黔、魯譌作「淅」，應依平、曙作「浙」，與晉刻合。

〔二一〕苗非是　「苗」字黔、魯本譌作「草」，缺「非是」兩字；依平、曙本作「苗非是」，合晉刻原文。

〔二二〕阜　黔、魯譌作「皁」；依平、曙作「阜」，與晉刻合。（下「前胡」條同）

〔二三〕狀　平、黔、魯本誤從晉刻作「伏」，應依曙本改作「狀」。

〔二四〕又　平本從晉刻作「人」，依黔、曙、魯改作「又」。「人名」，解爲人家給它名稱。

〔二五〕崗　黔、魯本作「嶺」，依平、曙本作「崗」，合晉刻。

〔二六〕與蛇牀子葉頗似　平、黔、魯作「似蛇子葉頗似」，曙本作「與蛇牀葉相似」；晉刻作「又似蛇牀子葉，頗仕」；暫折衷各本作「與蛇牀子葉頗似」。

〔二七〕瓣　平本譌作「辦」，應依黔、曙、魯改作「瓣」。

注：

①本草：指唐本草（參看重修政和證類本草卷十一草部下品之下）。

②間：疑是「則」字。

案：

〔一〕野生薑　本書所列植物種類次序，大半都依救荒本草原書，有時却也頗有顛倒：「野生薑」，原來在「青杞」之後，「馬蘭頭」之前。

〔二〕衣　晉刻作「遺」；暫依平、黔等本作「衣」；下句「一名勝舄菜」，晉刻原無「菜」字。

〔三〕「澁」字下，應依晉刻補「毛」字。

〔四〕「紅」字，應依晉刻作「如」。

〔五〕「枝」字，應依晉刻作「梔」。

〔六〕州　係衍字，應依晉刻删去。

〔七〕名　應依晉刻作「有」。

〔八〕一二尺　晉刻作「二三尺」，較合實際。

〔九〕「有」字下，晉刻有「山」字。

〔一〇〕猪牙菜　救荒本草列在「前胡」之後，「地榆」之前。

農政全書校注卷之四十七

荒政 採周憲王救荒本草

草部 葉可食

桔梗

【桔梗〔一〕】 一名利如，一名房圖，一名白藥，一名梗草，一名薺苨。生嵩高山谷及冤句、和州、解州，今鈞州密縣山野亦有之。根如手指大，黄白色。春生苗，莖高尺餘。葉似杏葉而長橢〔二〕，四葉相對而生，嫩時亦可煮食。開花紫碧色，頗似牽牛花，秋後結子。葉名隱忍。其根有心，無心者乃薺苨也。根葉味辛苦，性微温，有小毒。一云味苦，性平無毒。節皮爲之使，得牡礪①、遠志，療恚怒。得硝石、石膏，療傷寒。畏白芨、龍眼、龍膽。

救飢：採葉煠熟，換水浸去苦味，淘浄，油鹽調食。

青杞

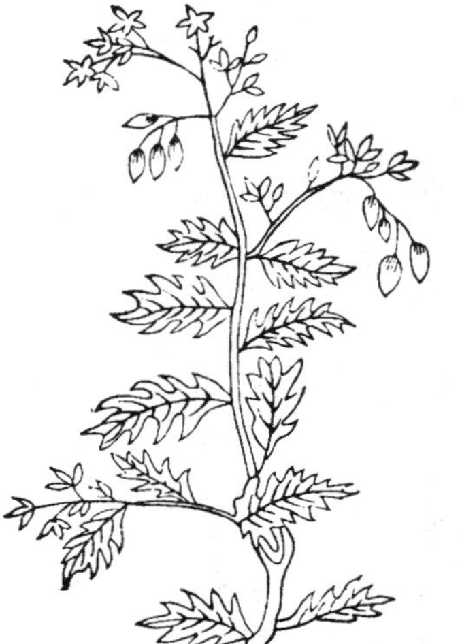

【青杞(二)】本草名蜀羊泉，一名羕泉，一名羊飴，俗名漆姑。生蜀郡山谷，及所在平澤皆有之，今祥符縣西田野中亦有。苗高二尺餘，葉似菊葉稍長。花開紫色，子類枸杞子，生青熟紅。根如遠志，無心有摻。味苦，性微寒，無毒。

救飢：採嫩葉煠熟，水浸去苦味，淘洗浄，油鹽調食。

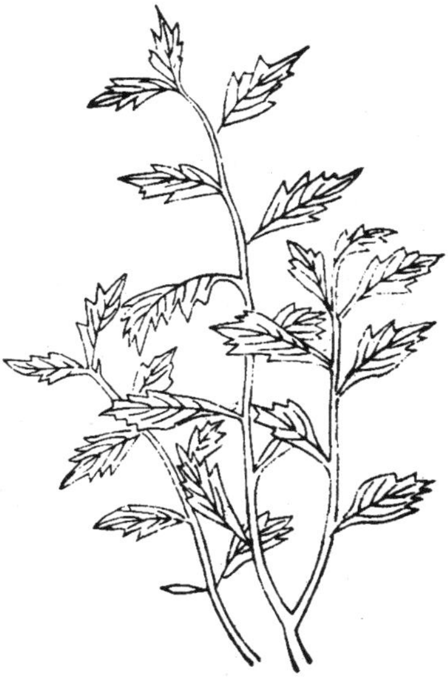

【馬蘭頭】本草名馬蘭。舊不著所出州土，但云生澤傍，如澤蘭。北人見其花，呼爲紫菊，以其花似菊而紫也。苗高一二尺，莖亦紫色。葉似薄荷葉，邊皆鋸齒；又似地瓜兒葉，微大。味辛，性平無毒。又有山蘭，生山側，似劉寄奴，葉無椏，不對生。花心微黄赤。

救飢：採嫩苗葉煠熟，新汲水浸去辛味，淘洗净，油鹽調食。

玄扈先生曰：葉可作恒蔬〔二〕。嘗過。

稀薟

【稀薟】俗名粘糊菜，俗又呼火杴草。舊不著所出州郡，今處處有之。苗高三四尺，金稜銀線，素根紫稭，莖叉對節而生，莖葉頗類蒼耳莖葉，紋②脉竪〔三〕直。稍葉間，開花深黄色。又有一種：苗葉似芥葉而尖狹，開花如菊，結實頗似鶴蝨。科苗味苦〔四〕，性寒，有小毒。

救飢：採嫩苗葉煠熟，浸去苦味，淘洗净，油鹽調食。

澤瀉

【澤瀉】俗名水蓿菜，一名水瀉，一名及瀉，一名芒芋，一名鵠瀉。生汝南池澤，及齊州；山東、河、陝、江、淮亦有，漢中者爲佳。今水邊處處有之。叢生苗葉，其葉似牛舌草葉，紋脉竪直。葉叢中間攛葶，對分莖叉。莖有線楞。稍間，開三瓣小白花。結實小、青細，子味甘。葉味微鹹，俱無毒〔五〕。

救飢：採嫩葉煠熟，水浸淘洗浄，油鹽調食。

竹節菜

【竹節菜】一名翠蝴蝶，又名翠蛾眉，又名笪竹花③，一名倭青草。南北皆有，今新鄭縣山野中亦有之。葉似竹葉微寬。短莖，淡紅色。就地叢生，攛節似初生嫩葦節。稍葉間開翠碧花，狀類蝴蝶。其葉味甜。

救飢：採嫩苗葉煠熟，油鹽調食。

玄扈先生曰：南方名淡竹葉。嘗過。

獨掃苗

【獨掃苗】生田野中，今處處有之。葉似竹形而柔弱細小，抪莖而生。莖葉稍間結小青子，小如粟粒。科莖老時，可爲掃帚。葉味甘。

救飢：採嫩苗葉煠熟，水浸淘净，油鹽調食。晒乾煠食，不破腹〔六〕尤佳。

玄扈先生曰：可作恒蔬，南人名落帚。嘗過。

歪頭菜

【歪頭菜】出新鄭縣山野中。細莖就地叢生。葉似豇豆葉而狹〔七〕長，背微白，兩葉並生一處。開紅紫花，結角比豌豆角短小匾瘦。葉味甜。

救飢：採葉煠熟，油鹽調食。

兔兒酸

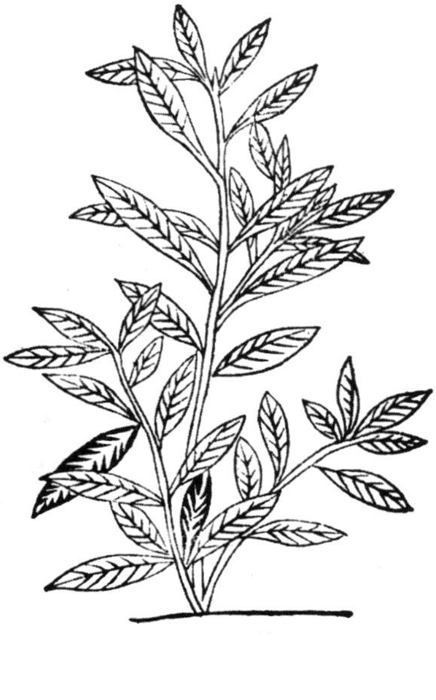

【兔兒酸】一名兔兒漿。所在田野中皆有之。苗比水葒矮短，莖葉皆類水葒。其莖節密，其葉亦稠，比水葒葉稍薄小。味酸，性寒，無毒。

救飢：採苗葉煠熟，以新汲水浸去酸味，淘净，油鹽調食。

鹻蓬

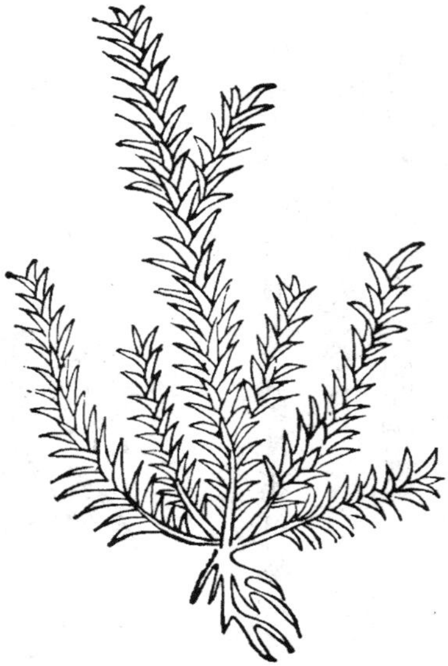

【鹻蓬】一名鹽蓬。生水傍下濕地。莖似落藜，亦有線楞。葉似蓬而肥壯，比蓬葉亦稀疎。莖葉間結青子，極細小。其葉味微鹹，性微寒。

救飢：採苗葉煠熟，水浸去鹹味，淘洗净，油鹽調食。

蔄蒿

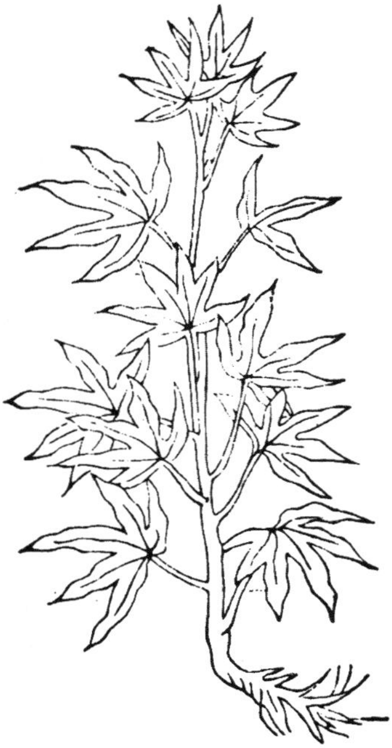

【蔄蒿】田野中處處有之。苗高一尺餘，莖幹似艾。其〔八〕葉細長鋸齒，葉抪莖而生。味微苦，性微温。

救飢：採嫩苗葉煠熟，水浸淘净，油鹽調食。

玄扈先生曰：可作恒蔬。嘗過。

水蒿苣

【水蒿苣】一名水菠菜。水邊多生。苗高一尺許。葉似麥藍葉，而有細鋸齒。兩葉對生，每兩葉間，對叉又生兩枝。稍間開青白花，結小青蓇葖，如小椒粒大。其葉味微苦，性寒。

救飢：採苗葉煠熟，水淘净，油鹽調食。

金盞菜

【金盞菜】一名地冬瓜菜。生田野中。苗高二三尺，莖初微赤而有線路。葉似線柳葉，微厚，捬莖而生。莖葉稠密。開花紫色黄心。其葉味甘性寒〔三〕。

救飢：採苗葉煠熟，水淘净，油鹽調食。

水辣菜

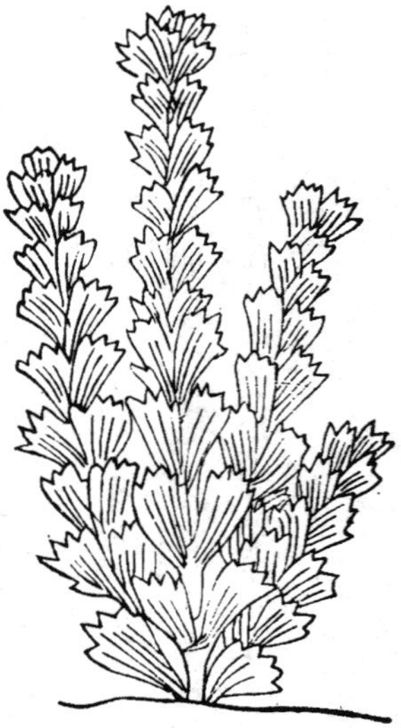

【水辣菜】生水邊下濕地中。莖高一尺餘，莖圓。葉似雞兒腸葉，頭微齊短；又似馬蘭頭葉，亦更齊短。其葉㨾莖生，稍間出穗，如黃蒿穗。其葉味辣。

救飢：採嫩苗葉煠熟，換水淘去辣氣，油鹽調食。生亦可食。

【紫雲菜】生密縣傅家衝山野中。苗高一二尺。莖方，紫色，對節生叉。葉似山小菜葉，頗長，捬梗對生。葉頂〔九〕及葉間，開淡紫花，其葉味微苦。

救飢：採嫩苗葉煠熟，水浸淘去苦味，油鹽調食。

鴉葱

【鴉葱】生田野中。枝葉尖長，塌〔一〇〕地而生。葉似初生萵秫葉而小；又似初生大藍葉，細窄而尖。其葉邊皆曲皺。葉中攛葶，吐結小蓇葖〔一一〕，後出白英。味微辛。

救飢：採苗葉煠熟，油鹽調食。

匙頭菜

【匙頭菜】生密縣山野中，作小科苗。其莖面窊背圓。葉似團匙頭樣，有如杏葉大，邊微鋸齒。開淡紅花。結子黄褐色。其葉味甜。

救飢：採葉煠熟，水浸淘净，油鹽調食。

鷄冠菜

【雞冠菜】生田野中。苗高尺餘，似青葙葉，窄小；又似山菜葉而窄艄。稍間出穗，似兔兒尾穗，却微細小。開粉紅花。結實如莧菜子。苗葉味苦。

救飢：採苗葉煠熟，水浸淘去苦氣，油鹽調食。

水蔓菁

【水蔓菁】一名地膚子。生中牟縣南沙堈中。苗高一二尺。葉彷彿似地瓜兒葉，却甚短小，捲邊窊面；又似雞兒腸葉〔二〕，頗尖艄。稍頭出穗，開淡藕絲褐花。葉味甜。

救飢：採苗葉〔三〕煠熟，油鹽調食。

野園荽

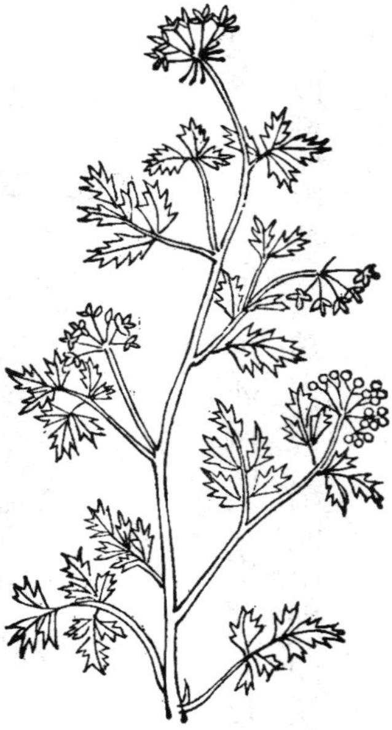

【野園荽】生祥符縣西北田野中。苗高一尺餘。苗葉結實，皆似家胡荽，但細小瘦窄。味甜，微辛香。

救飢：採嫩苗葉煠熟，油鹽調食。

牛尾菜

【牛尾菜】生輝縣鵶子口山野間。苗高二三尺。葉似龍鬚菜葉。葉間分生叉枝，及出一細絲蔓，又似金剛刺葉而小，紋脉皆竪。莖葉稍間，開白花。結子黑色。其葉味甘。

救飢：採嫩葉煠熟，水浸淘净，油鹽調食。

山葥菜

【山葥菜】 生密縣山野中。苗初塌地生。其葉之莖，背圓面窊。葉似初出冬蜀葵，葉稍五花叉鋸齒邊，又似蔚臭苗葉而硬厚頗大。後攛莖叉。莖深紫色。稍葉頗小。味微辣。

救飢：採苗葉煠熟，換水浸淘净，油鹽調食。

綿絲菜

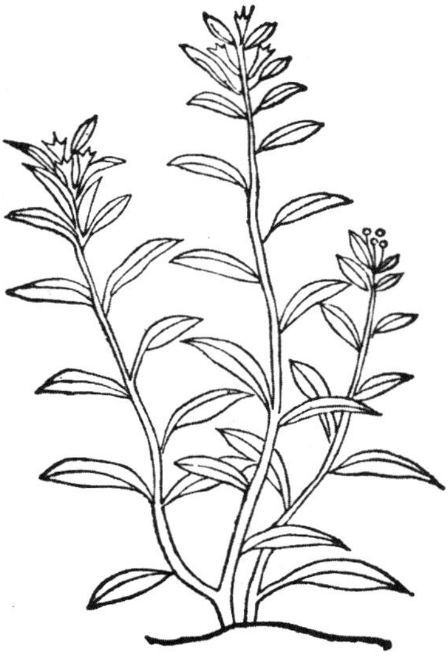

【綿絲菜】生輝縣山野中。高一二尺。葉似兔兒尾葉，但短小；又似柳葉菜葉，亦比短小。稍頭攢生小蓇葖，開黲白花。其葉味甜。

救飢：採嫩苗葉煠熟，水浸淘净，油鹽調食。

米蒿

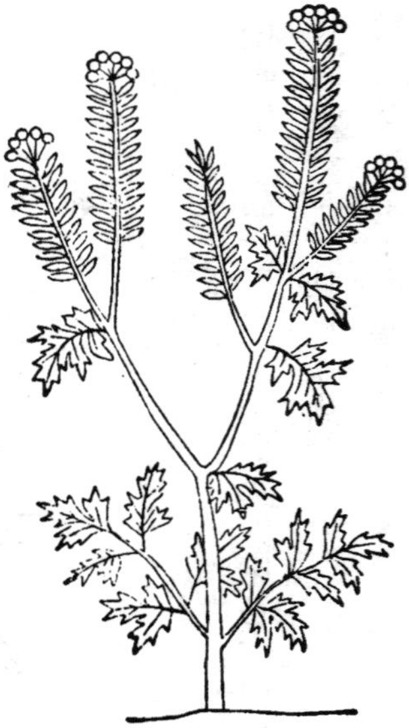

【米蒿】生田野中，所在處處有之。苗高尺許。葉似園荽葉微細。葉叢間分生莖叉，稍上開小青黄花，結小細角，似葶藶角兒。葉味微苦。

救飢：採嫩苗葉煠熟，水浸過淘净，油鹽調食。

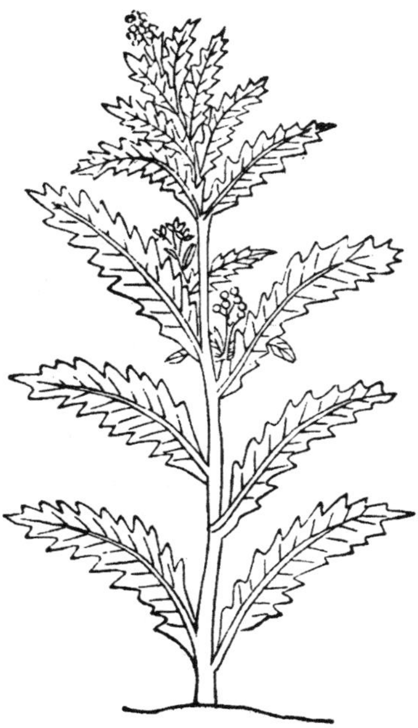

【山芥菜】生密縣山坡及岡野中。苗高一二尺。葉似〔一四〕家芥菜葉，瘦短微尖而多花。叉開小黄花，結小短角兒。味辣、微甜。

救飢：採苗葉揀擇净，煠熟，油鹽調食。

舌頭菜

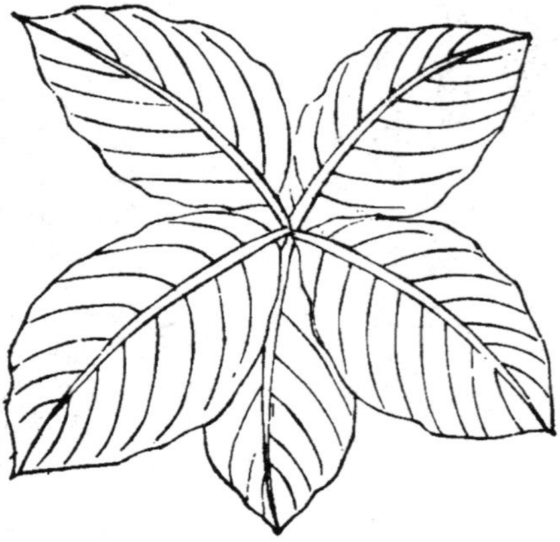

【舌頭菜】 生密縣山野中。苗葉塌地生。葉似山白菜葉而小；頭頗團，葉面不皺，比小〔四〕白菜葉亦厚，狀類猪舌形，故以爲名。味苦。

救飢：採葉煠熟，水浸去苦味，換水淘净，油鹽調食。

紫香蒿

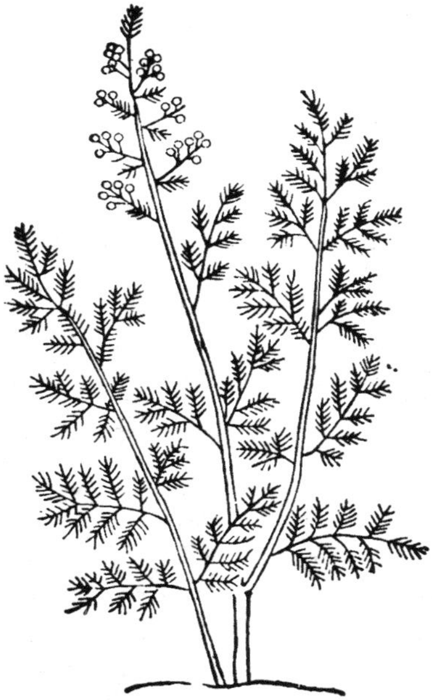

【紫香蒿】生中牟縣平野中。苗高一二尺。莖方，紫色。葉似邪蒿葉，而背白；又似野胡蘿蔔葉，微短。莖葉稍間，結小青子，比灰菜子又小。其葉味苦。

救飢：採葉煠熟，水浸去苦味，油鹽調食。

金盞兒花

【金盞兒花】人家園圃中多種。苗高四五寸。葉似初生萵苣葉，比萵苣葉狹窄而厚；抪莖生葉。莖端開金黄色盞子樣花。其葉味酸。

救飢：採苗葉煠熟，水浸去酸味，淘净，油鹽調食。

【六月菊】生祥符西田野中。苗高一二尺。莖似鐵桿〔一五〕蒿莖。葉似雞兒腸葉，但長而澀；又似馬蘭頭葉而硬短。稍葉間，開淡紫花。葉味微酸澀。

救飢：採葉煠熟，水浸去邪〔一六〕味，油鹽調食。

費菜

【費菜】生輝縣太行山車箱衝山野間。苗高尺許。似火𦦨草葉而小，頭頗齊，上有鋸齒。其葉摛莖而生。葉稍上，開五瓣小尖淡黄花。結五瓣紅小花蒴兒。苗葉味酸。

救飢：採嫩苗葉煠熟，換水淘去酸味，油鹽調食。

千屈菜

【千屈菜】生田野中。苗高二尺許。莖方，四楞。葉似山梗菜葉，而不尖；又似柳葉菜葉，亦短小。葉頭頗齊。葉皆相對生。稍間，開紅紫花。葉味甜。

救飢：採嫩苗葉煠熟，水浸淘浄，油鹽調食。

柳葉菜

【柳葉菜】生鄭州賈峪山山野中。苗高二尺餘。莖淡黄色。葉似柳葉而厚短，有澀毛。稍間開四瓣深紅花，結細長角兒。其葉味甜。

救飢：採苗葉煠熟，油鹽調食。

仙靈脾

【仙靈脾〔五〕】本草名淫羊藿，一名剛前，俗名黄連〔一七〕祖、千兩金、乾雞筋、放杖草、棄〔一八〕杖草，俗又呼三枝九葉草。生上郡陽山山谷及江東、陝西、泰山、漢中、湖、湘、沂州等郡，并永康軍皆有之。今密縣山野中亦有。苗高二尺許，莖似小豆莖，極細緊。葉似杏葉，頗長。近蔕皆有一缺。又似菉豆葉，亦長而光。稍間開花，白色，亦有紫色花。作碎小獨頭子根，紫色有鬚，形類黄連狀。味辛性寒。一云性温無毒。生處不聞水聲者良，薯蕷紫芝爲之使。

救飢：採嫩葉煠熟，水浸去邪味，淘净，油鹽調食。

校：

〔一〕葉似杏葉而長橢　「橢」字，平本誤從晉刻作「𣓬」，黔、魯譌作「每」，應依曙本及中華排印本改作「橢」。

〔二〕葉可作恒蔬　魯本缺「作」字，應依平、曙、中華排印本補上。（定扶校）

〔三〕豎　魯本譌作「竪」；應依平、曙、中華排印本作「豎」，合於救荒本草。下同改，不另出校。（定扶校）

〔四〕苦　黔、魯作「辛」，應依平、曙本從晉刻作「苦」。

〔五〕俱無毒　魯本缺「俱」字；應依平、曙、中華排印本補，合於救荒本草。（定扶校）

〔六〕不破腹　魯本此處作「其味」；應依平、曙、中華排印本作「不破腹」，與救荒本草合。（定扶校）

〔七〕狹　平本誤從晉刻作「挾」，應依黔、曙、魯本改正。

〔八〕其　平本譌作「共」；依魯、曙、中華排印本改作「其」，合於救荒本草。（定扶校）

〔九〕頂　平本譌作「頇」，應依黔、魯改作「頂」。

〔一〇〕塌　平、黔、魯作「搨」，暫依曙本及中華排印本改作「塌」。下同。

〔一一〕葖　平本譌作「突」，依曙、魯、中華排印本改作「葖」，合於救荒本草。（定扶校）

〔一二〕又似雞兒腸葉　平本作「又似雞兒賜葉」，應依黔、曙、魯本改正。

〔一三〕採苗葉　魯本缺「葉」字；依平、曙、中華排印本補，合於救荒本草。（定枎校）

〔一四〕似　平、黔、魯本譌作「則」；應依曙本改作「似」，合晉刻原書。

〔一五〕桿　平、魯作「捍」；依曙本、中華排印本改作「桿」，合於救荒本草。（定枎校）

〔一六〕邪　黔、魯作「澀」，平本、曙本作「邪」與晉刻合。

〔一七〕連　平、黔、魯本作「德」，合晉刻原書；應依曙本改作「連」，與重修政和證類本草所引日華子同字。「黃連祖」，是説它的根像黃連。

〔一八〕棄　平、黔、魯譌作「葉」；應依曙本改作「棄」，與晉刻同。

注：

① 「礪」字，應依習慣作「蠣」。

② 絞：解作「縐縮」——繩索「絞」緊後表面的情形。但比照下一條「澤瀉」中「葉，紋脉竪」看，似仍應作「紋」；救荒本草原文有誤。（定枎按：二〇〇八年中國農業出版社出版的倪根金的救荒本草校注五十三頁校記中寫明：「紋：原本作『絞』，據四庫本改。」）

③ 笪：據後面「玄扈先生曰：南方名淡竹葉」，則這個字讀作「旦」，笪竹即淡竹。

案：

〔一〕桔梗　晉刻原在「蛇床子」之後，「茴香」之前。此條位置原爲「仙靈脾」。

〔二〕晉刻在「青杞」之後原排的是「野生薑」。本書將「野生薑」安排在上卷（四十六卷）的開頭。

〔三〕性寒　晉刻作「微鹹」，平本作「性鹹」，暫依黔、曙、魯改作「性寒」。

〔四〕「小」字，應依晉刻作「山」。

〔五〕仙靈脾　此種應在「青杞」之前，方合原書「本草原有」標目。

農政全書校注卷之四十八

荒　政采周憲王救荒本草

草　部葉可食

剪刀股

【剪刀股〔一〕】生田野中，處處有之。塌地作科苗〔二〕，葉似嫩苦苣菜而細小。色頗似藍。亦有白汁。莖叉稍間開淡黄花。葉味苦。

救飢：採苗葉煠熟，水浸淘去苦味，油鹽調食。

婆婆指甲菜

【婆婆指甲菜】生田野中，作地攤科。生莖細弱，葉像女人指甲，又似初生棗葉，微薄。細莖。稍間結小花蒴。苗葉味甘。

救飢：採嫩苗葉煠熟，油鹽調食。

【鐵杆蒿】生田野中。苗莖高二三尺。葉似獨掃葉，微肥短；又似扁蓄葉而短小，分生莖叉。稍間開淡紫花黄心。葉味苦。

救飢：採葉煠熟，淘去苦味，油鹽調食。

山甜菜

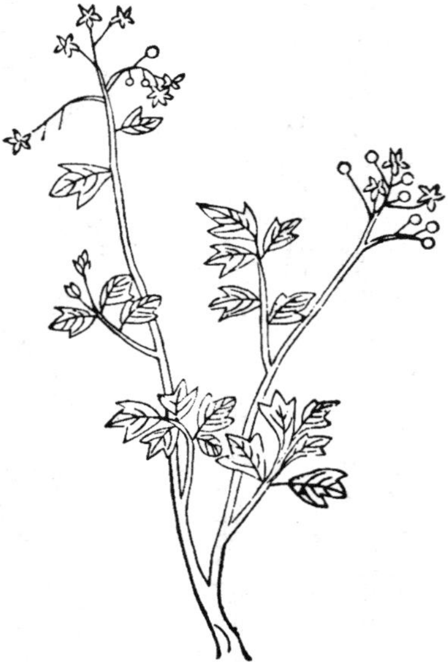

【山甜菜】生密縣韶華山山谷中。苗高二三尺。莖青白色。葉似初生綿花葉而窄。花叉頗淺。其莖葉間開五瓣淡紫花。結子如枸杞子，生則青，熟則紅色。葉味苦。

救飢：採葉煠熟，換水浸淘去苦味，油鹽調食。

水蘇子

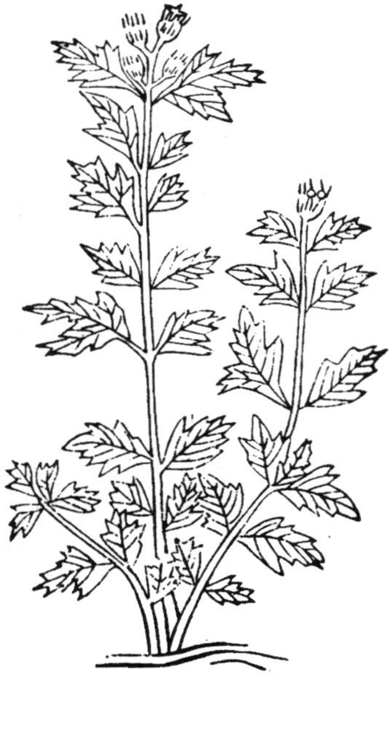

【水蘇子】生下溼〔一〕地。莖淡紫色，對生莖叉，葉亦對生。其葉，似地瓜葉而窄，邊有花，鋸齒三叉。尖葉下，兩傍又有小叉。葉稍開花黃色，其葉微辛。

救飢：採苗葉煠熟，油鹽調食。

風花菜

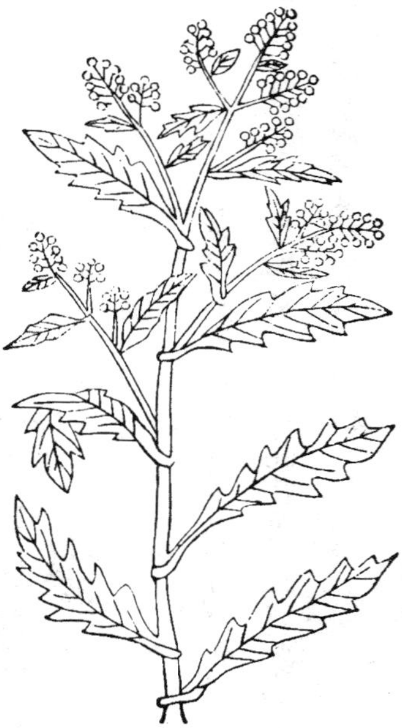

【風花菜】生田野中。苗高二尺餘。葉似芥菜葉而瘦長，又多花叉。稍間開黄花，如芥菜花。味辛微苦。

救飢：採嫩苗葉煠熟，换水浸淘去苦味，油鹽調食。

鵝兒腸

【鵝兒腸】生許州水澤邊。就地妥莖而生，對節生葉。葉似蹞豆葉而薄，又似佛指甲葉微艄。葉間分生枝叉，開白花。結子似葶藶子。其葉味甜。

救飢：採苗葉煠熟，油鹽調食。

粉條兒菜

【粉條兒菜】生田野中。其葉初生，就地叢生，長則四散分垂。葉似萱草葉〔二〕，而瘦細微短。葉間攛葶，開淡黃花。葉甜。

救飢：採葉煠熟，淘洗净，油鹽調食。

辣辣菜

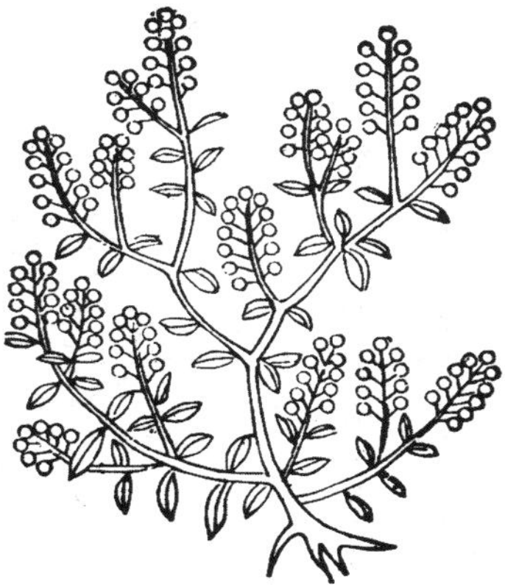

【辣辣菜】生荒野中，今處處有之。苗高五七寸。初生尖葉，後分枝莖，上出長葉。開細青白花，結小匾蒴。其子，似米蒿子，黄色，味辣。

救飢：採嫩苗葉煠熟，水浸淘净，油鹽調食；生揉亦可食〔三〕。

毛連菜

【毛連菜】一名常十八。生田野中。苗初塌地生，後攛莖叉，高二尺許。葉似刺薊葉而長大，稍尖；其葉邊褶曲皺，上有澁毛。稍間開銀褐花。味微苦。

救飢：採葉煠熟，水浸淘洗，油鹽調食。

小桃紅

【小桃紅】 一名鳳仙花，一名夾竹桃，又名海蒳，俗名染指甲草。人家園圃多種，今處處有之。苗高二尺許。葉似桃葉而旁邊有細鋸齒。開紅花。結實形類桃樣，極小。有子似蘿蔔子，取之易迸散，俗稱急性子。葉味苦，微澁。

救飢：採苗葉煠熟，水浸一宿做菜，油鹽調食。

玄扈先生曰：嘗過，難食。

【青莢兒菜】生輝縣太行山山野中。苗高二尺許，對生莖叉，葉亦對生。其葉，面青背白，鋸齒三叉葉〔四〕。脚葉，花叉頗大，狀似荏子葉而狹長尖艄。莖葉稍間，開五瓣小黄花；衆花攢開，形如穗狀。其葉，味微苦。

救飢：採苗葉煠熟，换水浸淘去苦味，油鹽調食。

八角菜

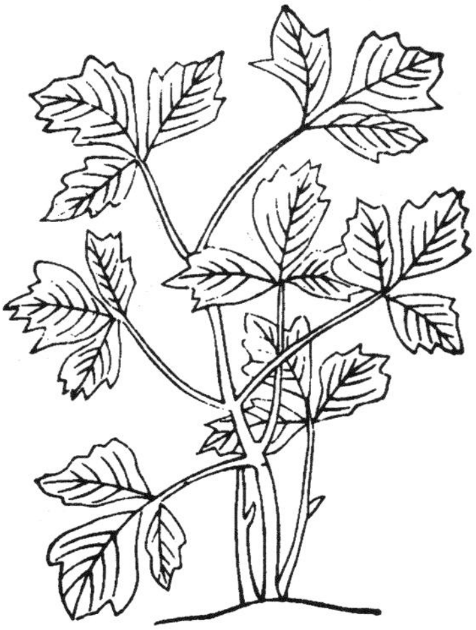

【八角菜】生輝縣太行山山野中。苗高一尺許，苗莖甚細。其葉狀類牡丹葉而大。味甜。

救飢：採嫩苗葉煠熟，水浸淘净，油鹽調食。

耐鷩菜

【耐驚菜】一名蓮子草。以其花之蓇葖，狀似小蓮蓬樣，故名。生下濕地中。苗高一尺餘，莖紫赤色，對生莖叉。葉似小桃紅葉而長。稍間開細瓣白花，而淡黄心。葉味苦。

救飢：採苗葉煠熟，油鹽調食。

地棠菜

【地棠菜】生鄭州南沙堈中。苗高一二尺。葉似地棠花葉，甚大；又似初生芥菜葉，微狹而尖。味甜。

救飢：採嫩苗葉煠熟，油鹽調食。

鷄兒腸

【雞兒腸】生中牟田野中。苗高一二尺。莖黑紫色，葉似薄荷葉微小，邊有稀鋸齒，又似六月菊。稍葉間開細瓣淡粉紫花，黃心。葉味微辣。

救飢：採葉煠熟，換水淘去辣味，油鹽調食。

雨點兒菜

【雨點兒菜】生田野中，就地叢生。其莖，脚紫稍青。葉如細柳葉而窄小，抪莖而生；又似石竹子葉而頗硬。稍間開小尖五瓣白花。結角比蘿蔔角又大。其葉味甘。

救飢：採葉煠熟，水浸作〔五〕過，淘洗令浄，油鹽調食。

白屈菜

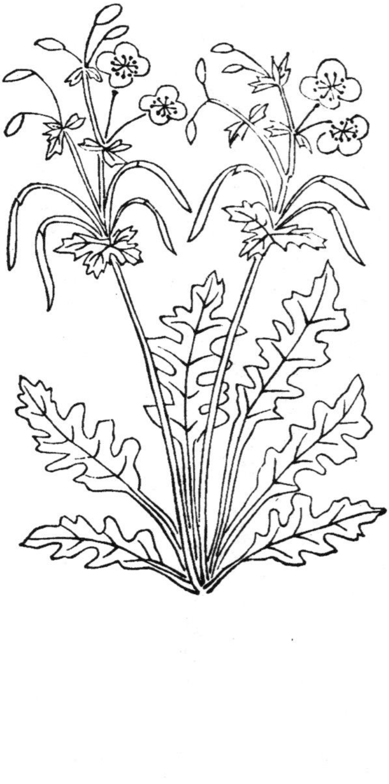

【白屈菜】生田野中。苗高一二尺。初作叢生，莖葉皆青白色。莖有毛刺，稍頭分叉，上開四瓣黄花。葉頗似山芥菜葉，而花叉極大；又似漏蘆葉而色淡。味苦微辣。

救飢：採葉和净土煮熟撈出，連土浸一宿，換水淘洗净，油鹽調食。

扯根菜

【扯根菜】生田野中。苗高一尺許。莖赤色紅。葉似小桃紅葉，微窄小，色頗綠；又似小柳葉，亦短而厚窄。其葉週圍攢莖而生。開碎瓣小青白花。結小花蒴，似蒺藜樣。葉苗味甘。

救飢：採苗葉煠熟，水浸淘净，油鹽調食。

草零陵香

【草零陵香】又名芫香，人家園圃中多種之。葉似苜蓿葉而長大，微尖。莖葉間開小淡粉紫花，作小短穗。其子如粟粒。苗葉味苦，性平。

救飢：採苗葉煠熟，换水淘净，油鹽調食。

治病：今人遇零陵香缺，多以此物代用。

水落藜

【水落藜】生水邊，所在處處有之。莖高尺餘，莖色微紅。葉似野灰菜葉而瘦小。味微苦澁，性凉。

救飢：採苗葉煠熟，換水浸淘洗淨，油鹽調食。晒乾煠食，尤好。

涼蒿菜

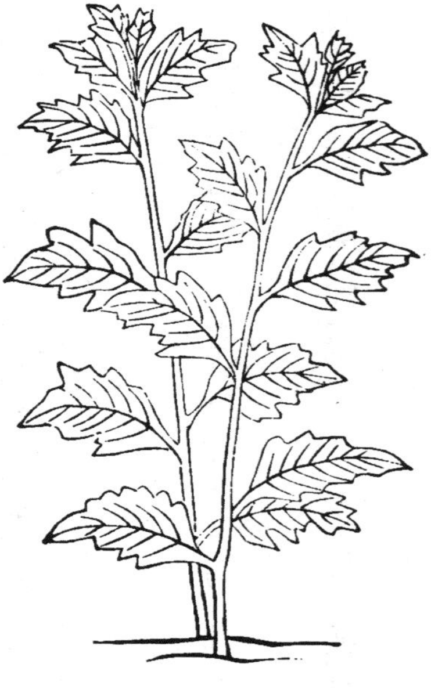

【涼蒿菜】又名甘菊芽。生密縣山野中。葉似菊花葉而長細尖艄，又多花叉。開黄花。其葉味甘。

救飢：採葉煠熟，换水浸淘净，油鹽調食。

【粘魚鬚】一名龍鬚菜。生鄭州賈峪山，及新鄭山野中亦有之。初先發笋，其後延蔓，生莖發葉。每葉間皆分出一小叉，及出一絲蔓。葉似土茜葉而大，又似金剛刺葉。亦似牛尾菜葉，不澁而光澤。味甘。

救飢：採嫩笋葉煠熟，油鹽調食。

節節菜

【節節菜】生荒野下濕地。科苗甚小。葉似鯿蓬，又更細小而稀疎。其莖多節堅硬。葉間開粉紫花。味甜。

救飢：採嫩苗揀擇净，煠熟，水浸淘過，油鹽調食。

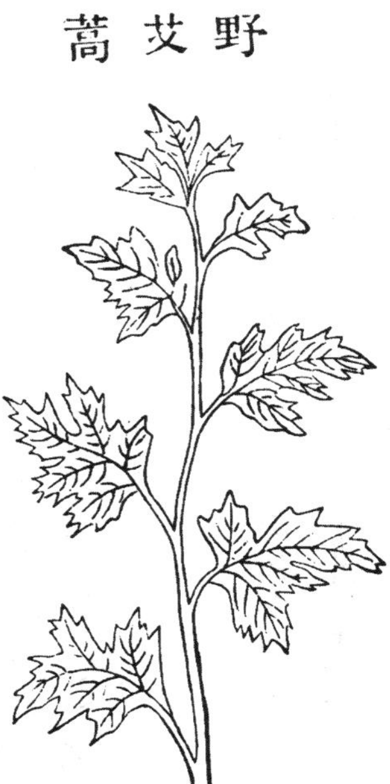

【野艾蒿】 生田野中。苗葉類艾而細，又多花叉。葉有艾〔六〕香，味苦。

救飢：採葉煠熟，水淘去苦味，油鹽調食。

堇堇菜

【堇堇菜】一名箭頭草。生田野中。苗初塌地生。葉似鈹箭頭樣，而葉蒂甚長。其後，葉間攛葶，開紫花。結三瓣蒴兒，中有子如芥子大，茶褐色。味甘。

救飢：採苗葉煠熟，水浸淘净，油鹽調食。

治病：今人傳説，根葉搗傅諸腫毒。

婆婆納

【婆婆納】生田野中。苗塌地生。葉最小，如小面花黶兒，狀類初生菊花芽，葉又團邊微花，如雲頭樣。味甜。

救飢：採苗葉煠熟，水浸淘净，油鹽調食。

野茴香

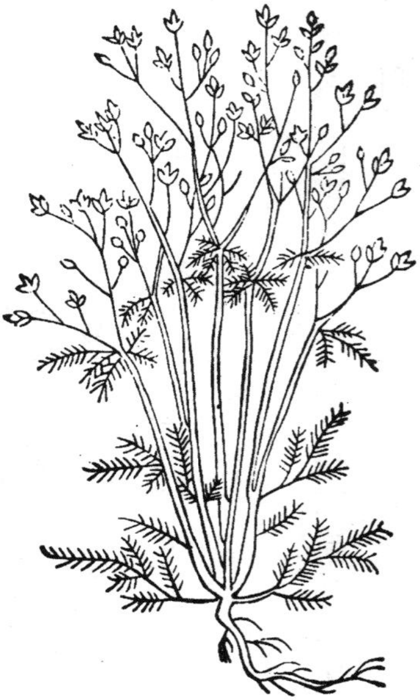

【野茴香】生田野中。苗初塌地生。葉似抪娘蒿葉，微細小。後于葉間攛葶，分生莖叉。稍頭開黄花。結細角，有黑子。葉味苦。

救飢：採苗葉煠熟，水浸淘去苦味，油鹽調食。

【蠍子花菜】又名虼蚤花，一名野菠菜。生田野中。苗初搨地生。葉似初生菠菜葉而瘦細，葉間攛生莖叉，高一尺餘。莖有線楞，稍間開小白花。其葉味苦。

救飢：採嫩葉煠熟，水淘净，油鹽調食。

白蒿

【白蒿】生荒野中。苗高二三尺。葉如細絲，似初生松針，色微青白，稍似艾香。味微辣。

救飢：採嫩苗葉煠熟，換水浸淘淨，油鹽調食。

野同蒿

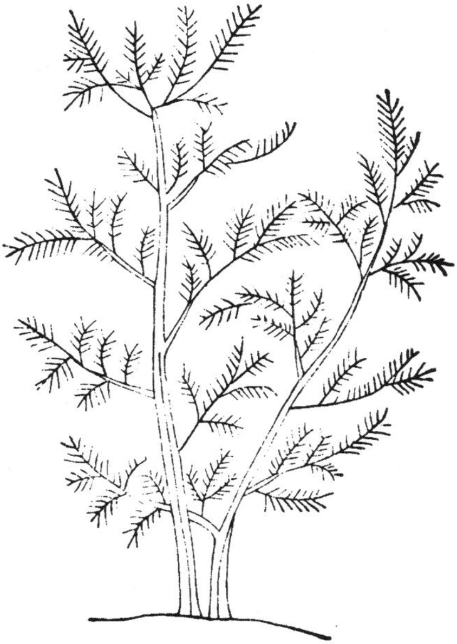

【野同蒿】生荒野中。苗高二三尺。莖紫赤色。葉似白蒿，色微青黄，又似初生松針而茸細。味苦。

救飢：採嫩苗葉煠熟，换水浸淘净，油鹽調食。

野粉團兒

【野粉團兒】 生田野中。苗高一二尺。莖似鐵杆蒿莖。葉似獨掃葉而小，上下稀疎。枝頭分叉，開淡白花，黄心，味甜辣。
救飢：採嫩苗葉煠熟，水浸淘净，油鹽調食。

蚵蚾菜

【蚵蚾菜】生密縣山野中。苗高二三尺許。葉似連翹葉微長；又似金銀花葉而尖，紋皺却少；邊有小鋸齒。開粉紫花，黃心。葉味甜。

救飢：採嫩苗葉煠熟，水浸淘净，油鹽調食。

校：

〔一〕涇　平、黔本譌作「温」，應依曙、魯本改作「涇」。

〔二〕葉　黔、魯譌作「菜」，應依平、曙本作「葉」合晉刻。

〔三〕生揉亦可食　黔、魯本缺，應依平、曙補合晉刻。

〔四〕葉　曙、魯本作「有」，依平、黔本作「葉」合原書晉刻。

〔五〕作　黔、魯譌作「淘」，應依平、曙作「作」合晉刻。

〔六〕艾　平、黔、魯譌作「乂」，應依曙本改作「艾」合晉刻。

案：

〔一〕剪刀股　原書此種在「山甜菜」後，「水蘇子」前。

〔二〕塌地作科苗　原書全句作「就地作小科苗」。

農政全書校注卷之四十九

荒　政　採周憲王救荒本草

草　部　葉可食

山梗菜

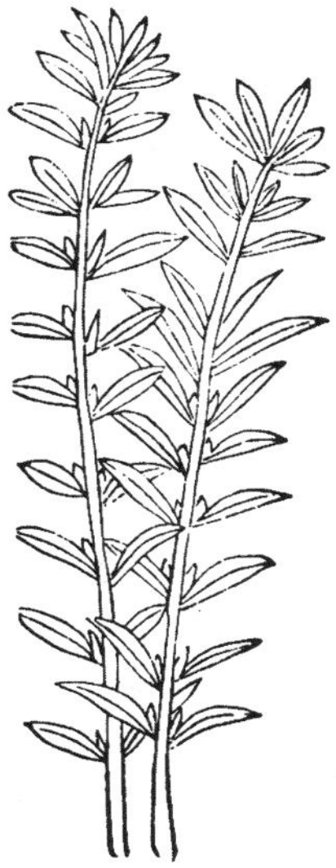

【山梗菜〔一〕】生鄭州賈峪山山野中。苗高二尺許，莖淡紫色。葉似桃葉而短小，又似柳葉菜葉，亦小。稍間開淡紫花。其葉味甜。

救飢：採嫩葉煠熟，淘洗净，油鹽調食。

狗掉尾苗

【狗掉尾苗】生南陽府馬鞍山中。苗長二三尺，拖蔓而生。莖方，色青。其葉似歪頭菜葉，稍大而尖艄，色深緑，紋脉微多；又似狗筋蔓葉。稍間開五瓣小白花，黄心，衆花攢開。其狀如穗。葉味微酸。

救飢：採嫩葉煠熟，水浸去酸味，淘浄，油鹽調食。

石芥

【石芥】生輝縣鴉子口山谷中。苗高一二尺，葉似地棠菜葉而闊短，每三葉或五葉攢生一處。開淡黄花，結黑子。苗葉味苦，微辣。

救飢：採嫩葉煠熟，换水浸去苦味，油鹽調食。

獾耳菜

【獾耳菜】生中牟平野中。苗長尺餘，莖多枝叉；其莖，上有細線楞。葉似竹葉而短小，亦軟，又似萹〔一〕蓄葉，却頗闊大，而又尖。莖葉俱有微毛。開小黲白花，結細灰青子。苗葉味甘。

救飢：採嫩〔二〕苗葉煠熟，水浸淘净，油鹽調食。

回回蒜

【回回蒜】 一名水胡椒，又名蠍虎草。生水邊下濕地，苗高一尺許。葉似野艾蒿而硬，又甚花叉；又似前胡葉，頗大，亦多花叉。苗莖稍頭，開五瓣黃花。結穗如初生桑椹子而小，又似初生蒼耳實，亦小；色青，味極辛辣。其葉味甜。

救飢：採葉煠熟，換水浸淘净，油鹽調食。子可擣爛，調菜用。

地槐菜

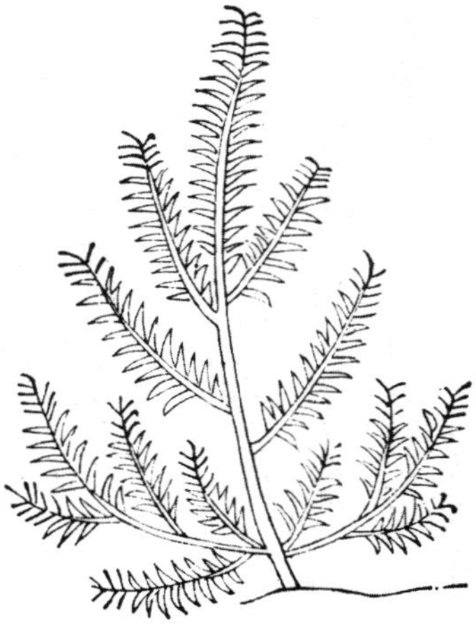

【地槐菜】一名小蟲兒麥。生荒野中。苗高四五寸。葉似石竹子葉，極細短。開小黄白花，結小黑子。其葉味甜。

救飢：採葉煠熟，水浸淘净，油鹽調食。

螺靨兒

【螺靨兒】一名地桑，又名痢見草。生荒野中。莖微紅。葉似野人莧葉，微長，窄而尖。開花，作赤色。小細穗兒。其葉味甘。

救飢：採苗葉煠熟，水浸淘去邪味，油鹽調食。

治病：今人傳説治痢疾，採苗用水煮服，甚效。

泥胡菜

【泥胡菜】生田野中。苗高一二尺。莖梗繁多。葉似水芥菜葉，頗大，花叉甚深；又似風花菜葉，却比短小。葉中攛葶，分生莖叉。稍間開淡紫花，似刺薊花。苗葉味辣。

救飢：採嫩苗葉煠熟，水浸淘净，油鹽調食。

兔兒絲

【兔兒絲】生田野中。其苗就地拖蔓。節間生葉，如指頂大；葉邊似雲頭樣。小黄花。苗葉味甜。

救飢：採嫩苗葉煠熟，水浸淘浄，油鹽調食。

老鸛筋

【老鸛筋】生田野中。就地拖秧而生。莖微紫色。莖叉繁稠。葉似園荽葉而頭不尖，又似野胡蘿蔔葉而短小。葉間開五瓣小黄花，味甜。

救飢：採嫩苗葉煠熟，水浸去邪味，淘洗净，油鹽調食。

【絞股藍】生田野中，延蔓而生。葉似小藍葉，短小軟薄，邊有鋸齒；又似痢見草葉，亦軟，淡緑；五葉攢生一處。開小花，黄色；又有開白花者。結子如豌豆大，生則青色，熟則紫黑色。葉味甜。

救飢：採葉煠熟，水浸去邪味涎沫，淘洗净，油鹽調食。

㧋娘蒿

【㧋娘蒿】生田野中。苗高二尺許。莖似黄蒿莖。其葉碎小茸細如針，色頗黄緑。嫩則可食，老則爲柴。苗葉味甜。

救飢：採嫩苗葉煠熟，换水浸淘去蒿氣，油鹽調食。

雞腸菜

【雞腸菜】生南陽府馬鞍山荒野中。苗高二尺許。莖方色紫。其葉對生。葉似菱葉樣而無花叉；又似小灰菜葉，形樣微匾。開粉紅花，結碗子蒴兒。葉味甜。

救飢：採苗葉煠熟，水淘浄，油鹽調食。

水胡蘆苗

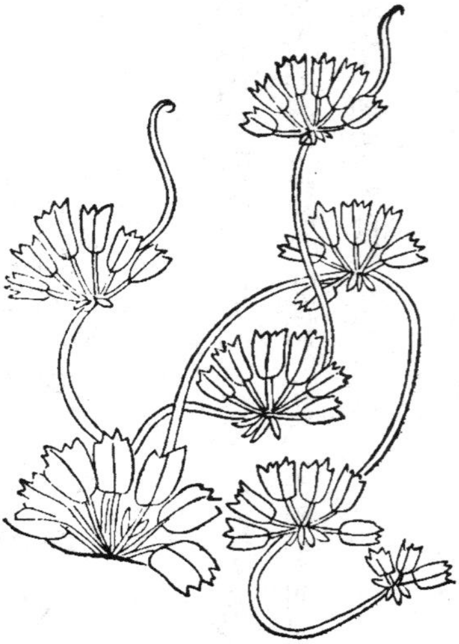

【水胡蘆苗】 生水邊，就地拖蔓而生。每節間開四葉，而葉如指頂大；其葉尖上皆作三叉，味甜。

救飢：採嫩秧，連葉煠熟，水浸淘浄，油鹽調食。

胡蒼耳

【胡蒼耳】又名回回蒼耳。生田野中。葉似皂莢葉，微長大；又似望江南葉而小，頗硬。色微淡緑。莖有線楞。結實如蒼耳實，但長艄。味微苦。

救飢：採嫩苗葉煠熟，水浸去苦味，淘浄，油鹽調食。

治病：今人傳説治諸般瘡，採葉用好酒熬喫，消腫。

水棘針苗

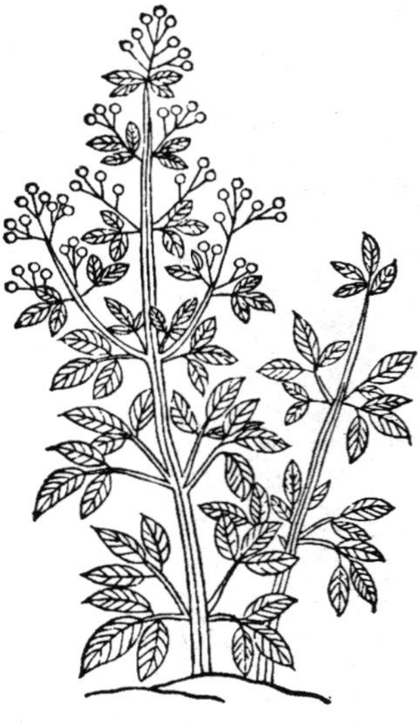

【水棘針苗】又名山油子。生田野中。苗高一二尺，莖方四楞，對分莖叉。葉亦對生；其葉似荆葉而軟，鋸齒尖葉。莖葉紫緑。開小紫碧花。葉味辛辣，微甜。

救飢：採苗葉煠熟，水淘洗净，油鹽調食。

沙蓬

【沙蓬】又名雞爪菜。生田野中。苗高一尺餘，初就地上蔓生，後分莖叉，其莖有細線楞。葉似獨埽葉，狹窄而厚；又似石竹子葉，亦窄。莖葉稍間結小青子，小如粟粒。其葉味甘，性温。

救飢：採苗葉煠熟，水浸淘净，油鹽調食。

麥藍菜

【麥藍菜①】生田野中。莖葉俱深蒿苣色。葉似大藍稍葉而小，頗尖。其葉抱莖對生；每一葉間，攛生一叉。莖叉稍頭，開小肉紅花，結蒴，有子似小桃紅子。苗葉味微苦。

救飢：採嫩苗葉煠熟，水浸淘净，油鹽調食。

女婁菜

【女婁菜】生密縣韶華山山谷中。苗高一二尺，莖叉相對分生。葉似覆旋花葉，頗短；色微深緑，揃莖對生。稍間出青蓇葖。開花微吐白蘂。結實青子，如枸杞微小。其葉味苦。

救飢：採嫩苗葉煠熟，換水浸去苦味，淘净，油鹽調食。

委陵菜

【委陵菜】一名翻白菜。生田野中。苗初塌地生，後分莖叉；莖節稠密，上有白毛。葉彷彿類柏葉而極闊大，邊如鋸齒形，面青背白；又似雞腿兒葉而却窄；又類鹿蕨葉，亦窄。莖葉稍間開五瓣黄花。其葉味苦，微辣。

救飢：採苗葉煠熟，水浸淘净，油鹽調食。

獨行菜

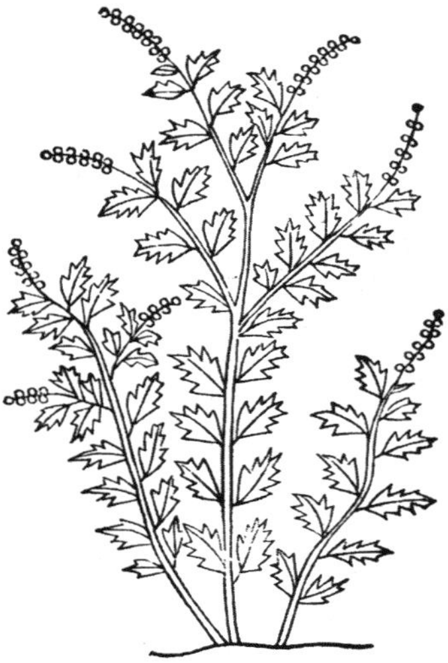

【獨行菜】又名麥稭〔三〕菜。生田野中。科苗高一尺許。葉似水棘針葉，微短小；又似水蘇子。葉亦短小狹窄，作瓦隴樣。稍出細葶，開小黲白花。結小青蓇葖，小如菉豆粒。葉味甜。

救飢：採嫩苗葉煠熟，換水淘净，油鹽調食。

山蓼

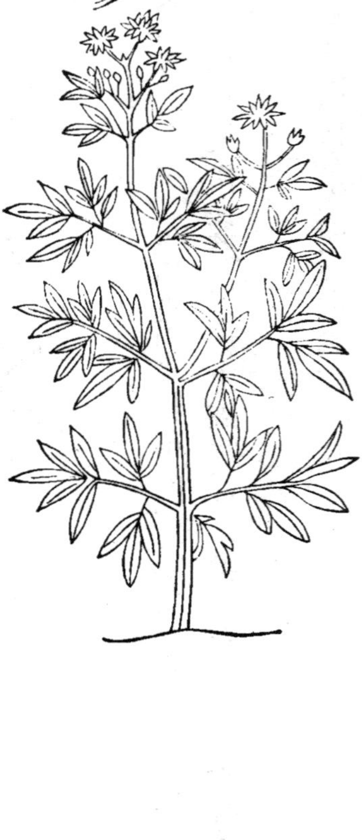

【山蓼】生密縣山野間。苗高一二尺。葉似芍藥葉而長細窄，又似野菊花葉而硬厚；又似水胡椒葉，亦硬。開碎瓣白花。其葉味微辣。

救飢：採嫩葉煠熟，換水浸去辣氣，作成黄色，淘洗净，油鹽調食。

葛公菜

【葛公菜〔二〕】 生密縣韶華山山谷間。苗高二三尺。莖方，窊面四楞，對分莖叉。葉方〔三〕對生，葉似蘇子葉而小，又似荏子葉而大。稍間開粉紅花。結子如小米粒而茶褐色。其葉味甜，微苦。

救飢：採葉煠熟，水浸去苦味，換水淘净，油鹽調食。

鯽魚鱗

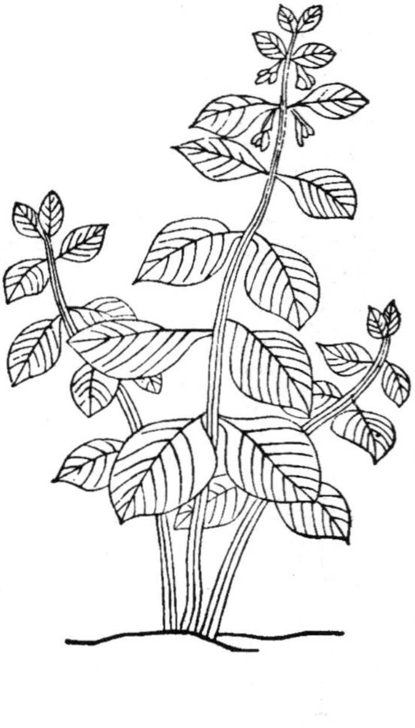

【鯽魚鱗】生密縣韶華山山野中。苗高一二尺。莖方而茶褐色，對分莖叉。葉亦對生，葉似雞腸菜葉頗大，又似桔梗葉而微軟薄，葉面〔四〕却微紋〔四〕皺。稍間開粉紅花。結子如小粟粒而茶褐色。其葉味甜。

救飢：採葉煠熟，水浸淘净，油鹽調食。

尖刀兒苗

【尖刀兒苗】生密縣梁家衝山野中。苗高二三尺。葉似細柳葉，更而細長而尖。葉皆兩兩抪音布。莖對葉生〔五〕。間開淡黃花。結尖角兒，長二寸許，麄如蘿蔔角；中有白穰〔五〕及小匾黑子。其葉味甘。

救飢：採葉煠熟，水淘洗浄，油鹽調食。

珍珠菜

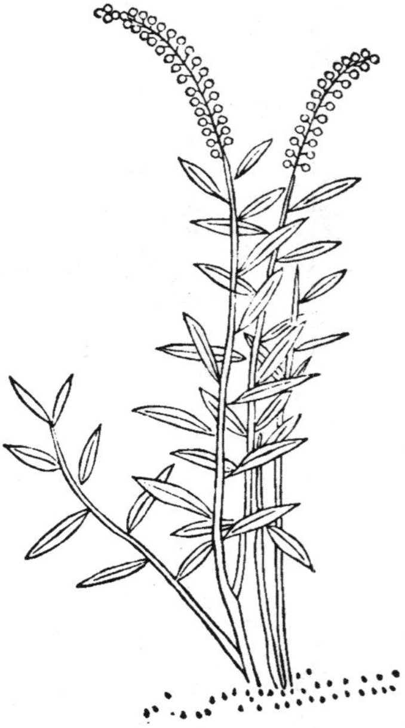

【珍珠菜】生密縣山野中。苗高二尺許。莖似蒿稈，微帶紅色。其葉狀似柳葉而極細小，又似地稍瓜葉。頭〔六〕出穗，狀類鼠尾草穗，開白花。結子小如菉豆粒，黄褐色。葉味苦澀。

救飢：採葉煠熟。換水浸去澀味，淘净，油鹽調食。

杜當歸

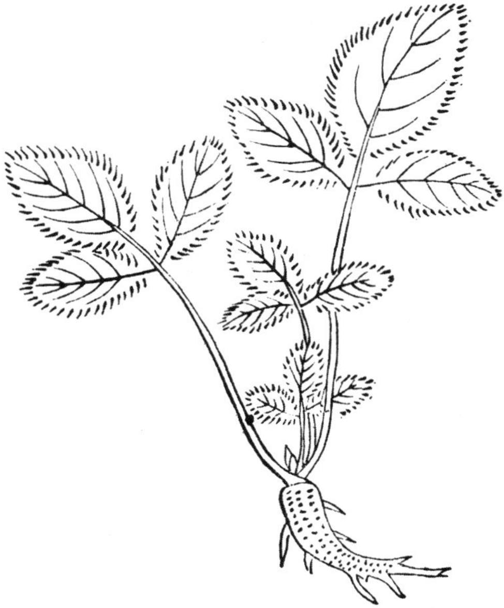

【杜當歸】生密縣山野中。其莖圓而有線楞。葉似山芹菜葉而硬，邊有細鋸齒刺，又似蒼术〔六〕葉而大，每三葉攢生一處。開黄花。根似前胡根，又似野胡蘿蔔根。其葉味甜。

救飢：採葉煠熟，水浸成黄色，换水淘洗净，油鹽調食。

治病：今人遇當歸缺，以此藥代之。

薔

蘼

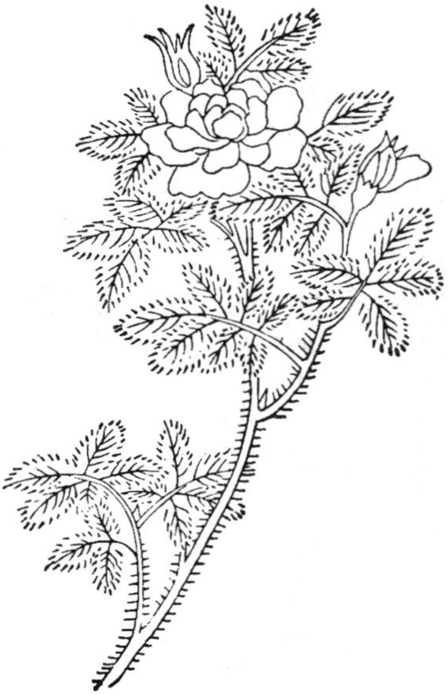

【薔蘼〔七〕】音墻梅。又名刺蘼。今處處有之。生荒野崗嶺間，人家園圃中亦栽〔七〕。科條青色，莖上多刺。葉似椒葉而長，鋸齒又細，背頗白。開紅白花，亦有千葉者，味甜淡。

救飢：採芽葉煠熟，換水浸淘净，油鹽調食。

風輪菜

【風輪菜】 生密縣山野中。苗高二尺餘。方莖四楞，色淡緑微白。葉似荏子葉而小，又似威靈仙葉微寬，邊有鋸齒叉。兩葉對生，而葉節間又生子葉極小，四葉相攢對生。開淡粉紅花，其葉味苦。

救飢：採葉煠熟，水浸去邪味，淘洗浄，油鹽調食。

拖白練苗

【拖白練苗】生田野中。苗塌地生，葉似垂盆草葉而又小。葉間開小白花，結細黄子。其葉味甜。

救飢：採苗葉煠熟，油鹽調食。

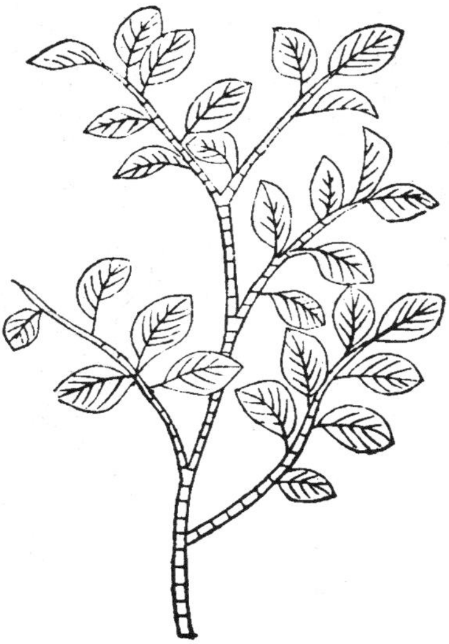

【酸桶笋】生密縣韶華山山澗〔八〕邊。初發笋葉，其後分生莖叉。科苗高四五尺，莖稈似水葒莖，而紅赤色。其葉似白槿葉而澀，又似山格刺菜。葉亦澁，紋脉亦麄。味甘微酸。

救飢：採嫩笋葉煠熟，水浸去邪味，淘净，油鹽調食。

鹿蕨菜

【鹿蕨菜】生輝縣山野中。苗高一尺許。其葉之莖，背圓而面窊。五化切。葉似紫香蒿脚葉，而肥闊頗硬；又似胡蘿蔔葉，亦肥硬。味甜。

救飢：採苗葉煠熟，水浸淘净，油鹽調食。

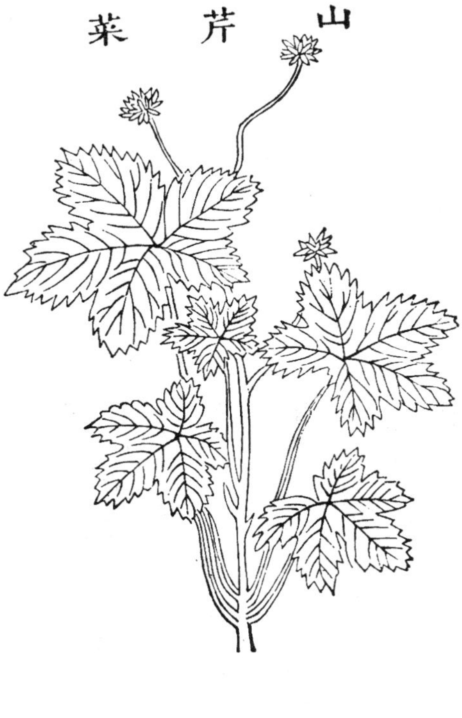

【山芹菜】生輝縣山野間。苗高一尺餘。葉似野蜀葵葉稍大，而有五叉，又似地牡丹葉亦大。葉中攛生莖叉，稍結刺毬，如鼠粘子刺毬而小。開花黲白色。葉味甘。

救飢：採苗葉煠熟，水浸淘净，油鹽調食。

金剛刺

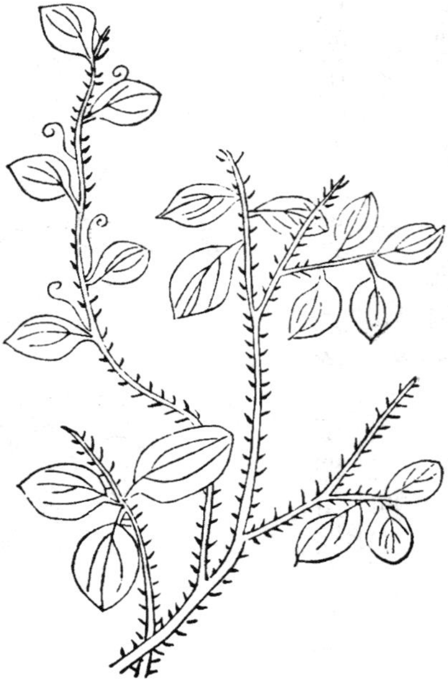

【金剛刺】又名老君鬚。生輝縣鴉子口山野間。科條高三四尺，條似刺蘼音梅。花條，其上多刺。葉似牛尾菜葉，又似龍鬚菜葉，比此二葉俱大。葉間生細絲蔓，其葉味甘。

救飢：採葉煠熟，水浸淘净，油鹽調食。

柳葉青

【柳葉青】生中牟荒野中。科苗高二尺餘。莖似蒿莖。葉似柳葉而短，抪莖而生。開小白花，銀褐心。其葉味微辛。

救飢：採嫩葉煠熟，水浸淘净，油鹽調食。

大蓬蒿

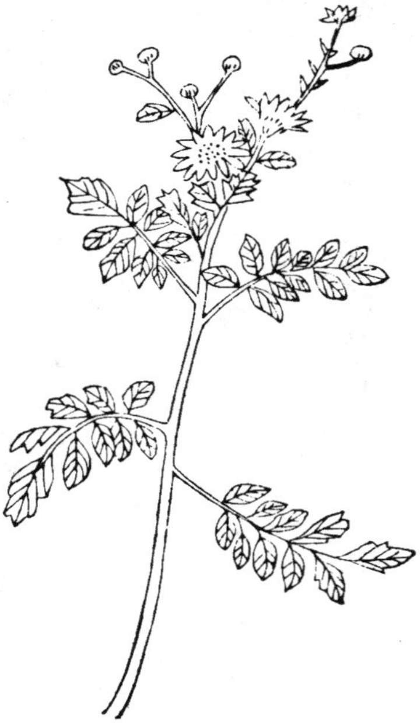

【大蓬蒿】生密縣山野中。莖似黄蒿莖，色微帶紫。葉似山芥菜葉而長大。極多花叉；又似風花菜葉，叉亦多；又似漏蘆葉，却微短。開碎瓣黄花。苗葉味苦。

救飢：採葉煠熟，水浸淘去苦味，油鹽調食。

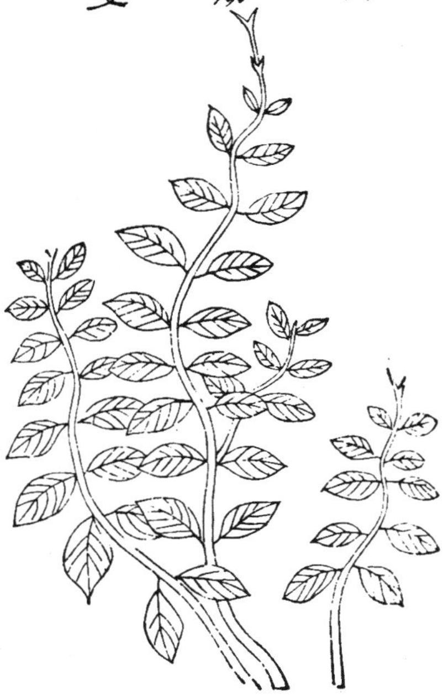

【狗筋蔓】生中牟縣沙崗間。小科就地拖蔓生。葉似狗掉尾葉而短小；又似月芽菜葉，微尖艄而軟，亦多紋脉。兩葉對生。稍間開白花。其葉味苦。

救飢：採葉煠熟〔九〕，水浸淘去苦味，油鹽調食。

校：

〔一〕藊　平、魯、中華排印本譌作「篇」，依曙本改作「藊」，合於救荒本草。（定枎校）

〔二〕嫩　平本譌作「嬾」，應依黔、曙、魯本改正。下同者不另出校。（晉刻，右邊的「夊」作「攵」，可能因此誤會爲「頁」的行書，將整個字鈔錯。）

〔三〕稭　平、曙譌作「楷」；依魯本、中華排印本改作「稭」，合於救荒本草。（定枎校）

〔四〕面　平、曙本誤作「而」，應依黔、魯從晉刻改作「面」。

〔五〕穰　平本、魯本從晉刻作「穰」，曙本改作「瓤」，是後來通用的字。暫依平、魯本。

〔六〕朮　平、黔譌作「禾」，應依曙、魯改作「朮」。

〔七〕栽　平、魯譌作「裁」，應依黔、曙改作「栽」。

〔八〕瀾　平、黔、魯同晉刻作「間」，應依曙本改作「瀾」。

〔九〕熟　平、魯缺，應依黔、曙補。

注：

①藍：疑當作「籃」。

案：

〔一〕山梗菜　原書「蚵蚾菜」後爲「狗掉尾苗、石芥、獾耳菜、回回蒜、地槐菜、螺黶兒、泥胡菜、兔兒絲、老鸛筋、絞股藍」十種；「山梗菜」在「絞股藍」後，「掵娘蒿」前。

〔二〕原書「山蓼」與「葛公菜」間，有「花蒿」一種。今移在卷五十首條。

〔三〕「方」字，應依晉刻原文作「亦」。

〔四〕「絞」字，應依晉刻作「紋」。

〔五〕更而細長而尖葉皆兩兩掵莖對葉生　「更」，平本作「更」，曙、魯、中華排印本改作「硬」。此句應依晉刻作「更又細長而尖。葉皆兩兩掵莖對生。葉」，——「葉」字屬下句。

〔六〕「頭」字上，應依晉刻補「稍」字。

〔七〕原書「薔蘼」條在卷五十「香茶菜」與「毛女兒菜」之間。

農政全書校注卷之五十

荒政 採周憲王〔一〕救荒本草

草部 葉可食

花蒿

【花蒿〔二〕】生荒野中。苗葉就地叢生。葉長三四寸，四散分垂；葉似獨掃葉而長硬，其頭頗齊，微有毛澁。味微辛。

救飢：採葉煠熟，水浸淘净，油鹽調食。

兔兒傘

【兔兒傘】生滎〔二〕陽塔兒山荒野中。其苗高二三尺許。每科初生一莖；莖端生葉一層，有七八葉。每葉分作四叉，排生如傘蓋狀，故以爲名。後於葉間攛生莖叉，上開淡紅白花。根似牛膝而踈短。味苦微辛。

救飢：採嫩〔三〕葉煠熟，換水浸淘去苦味，油鹽調食。

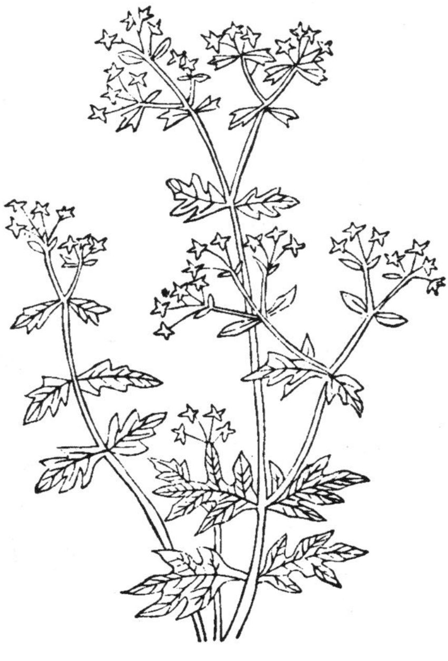

【地花菜】又名墓頭灰①。生密縣山野中。苗高尺餘。葉似野菊花葉而窄細，又似鼠尾草葉亦瘦細。稍葉間，開五瓣小黄花。其葉味微苦。

救飢：採葉煠熟，水浸淘洗净，油鹽調食。

杓兒菜

【杓兒菜】生密縣山野中。苗高一二尺。葉類狗掉尾葉而窄，頗長，黑緑色，微有毛澀；又似耐驚菜葉而小，軟薄，稍葉更小。開碎瓣淡黄白花。其葉味苦。

救飢：採葉煠熟，水浸去苦味，淘洗净，油鹽調食。

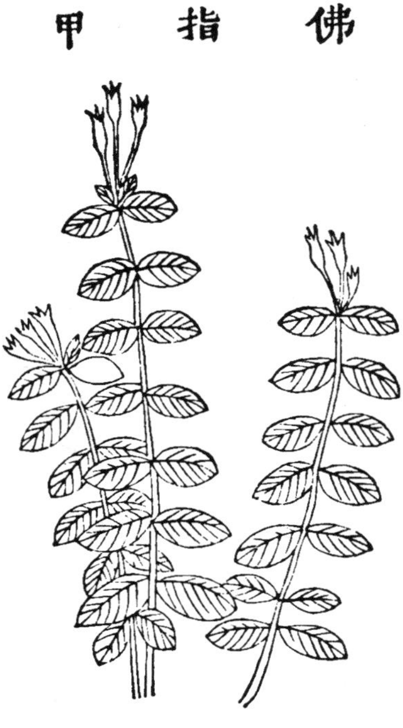

【佛指甲】生密縣山谷中。科苗高一二尺。莖微帶赤黄色。其葉淡緑，背皆微帶白色。葉如長匙頭樣，似黑豆葉而微寬；又似鵞兒腸葉，甚大。皆兩葉對生。開黄花。結實形如連翹，微小；中有黑子，小如粟粒。其葉味甜。

救飢：採嫩葉煠熟，换水淘洗净，油鹽調食。

虎尾草

【虎尾草】生密縣山谷中。科苗高一二三尺。莖圓。葉頗似柳葉而瘦短，又似兔兒尾葉，亦瘦窄；又似黄精葉，頗軟。抪莖攢生。味甜，微澁。

救飢：採苗葉煠熟，換水淘去澁味，油鹽調食。

野蜀葵

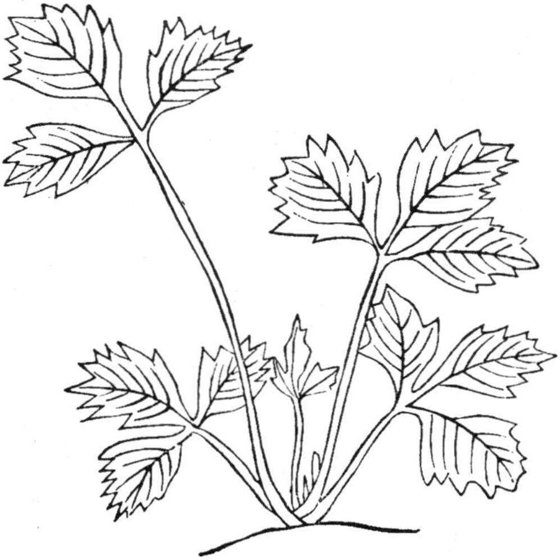

【野蜀葵】生荒野中，就地叢生。苗高五寸許。葉似葛勒子秧葉而厚大，又似地牡丹葉。味辣。

救飢：採嫩葉煠熟，水浸淘净，油鹽調食。

蛇葡萄

【蛇葡萄】 生荒野中，拖蔓而生。葉似菊葉而小，花叉繁碎，又似前胡葉亦細。莖葉間，開五瓣小銀褐色花〔四〕。結子如豌豆大，生青，熟則紅色。苗葉味甜。

救飢：採葉煠熟，换水浸淘净，油鹽調食〔二〕。

星宿菜

【星宿菜】生田野中。作小科苗生。葉似石竹子葉而細小；又似米布袋葉，微長。稍上開五瓣小尖白花。苗葉味甜。

救飢：採苗葉煠熟，水浸淘净，油鹽調食。

水蓑衣

【水蓑衣】生水泊邊。葉似地稍瓜葉而窄。音側。每葉間，皆結小青蓇葖。音骨突。其葉味苦。

救飢：採苗葉煠熟，水浸淘去苦味，油鹽調食。

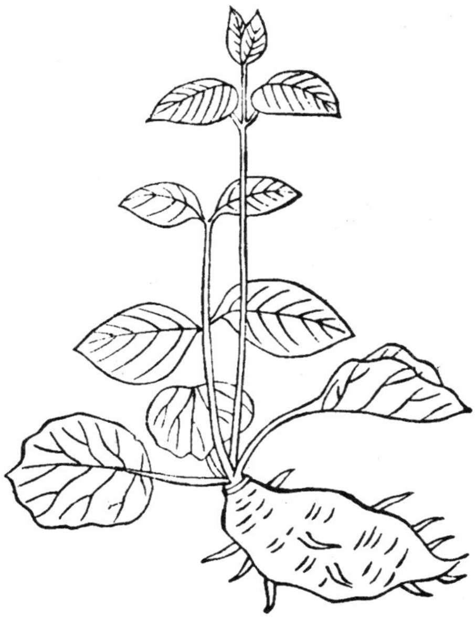

【牛嬭菜】出輝縣山野中。拖藤蔓而生。葉似牛皮硝葉而大；又似馬兜鈴〔五〕葉極大，葉皆對節生。稍間開青白小花。其葉味甜。

救飢：採嫩苗葉煠熟，水浸淘凈，油鹽調食。

小蟲兒臥單

【小蟲兒卧單】一名鐵線草。生田野中。苗塌地生。葉似苜蓿〔六〕葉而極小；又似鷄眼草葉，亦小。其莖色紅。開小紅花。苗味甜。

救飢：採苗葉煠熟，水浸淘净，油鹽調食。

【兔兒尾苗】生田野中。苗高一二尺。葉似水葓葉而短，其目大〔三〕。其葉味酸。

救飢：採嫩苗葉煠熟〔七〕，水浸淘净，油鹽調食。

地錦苗

【地錦苗】生田野中。小科苗，高五七寸。莖葉似園荽。音雖。葉間開紫花。結小角兒。苗葉味苦。

救飢：採苗葉煠熟，水浸淘净，油鹽調食。

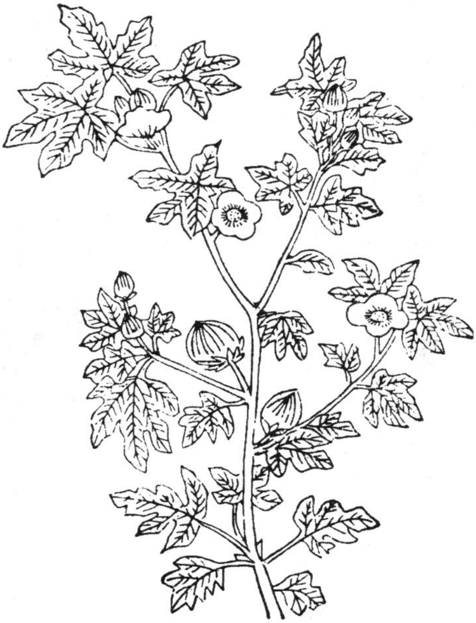

【野西瓜苗】　俗名秃漢頭。生田野中。苗高一尺許。葉似家西瓜葉而小，頗硬。葉間生蔕，開五瓣銀褐花，紫心黄蘂。花罷作蒴，蒴内結實如楝子大。苗葉味微苦。

救飢：採嫩苗葉煠熟，水浸去邪味，淘過，油鹽調食。

治病：今人傳説，採苗搗傅〔八〕瘡腫，拔毒。

香茶菜

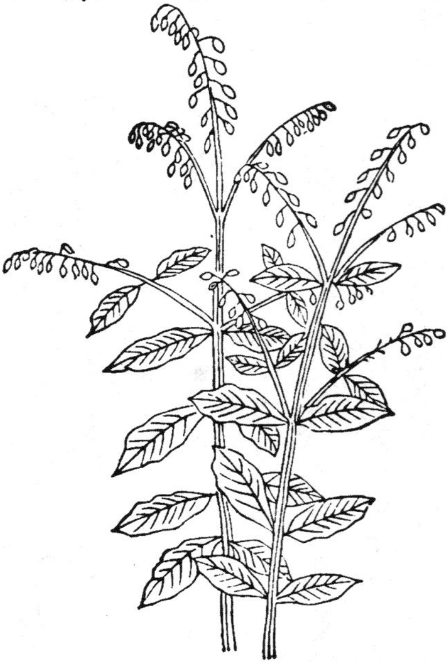

【香茶菜】生田野中。莖方，窊五化切。面四楞。葉似薄荷葉微大，抪莖。稍頭出穗，開粉紫花，結蒴音朔。如蕎麥蒴而微小。葉味苦。

救飢：採葉煠熟，水浸去苦味，淘洗净，油鹽調食。

【透骨草〔四〕】一名天芝蔴。生中牟荒野中。苗高三四尺。莖方，窊面四楞；其莖脚紫。對節分生莖叉。葉似䕡蒿葉而多花叉，葉皆對生。莖節間，攢開粉紅花。結子似胡麻子。葉味苦。

救飢：採嫩苗葉煠熟，水浸去苦味，淘净，油鹽調食。

治病：今人傳説，採苗搗傅腫毒。

毛女兒菜

【毛女兒菜】生南陽府馬鞍山中。苗高一尺許。葉似綿絲〔九〕菜葉而微尖；又似兔兒尾葉而小。莖葉皆有白毛。稍間開淡黄花，如大黍粒，數十顆攢成一穗。味甘酸。

救飢：採苗葉煠熟，水浸淘净，油鹽調食；或拌米麵蒸食亦可。

牻牛兒苗

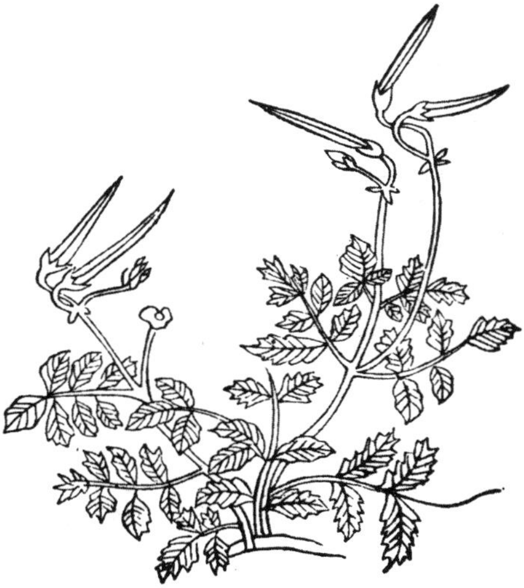

【牻音龐。牛兒苗】又名鬬牛兒苗。生田野中。就地拖秧而生，莖蔓細弱。其莖紅紫色。葉似蒝荽葉，瘦細而稀疎。開五瓣小紫花。結青蓇葖音骨突。兒，上有一嘴即委切。甚尖鋭，音芮。如細錐音追。子狀，小兒取以爲鬬戲。葉味微苦。

救飢：採葉煠熟，水浸去苦味，淘净，油鹽調食。

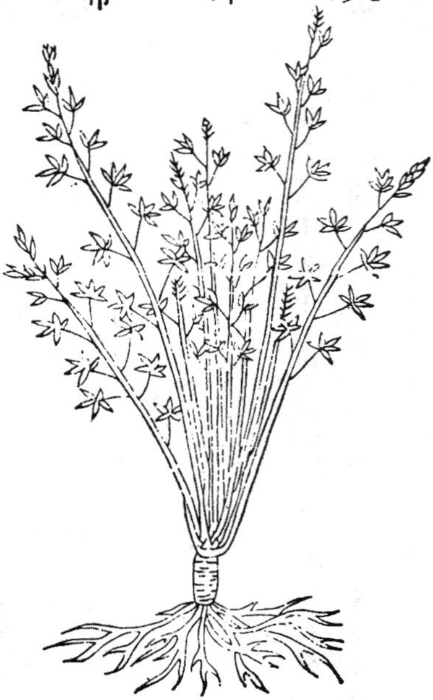

【鐵掃箒】生荒野中。就地叢生，一本二三十莖，苗高三四尺。葉似苜蓿葉而細長；又似細葉胡枝子葉，亦短小。開小白花。其葉味苦。

救飢：採嫩苗葉煠熟，换水浸去苦味，油鹽調食。

山小菜

【山小菜】生密縣山野中。科苗高二尺餘，就地叢生。葉似酸漿子葉而窄小，面有細紋脉，邊有鋸齒，色深緑；又似桔梗葉，頗長艄。味苦。

救飢：採葉煠熟，水浸淘去苦味，油鹽調食。

羊角菜

【羊角菜[五]】又名羊嬭科，亦名合鉢兒，俗名婆婆針扎兒，又名細[六]絲藤，一名過路黄。生田野下濕地中。拖藤蔓而生，莖色青白。葉似馬兜鈴[一〇]葉而長大，又似山藥葉，亦長大，面青，背頗白。皆兩葉相對生。莖葉折之俱有白汁出。葉間出蒴，開五瓣小白花。結角似羊角狀，中有白穰[一一]。其葉味甘微苦。

救飢：採嫩葉煠熟，换水浸去苦味邪氣，淘浄，油鹽調食。

耬斗菜

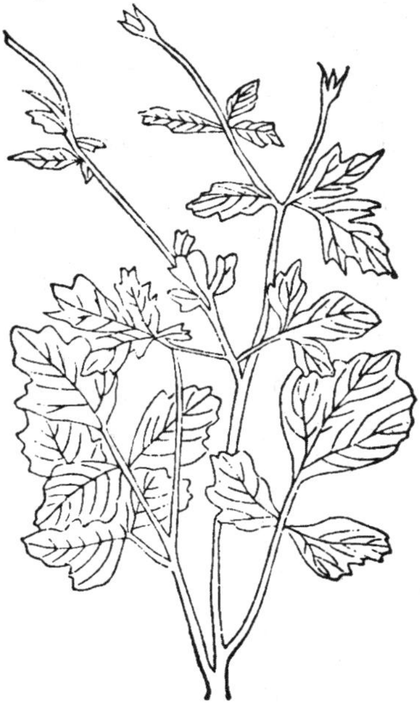

【耬斗菜】生輝縣太行山山野中。小科苗，就地叢生。苗高一尺許，莖梗細弱。葉似牡丹葉而小，其頭頗團。味甜。

救飢：採葉煠熟，水浸淘净，油鹽調食。

甌菜

【甌菜】生輝縣山野中。就地作小科苗，生莖叉〔一二〕。葉似山莧〔一三〕菜葉，而有鋸齒；又似山小菜葉，其鋸齒比之却小，味甜。

救飢：採嫩苗葉煠熟，水浸淘净，油鹽調食。

變豆菜

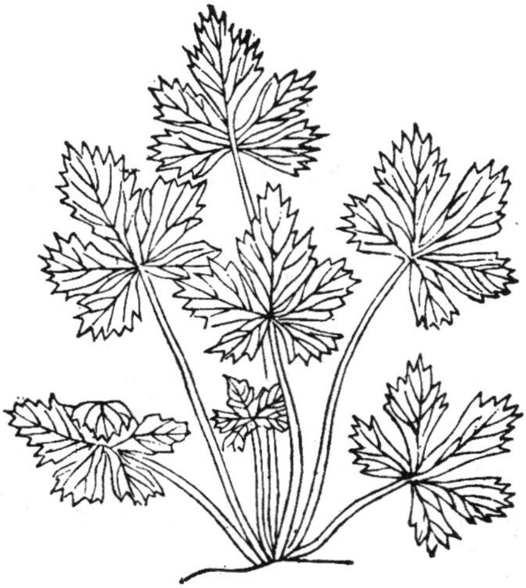

【變豆菜】生輝縣太行山山野中。其苗葉，初作地攤科生。葉似地牡丹葉，極大；五花叉，鋸齒尖。其後葉中分生莖叉。稍葉頗小，上開白花。其葉味甘。

救飢：採葉煠熟，作成黄色，换水淘浄，油鹽調食。

和尚菜

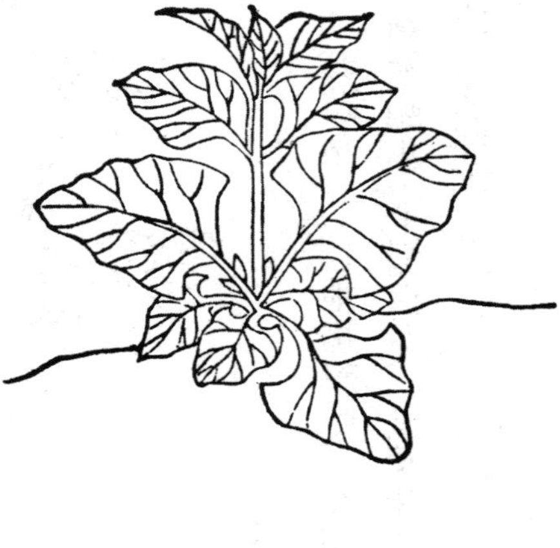

【和尚菜】田野處處有之。初生塌地布葉，葉似野天茄兒葉而大，背微紅紫色。後攛苗，高二三尺。葉似莙薘葉，短小而尖；又似紅落藜葉，而色不紅。結子如灰菜子。葉味辛酸，微鹹。

救飢：採嫩葉煠熟，換水浸去邪味，淘净，油鹽調食；或晒乾煠食亦可。或云：不可多食，久食令人面腫。

校：

〔一〕採周憲王　平、黔、魯本缺，照曙本補。

〔二〕棨　平、魯從晉刻本譌作「棨」；依曙本、中華排印本改作「棨」，合於倪根金的救荒本草校注。（定扶校）

〔三〕嫩　平本作「嬾」；依魯、曙、中華排印改作「嫩」，合於救荒本草。後同改，不另出校。

〔四〕小銀褐色花　「色」字晉刻缺，「花」字平、黔、魯本缺；依曙本改作「小銀褐色花」。

〔五〕兜鈴　平本與晉刻作「㜸零」，係譌字，應依曙、魯本改。

〔六〕苜蓿　平本作「星蓿」，止誤一字；黔、曙、魯改作「星宿」；應依晉刻改作「苜蓿」。

〔七〕爍熟　平本空等，應依黔、曙、魯補。

〔八〕傳　平本譌作「傳」，應依黔、曙、魯改正。

〔九〕絲　平、黔、魯作「系」，應依曙本改作「絲」。

〔一〇〕兜鈴　參見本卷校〔五〕。

〔一一〕穰　參照卷四十九校〔五〕。

〔一二〕叉　平本從晉刻作「友」是錯誤的，曙本改作「及」也不太合適；應依黔、魯改作「叉」。

〔一三〕莧　平本譌從晉刻作「見」，應依黔、曙、魯改作「莧」。

注：

① 灰：疑是「回」字。

案：

〔一〕花蒿　原書在前一卷「山蓼」後，「葛公菜」前。

〔二〕晉刻本此後尚有「治病」一條作：「治病：今人傳説，擣根傅貼瘡腫。」（定扶案）

〔三〕水蕻葉而短其目大　各刻本此句有脱漏，應依晉刻補正爲：「水蕻葉而狹短，其尖頗齊。稍頭出穗，如兔尾狀。開花白色；結紅蓇葖如椒目大。」水蕻即葒草，椒目即花椒種子。

〔四〕原書此位置爲「薔蘼」，「透骨草」則在前面「拖白練苗」與「酸桶笋」之間。

〔五〕羊角菜　原書名稱作「羊角苗」。

〔六〕細　應依晉刻作「紐」。

農政全書校注卷之五十一

荒政 採周憲王〔一〕救荒本草

草部 根可食

【沙參〔二〕】一名知母，一名苦心，一名志取，一名虎鬚，一名白參，一名識美，一名文希。生河内川谷，及冤句、般陽續山，并淄、齊、潞、隨、歸州，而江、淮、荆、湖州郡皆有，今輝縣太行山邊亦有之。苗長一二尺，叢生崖坡間。葉似枸杞葉，微長，而有叉牙鋸齒。開紫花。根如葵根，赤黄色，中正白實者佳。味微苦，性微寒，無毒。惡防己，反〔三〕藜蘆。又有杏葉沙參，及細葉沙參，氣味與此相類，但圖經内，不曾該載此二種葉苗形容，未敢併入本條。今皆另條開載。

救飢：掘根浸洗極净，換水煮去苦味，再以火煮極熟，食之。

百合

【百合】一名重箱，一名摩羅，一名中逢花，一名强瞿。生荆州山谷，今處處有之。苗高數尺，幹麄如箭，面〔二〕有葉如鷄距，又似大柳葉而寬，青色稀疎。葉近莖微紫，莖端碧白。開淡黄白花，如石榴嘴而大，四垂向下，覆長蘂；花心有檀色。每一顆須五六花。子色①，圓如梧桐子，生於枝葉間。每葉一子，不在花中，此又異也。根色白，形如松子殼，四向〔三〕攢生，中間出苗；又如葫蒜，重疊生二三十瓣。味甘，辛〔三〕平，無毒；一云有小毒。又有一種開紅花，名山丹，不堪用。

救飢：採根煮熟食之，甚益人氣。又云：蒸過，與蜜食之；或爲粉，尤佳。

玄扈先生曰：嘗過。根本嘉蔬，不必救荒。

萎蕤

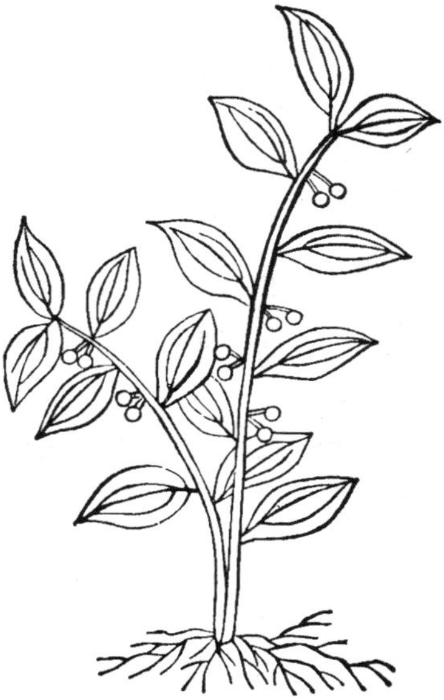

【萎蕤〔四〕】本草一名女萎，一名熒，一名玉〔四〕竹，一名馬〔五〕薰。生太山山谷，及舒州、滁州、均州。今南陽府馬鞍山亦有。苗高一二尺，莖斑。葉似竹葉，闊短而肥厚，葉尖處有黃點；又似百合葉，却頗窄小。葉下結青子，如椒粒大。其根似黃精而小異，節上有鬚〔六〕。味甘，性平，無毒。

救飢：採根，換水煮極熟，食之。

天門冬

【天門冬[五]】俗名萬歲藤，又名娑[七]羅樹。本草一名顛勒，或名地門冬，或名筵門冬，或名巔棘，或名淫羊食，或名管松。生奉高山谷，及建州、漢州，今處處有之。春生藤蔓，大如釵股，長至丈餘，延附草木上。葉如茴香，極尖細而疎滑，有逆刺；亦有澁而無刺者。其葉如絲杉而細散，皆名天門冬。夏生白花，亦有黄花及紫花者。秋結黑子，在其根枝傍；入伏後，無花，暗結子。其根白，或黄紫色，大如手指，長二三寸；大者爲勝。其生高地，根短味甜氣香者上；其生水側下地者，葉細似藴而微黄，根長而味多苦、氣臭者下，亦可服。味苦甘，性平，大寒，無毒。垣衣、地黄及貝母爲之使；畏曾青。服天門冬，誤食鯉魚中毒，浮萍解之。

救飢：採根，換水浸去邪味，去心煮食。或晒乾煮熟，入蜜食。

【章柳根】本草一名商陸，一名蓫根，一名夜呼，一名白昌，一名當陸，一名章陸；爾雅則謂之蓫薚〔六〕；廣雅則謂之馬尾，亦謂之莧陸。生咸陽川谷，今處處有之。苗高三四尺，莖麤似鷄冠花莖，微有線楞，色微紫赤。葉青，如牛舌，微闊而長。根如人形者，有神。

亦有赤白二種。花赤，根亦赤；花白，根亦白。赤者不堪服食，傷人，乃至痢血不已；白者堪服食。亦有一種名赤昌，苗葉絶相類，不可用，須細辨之。商陸味辛酸；一云味苦，性平，有毒；一云性冷，得大蒜良。

救飢：取白色根，切作片子，煠熟，換水浸洗净，淡食；得大蒜良。凡製：薄切，以東流水浸二宿，撈出，與豆葉隔間入甑〔八〕蒸，從午至亥；如無葉，用豆依法蒸之亦可。花白者年多，仙人採之作脯。可爲下酒。

麥門冬

【麥門冬〔七〕】本草云：秦名羊韭，齊名愛韭，楚名馬韭，越名羊蓍。一名禹葭，一名禹餘糧。生隨州、陸州及函谷堤坂〔九〕肥土石間久廢處有之。今輝縣山野中亦有。葉似韭葉而長，冬夏長生。根如穬麥而白色。出江寧者小潤，出新安者大白。大者苗如鹿葱，小者如韭。味甘〔一〇〕，性平，微寒，無毒。地黄、車前爲之使；惡欵冬、苦瓠、苦芙，畏木耳、苦參、青蘘。

救飢：採根，換水，浸去邪味，淘洗净，蒸熟，去心食。

苧根

【苧根】舊云閩、蜀、江、浙多有之，今許州人家田園中亦有種者。苗高七八尺，一科

十數莖。葉如楮葉而不花叉，面青背白，上有短毛；又似蘇子葉。其葉間出細穗，花如白楊而長，每一朵凡十數穗，花青白色。子熟，茶褐色。其根黃白色，如手指麄。宿根地中，至春自生，不須藏種。根味甘性寒。

救飢：採根，刮洗去皮，煮極熟，食之甜美。

蒼朮

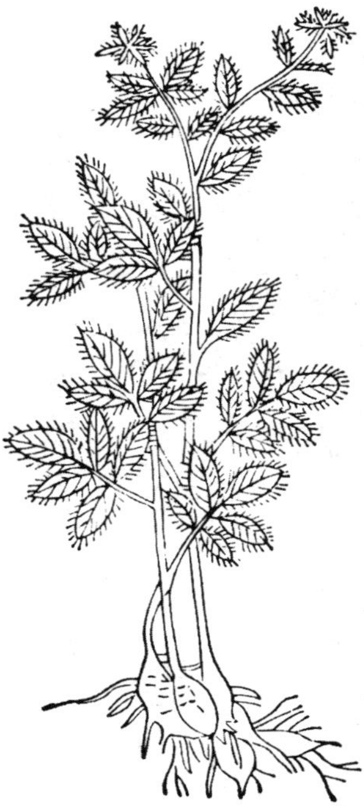

【蒼朮】一名山薊，一名山薑，一名山連，一名山精。生鄭山[一]、漢中山谷，今近郡山谷亦有，嵩山、茅山者佳。苗淡青色，高二三尺。莖作蒿榦。葉抪莖而生，稍葉似棠葉，脚葉有三五叉，皆有鋸齒小刺。開花深碧色，亦似刺薊花；或有黃白花者。根長如指，大而肥實；皮黑茶褐色，味苦甘；一云味甘辛，性温，無毒。防風、地榆爲之使。

救飢：採根，去黑皮，薄切，浸二三宿，去苦味，煮熟食；亦作煎。

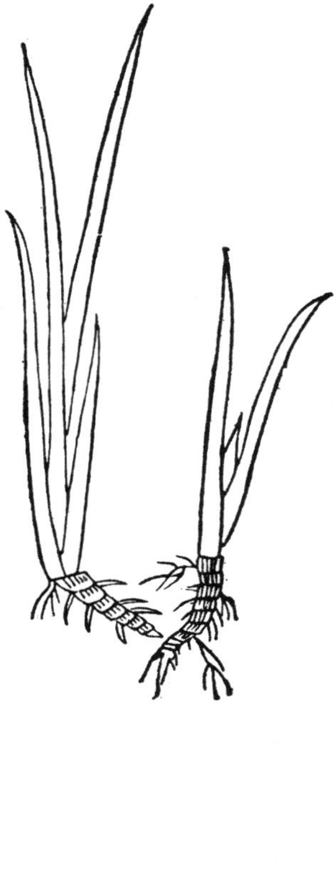
菖蒲

【菖蒲】一名堯韭，一名昌陽。生上洛池澤，及蜀郡、嚴道、戎、衛、衡州，并嵩岳石磧上。今池澤處處有之。葉似蒲而匾，有脊，一如劍刃。其根盤屈有節，狀如馬鞭。蓒大。根傍引三四小根，一寸九節者良；節尤密者佳。亦有十二節者。露根者不可用。又一種名蘭蓀，又謂溪蓀，根形氣色，極似石上菖蒲。葉正如蒲，無脊。俗謂菖蒲生於水次，失水則枯。其菖蒲味辛，性温，無毒。秦皮、秦艽〔一二〕爲之使；惡地膽、麻黄；不可犯鐵，令人吐逆。

救飢：採根肥大節稀，水浸去邪味，製造作果，食之。

玄扈先生曰：難食。

蕌子根

【蕌子根】俗名打碗花，一名兔兒苗，一名狗兒秧。幽、薊間謂之燕蕌根，千葉者呼爲纏枝牡丹，亦名穰花。生平澤中，今處處有之。延蔓而生，葉似山藥葉而狹小。開花狀似牽牛花，微短而圓，粉紅色。其根甚多，大者如小筯麄，長一二尺，色白，味甘，性温。

救飢：採根，洗净蒸食之；或晒乾杵碎，炊飯食亦好；或磨作麪，作燒餅，蒸食皆可。久食則頭暈破腹，間食則宜。

玄扈先生曰：嘗過，吴人呼秧子根。棄地，宜移植備荒。

【菽蕿根】俗名麪碌碡。音禄軸。生水邊下濕地。其葉就地叢生，葉似蒲葉而肥短，葉背如劍脊樣，葉叢中間攛葶，上開淡粉紅花，俱皆六瓣。花頭攢開，如傘蓋狀，結子如韭花蓇葖。其根如鷹爪黄連樣，色如墐泥色，味甘。

救飢：採根，揩去皴及毛，用水淘净，蒸熟食；或晒乾炒熟食，或磨作麪蒸食，皆可。

野胡蘿蔔

【野胡蘿蔔】 生荒野中。苗葉似家胡蘿蔔，俱細小。葉間攛生莖叉，稍頭開小白花，衆花攢開如傘蓋狀，比蛇床子花頭又大，結子比蛇床子亦大。其根比家胡蘿蔔尤細小，味甘。

救飢：採根洗净去皮，生食亦可。

綿棗兒

【綿棗兒】一名石棗兒。出密縣山谷中，生石間。苗高三五寸。葉似韭葉而闊，瓦隴樣。葉中攛葶出穗，似鷄冠莧穗而細小。開淡紅花，微帶紫色。結小蒴兒。其子似大藍子而小，黑色。根類獨顆蒜，又似棗形而白。味甜性寒。

救飢：採取根，添水久煮極熟，食之。不換水煮，食後腹中鳴，有下氣。

土圞兒

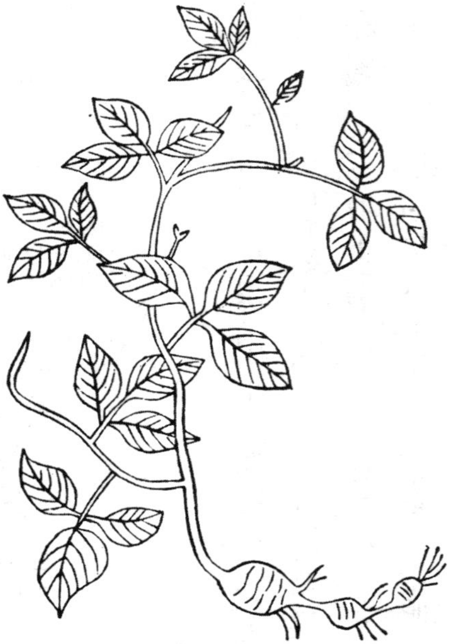

【土圞兒】一名地栗子。出新鄭山野中。細莖延蔓而生。葉似菉豆葉，微尖艄；每〔三〕三葉攢生一處。根似土瓜兒根，微團。味甜。

救飢：採根煮熟，食之。

野山藥

【野山藥】生輝縣太行山山野中。妥藤而生。其藤似葡萄條稍細，藤頗紫色。其葉似家山藥葉而大，微尖。根比家山藥極細瘦，甚硬。皮色微赤，味微甜，温平無毒。

救飢：採根煮熟，食之。

金瓜兒

【金瓜兒】生鄭州〔一四〕田野中。苗初生，似小葫蘆葉而微小；又似赤雹兒葉。莖方。莖葉俱有毛刺。每葉間出一細藤，延蔓而生。開五瓣尖碗子黄花。結子如馬瓟音雹。大，生青熟紅。根形如鷄彈微小；其皮土黄色，内則青白色。味微苦，性寒；與酒相反。

救飢：掘取根，换水煮，浸去苦味，再以水煮極熟，食之。

細葉沙參

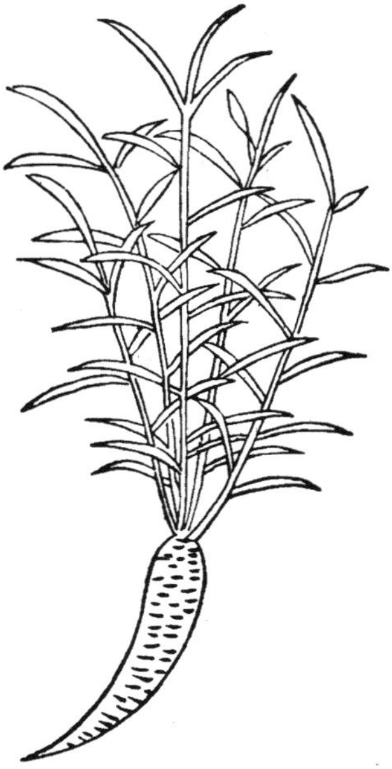

【細葉沙參】生輝縣太行山山衝間。苗高一二尺，莖似蒿蘚。葉似石竹子葉而細長；又似水蓑衣葉，亦細長。稍間開紫花。根似葵根，而麄如拇(一五)音母。指大，皮色灰，中間白色。味甜，性微寒。本草有沙參，苗、葉、莖狀，所説與此不同，未敢併入條下，今另爲一條，開載於此。

救飢：掘取根洗净，煑熟，食之。

雞腿兒

【雞腿兒】一名𪎭白草。出鈞州山野中。苗高七八寸。細長鋸齒葉硬厚，背白；其葉似地榆葉而細長。開黄花。根如指大，長三寸許，皮赤内白，兩頭尖艄，味甜。

救飢：採根煮熟食，生食亦可。

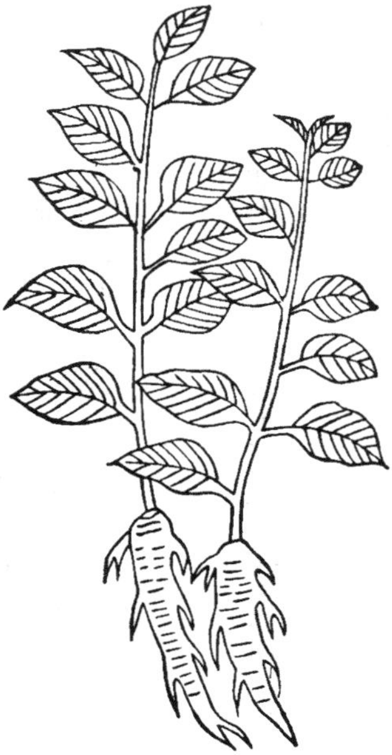

【山蔓菁】出鈞州山野中。苗高一二尺。莖葉皆蒿苣色，葉似桔梗葉，頗長艄而不對生；又似山小菜葉，微窄。根形類沙參，如手指麄。其皮灰色，中間白色。味甜。

救飢：採根，煮熟；生食亦可。

老鴉蒜

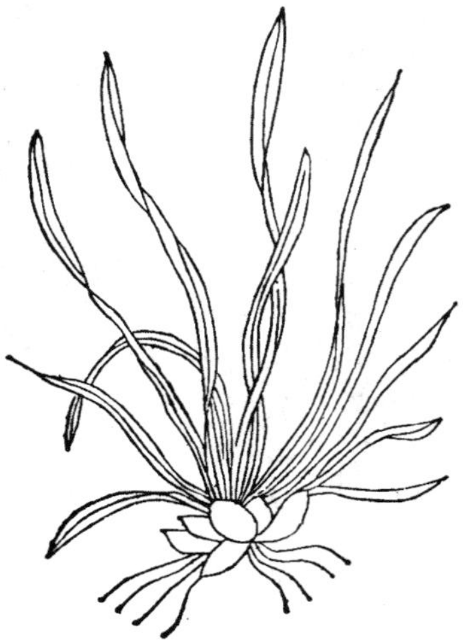

【老鴉蒜】生水邊下濕地中。其葉直生，出土四垂，葉狀似蒲而短，背起劍脊。其根形如蒜瓣，味甜。

救飢：採根煠熟，水浸淘浄，油鹽調食。

玄扈先生曰：此草，中顔料〔一六〕用。

【山蘿蔔】生山谷間，田野中亦有之。苗高五七寸，四散分生莖葉。其葉似菊葉而闊大，微有艾香。每莖五七葉排生〔一七〕，如一大葉。稍間開紫花。根似野胡蘿蔔根，而帶黲白色，味苦。

救飢：採根煠熟，水浸淘去苦味，油鹽調食。

地參

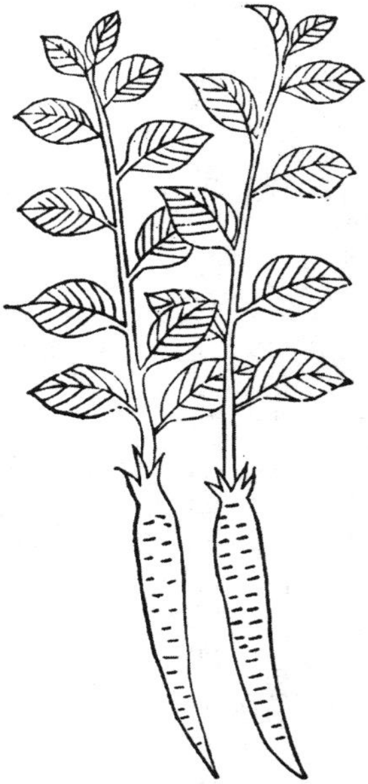

【地參】又名山蔓菁。生鄭州沙崗間。苗高一二尺，葉似初生桑科小葉，微短；又似桔梗葉，微長。開花似鈴鐸樣，淡紅紫花。根如拇〔一八〕指大，皮色蒼，内黪白色，味甜。

救飢：採根煮食。

獐牙菜

【獐牙菜】生水邊。苗初塌地生。葉似龍鬚菜葉而長窄，葉頭頗團而不尖，其葉嫩薄，又似牛尾菜葉，亦長窄。其根如芽〔八〕根而嫩，皮色黑灰，味甜。

救飢：掘根洗净煮熟，油鹽調食。

雞兒頭苗

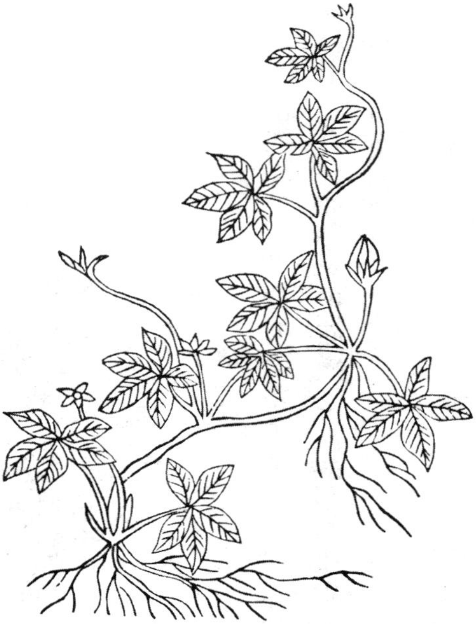

【雞兒頭苗】生祥符西田野中。就地妥秧生。葉甚疎稀，每五葉攢生，狀如一葉，其葉花叉有小鋸齒。葉間生蔓，開五瓣黄花。根叉甚多，其根形如香附子而鬚長，皮黑肉白，味甜。

救飢：採根，换水煮熟食。

校：

〔一〕採周憲王　平、黔、魯缺，應依曙本補。

〔二〕反　中華排印本「從曙改」作「及」，應依平、黔、魯作「反」合晉刻。

〔三〕向　魯本譌作「面」；應依平、曙、中華排印本作「向」，合於救荒本草。（定扶校）

〔四〕玉　平、黔譌作「五」，應依曙、魯改作「玉」合晉刻。

〔五〕馬　平、黔譌作「患」，應依曙、魯改作「馬」合晉刻。

〔六〕鬚　平、黔譌作「顏」，曙、魯作「鬒」；應依中華排印本改作「鬚」合晉刻。

〔七〕娑　魯本、中華排印本譌作「婆」；應依平、曙作「娑」，合於救荒本草。（定扶校）

〔八〕甑　平本譌作「甑」，應依黔、曙、魯改作「甑」。

〔九〕坂　魯、黔譌作「扳」，應依平、曙作「坂」。

〔一〇〕甘　魯本譌作「苦」；應依平、曙、中華排印本作「甘」，合於救荒本草。（定扶校）

〔一一〕鄭山　平、黔、魯缺「鄭」字，曙本有「鄭」字但「山」字譌作「州」；應依晉刻作「鄭山」，合陶弘景名醫別錄。（鄭山，指關中的「二華」，即華陰縣南的太華山和華縣東南的少華山。因其地原爲周代諸侯鄭國屬地，故名。）

〔一二〕芃　平、魯譌作「芃」；應依曙本、中華本改作「芃」，合於救荒本草。（定扶校）

〔一三〕每　平本譌作「苺」，應依黔、曙、魯改作「每」。

〔四〕州　平、黔、魯譌作「山」，應依曙本改作「州」合晉刻。

〔五〕拇　平本從晉刻作「栂」，應依黔、曙、魯改正。

〔六〕料　平、曙本譌作「神」，應依黔、魯改作「料」。

〔七〕五七葉排生　平本作「五七排生」，脱「葉」字，黔、曙、魯作「五葉排生」，應依晉刻改作「五七葉排生」。

〔八〕拇　平本作「母」，依黔、曙、魯改作「拇」。

注：

①子色　這一節，與寇宗奭本草衍義（卷九）「百合」條記載相似；寇書這句作「子紫色」，可能因「子」「紫」音同，鈔寫時漏去。

案：

〔一〕沙參　原書在「章柳根」後，「麥門冬」前。

〔二〕「面」字上，應依晉刻補「四」字。

〔三〕辛　應依晉刻作「性」。

〔四〕萎蕤　原書在「和尚菜」後，「百合」前。

〔五〕天門冬　原書在「百合」後，「章柳根」前。

〔六〕「蓫」字下，應依晉刻補「薚」字。「蓫薚」音 zhú tāng。

〔七〕麥門冬　原書在「沙參」後，「苧根」前。

〔八〕芽　應依晉刻作「茅」。

農政全書校注卷之五十二

荒政 採周憲王救荒本草

草部 實可食

雀麥

【雀麥】本草一名鷰麥，一名蘥〔一〕音樂。生於荒野林下，今處處有之。苗似鷰麥而又細弱，結穗像麥穗而極細小，每穗又分作小叉穗十數個。子甚細小，味甘，性平，無毒。

救飢：採子舂去皮，擣作麵，蒸食。作餅食亦可。

回回米

【回回米】本草名薏苡仁〔二〕，一名解蠡，音离。一名屋菼，一名芑〔三〕實，一名贛，音紺〔四〕。俗名草珠兒，又呼爲西番蜀秫〔五〕。生真定平澤及田野；交阯生者，子最大，彼土人呼爲贛珠。今處處有之。苗高三四尺。葉似黍葉而稍大。開紅白花。作穗子。結實青白色，形如珠而稍長，故名薏珠。子味甘，微寒，無毒。今人俗亦呼爲菩提子。

救飢：採實舂去殼，其中仁煮粥食。取葉煮飲，亦香。

玄扈先生曰：嘉穀〔六〕良藥，不必救荒。

蒺藜子

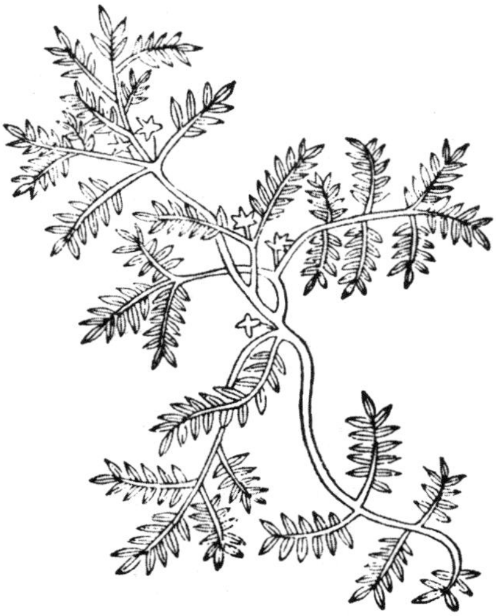

【蒺藜子】本草一名旁通，一名屈人，一名止行，一名犲音柴。羽，一名升推，一名即藜，一名茨。生馮翊平澤(一)道傍；今處處有之。布地蔓生。細葉，小黃花，結子有三角刺人是也。味苦辛，性温，微寒，無毒。烏頭爲之使。又有一種白蒺藜，出同州沙苑，開黃紫花。作莢子，結子狀如腰子樣，小如黍粒。補腎藥多用。味甘，有小毒。

救飢：收子炒微黃，搗去刺，磨麵作燒餅，或蒸食皆可。

玄扈先生曰：本是勝藥，嘗過。

檾子

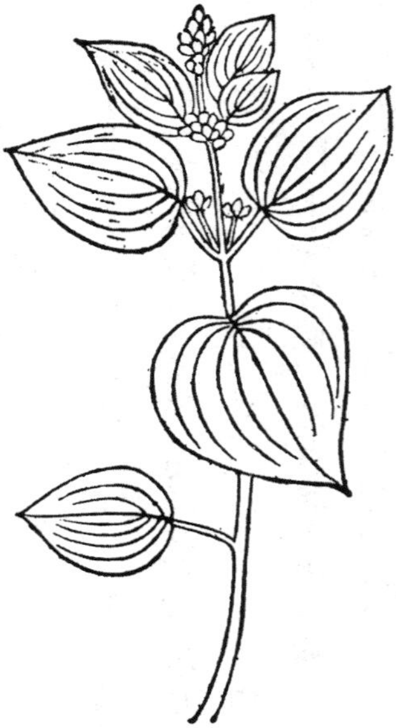

【檾〔七〕子】本草名苘與檾同。實。處處有之。北人種以打繩索。苗高五六尺。葉似芋葉而短薄，微毛澁。開金黄花。結實，殼似蜀葵實殼而圓大，俗呼爲檾饅頭。子黑色，如磱〔八〕豆大。味苦，性平，無毒。

救飢：採嫩〔九〕檾饅頭，取子生食。子堅實時，收取子，浸去苦味，晒乾，磨麵食。

玄扈先生曰：可食。

稗子

【稗子】有二種：水稗，生水田邊；旱稗，生田野中。今皆處處有之。苗葉似穇子，葉〔一〇〕色深緑；脚葉頗帶紫色。稍頭出匾穗，結子如黍粒大，茶褐色；味微苦，性微温。

救飢：採子擣米煮粥食，蒸食尤佳。或磨作麵食皆可。

玄扈先生曰：稗自穀屬，十得五米。下田種之，甚有益。野生者可捃拾積貯，用備飢窘。

【穇子】 生水田中及下濕地内。苗葉似稻，但差短。稍頭結穗，彷彿稗子穗。其子如黍粒大，茶褐色，味甘。

救飢：採子擣米煮粥，或磨作麵，蒸食亦可。

川穀

【川穀】生汜水縣田野中。苗高三四尺。葉似初生薥秫葉微小，葉間叢開小黄白花。結子似草珠兒微小，味甘。

救飢：採子擣爲米，生用冷水淘净，後以滚水湯〔二〕三五次，去水下鍋。或作粥，或作炊飯食，皆可。亦堪造酒。

莠草子

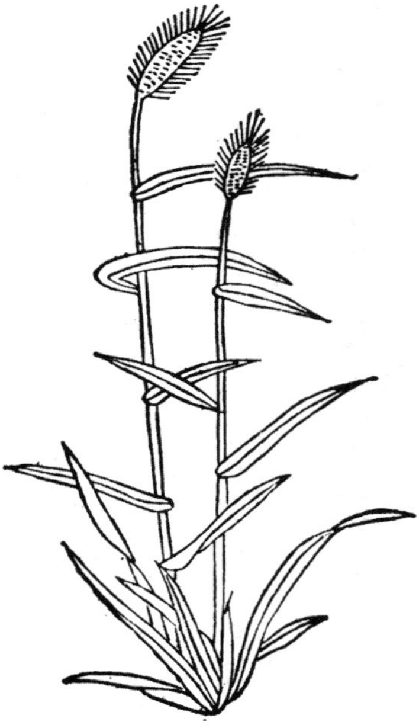

【莠草子】生田野中。苗葉似穀，而葉微瘦。稍間開茸音戎。細毛穗。其子比穀細小，舂米類折米。熟時即收，不收即落。味微苦，性温。

救飢：採莠穗，揉取子擣米。作粥或作水飯，皆可食。

野黍

【野黍】生荒野中。科苗皆類家黍，而莖葉細弱；穗甚瘦小，黍粒亦極細小。味甜，性微温。

救飢：採子舂去粗糠，或擣，或磨。麵蒸餻食，甚甜。

鷄眼草

【雞眼草】又名掐不齊。以其葉用指甲掐之，作劐不齊，故名。生荒野中，塌地生。葉如雞眼大，似三葉酸漿葉而圓；又似小蟲兒卧單葉而大。結子小如粟粒，黑茶褐色，味微苦。氣〔三〕與槐相類，性温。

救飢：採子擣取米，其米青色。先用冷水淘净，却以滚水泡三五次，去水下鍋。或煮粥，或作炊飯食之。或磨麪作餅食，亦可。

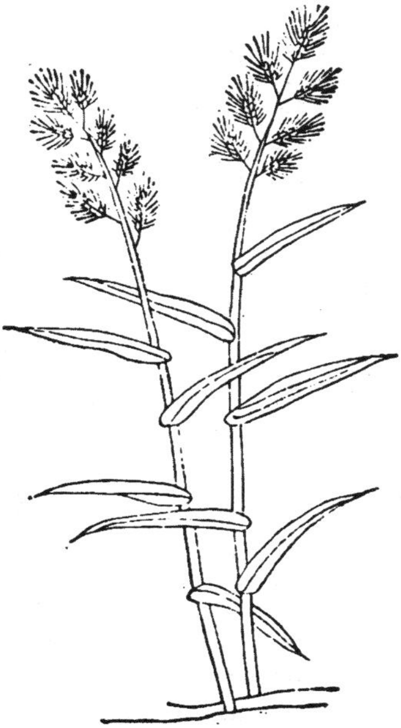

【鸋麥】田野處處有之，其苗似麥。攛七官切。葶，但細弱。葉亦瘦細，抪莖而生。結細長穗，其麥粒極細小，味甘。

救飢：採子舂去皮，擣磨爲麵食。

潑盤

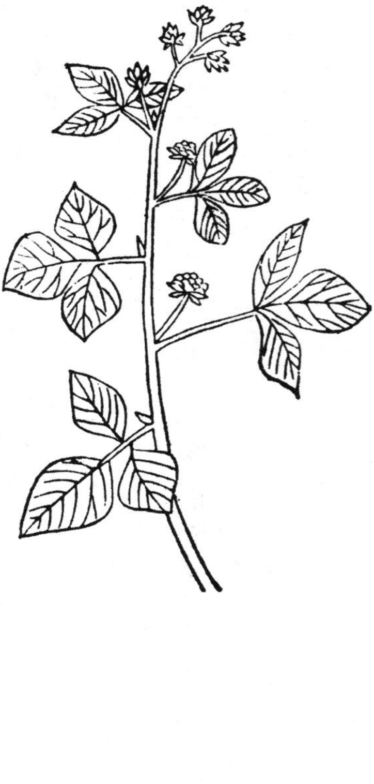

【潑盤】一名托盤。生汝南荒野中，陳、蔡間多有之。苗高五七寸。莖葉有小刺。其葉彷彿似艾葉稍團，葉背亦白。每三葉攢生一處。結子作穗，如半柿大，類小盤堆石榴顆狀。下有蔕承，如柿蔕形。味甘酸，性温。

救飢：以潑盤顆粒紅熟時採食之。彼土人取以當果。

【絲瓜苗】人家園籬邊多種之。延蔓而生。葉似括樓葉而花叉大。每葉間出一絲藤，纏附草木上。莖葉間開[三]五瓣大黃花。結瓜形如黃瓜而大，色青，嫩時可食；老則去皮，内有絲縷，可以擦洗油膩器皿。味微甜。

救飢：採嫩瓜切碎，煠熟，水浸淘净，油鹽調食。

玄扈先生曰：嘉蔬，不必救荒。不實之花，作蔬更佳。

絲瓜苗

地角兒苗

【地角兒苗】一名地牛兒苗。生田野中，塌〔一三〕地生。一根就分數十莖，其莖甚稠。葉似胡豆葉微小，葉生莖面，每攢四葉對生作一處。莖傍另又生葶。稍頭開淡紫花。結角似連翹角而小，中有子，狀似蹺豆顆，味甘。

救飢：採嫩角生食，硬角煮熟食豆〔一四〕。

馬瓝兒

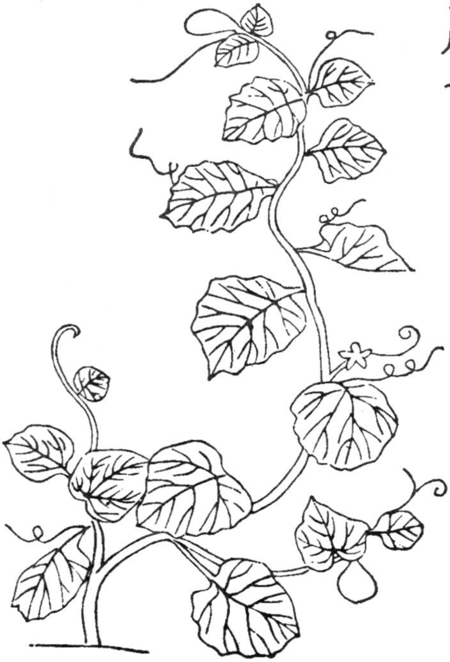

【馬瓝音雹。兒】生田野中，就地拖秧而生。葉似甜瓜葉極小。莖蔓亦細。開黄花。結實比雞彈微小，味微酸。

救飢：摘取馬瓝熟者食之。

山黧豆

【山黧豆】一名山豌豆。生密縣山野中。苗高尺許。其莖，窊面劍脊。葉似竹葉而齊短，兩兩對生。開淡紫花。結小角兒。其豆匾如䓍豆，味甜。

救飢：採取角兒煮食，或打取豆食，皆可。

龍芽艸

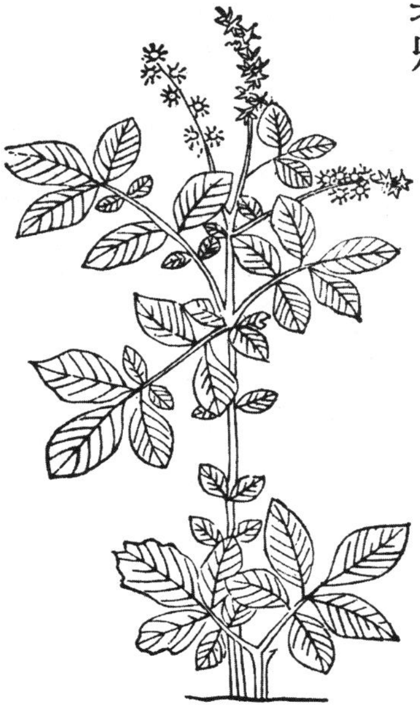

【龍芽草】一名瓜香草。生輝縣鴨子口山野間。苗高一尺餘。莖多澁毛。葉形如地棠葉而寬大，葉頭齊團。每五葉或七葉作一莖，排生。葉莖脚上，又有小芽葉〔一五〕兩兩對生。稍間出穗，開五瓣小圓黄花。結青毛蓇葖，有子，大如黍粒，味甜。

救飢：收取其子，或搗或磨，作麵食之。

地稍瓜

【地稍瓜】生田野中。苗高尺許，作地攤科生。葉似獨掃葉而細窄，光硬；又似沙蓬葉，亦硬；週圍攢莖而生。莖葉〔三〕開小白花。結角長大如蓮子，兩頭尖艄；狀又似鴉嘴形，名地稍瓜。味甘。

救飢：其角嫩時，摘取煠食；角若皮硬，剥取角中嫩穰生食。

錦荔枝

【錦荔枝】又名癩葡萄。人家園籬邊多種。苗引藤蔓延，附草木生。莖長七八尺，莖有毛澁。葉似野葡萄葉，而花叉多，葉間生細絲蔓。開五瓣花〔四〕碗子花〔一六〕。結實如雞子大，尖艄紋皺，狀似荔枝而大，生青熟黄。内有紅瓤，味甜。

救飢：採荔枝黄熟者，食瓤。

玄扈先生曰：南中人甚食此物，不止于瓤；實青時採者或生食，與瓜同，用名苦瓜也。

青瓜頗苦，亦清脆可食耳，閩、廣人争詫爲極甘也。此恒蔬，不必救荒。嘗過。

鷄冠果

【雞冠果】　一名野楊梅。生密縣山谷中。苗高五七寸。葉似潑盤葉而小，又似雞兒頭葉微團。開五瓣黄花。結實似紅小楊梅狀。味甜酸。

救飢：採取其果紅熟者食之。

草部葉及實皆可食

羊蹄苗

【羊蹄苗】一名東方宿，一名連蟲陸，一名鬼目，一名蓄；俗呼猪耳朵。生陳留川澤，今所在有之。苗初塌地生，後攛生莖叉，高二尺餘。其葉狹長，頗似萵苣，而色深青；

又似大藍葉，微闊。莖節間紫赤色。其花青白成穗。其子三稜。根似牛蒡而堅實。味苦。性寒無毒。

救飢：採嫩苗葉煠熟，水浸，淘净苦味，油鹽調食。其子熟時，打子搗爲米，以滚水湯三五次，淘净，下鍋作水飯食。微破腹。

蒼耳

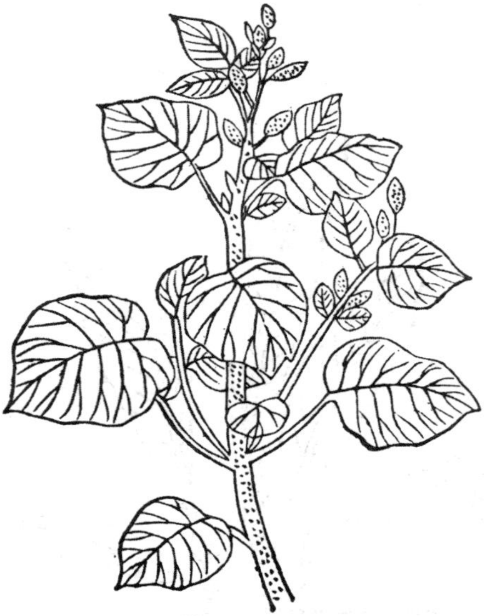

【蒼耳】本草名葈音徙。耳，俗名道人頭，又名喝起草，一名胡葈，一名地葵，一名葹，音詩。一名常思，一名羊負來〔一七〕。詩謂之卷耳，爾雅謂之苓耳。生安陸川谷，及六安田野，今處處有之。葉青白，類粘糊菜葉。莖葉稍間結實，比桑椹短小而多刺。其實味苦甘，性温。葉味苦辛，性微寒，有小毒；又云無毒。

救飢：採嫩苗葉煠熟，換水浸去苦味，淘净，油鹽調食。其子炒微黄，搗去皮，磨爲麵作燒餅；蒸食亦可。或用子熬油點燈。

玄扈先生曰：油可食。北人多用以煠寒具。

姑娘菜

【姑娘菜】俗名燈籠兒，又名掛金燈。本草名酸漿，一名醋漿。生荆楚川澤，及人

家田園中，今處處有之。苗高一尺餘。苗似水莨而小。葉似天茄兒葉窄小，又似人莧葉，頗大而尖。開白花。結房如囊，似野西瓜。蒴形如撮口布袋，又類燈籠樣。囊中有實，如櫻桃大，赤黃色；味酸。性平寒，無毒。葉味微苦。別條又有一種酸漿草，三葉〔五〕，與此不同，治證亦別。

救飢：採葉煠熟，水浸淘去苦味，油鹽調食。子熟，摘取食之。

土茜苗

【土茜苗】本草根名茜根，一名地血，一名茹蘆，一名茅蒐，一名蒨。生喬山川谷，徐州人謂之牛蔓。西土出者佳，今北土處處有之，名土茜。根可以染紅。葉似棗葉形，頭尖下闊，紋脉竪直。莖方。莖葉俱澁。四五葉對生節間。莖蔓延，附草木。開五瓣淡銀褐花。結子小如菉豆粒，生青熟紅。根紫赤色。味苦，性寒，無毒。一云味甘，一云味酸。畏鼠姑。葉味微酸。

救飢：採葉煠熟，水浸作成黄色，淘净，油鹽調食。其子紅熟摘食。

王不留行

【王不留行】又名剪金草，一名禁宫花，一名剪金花。生太山山谷；今祥符沙堈間亦有之。苗高一尺餘。其莖，對節生叉。葉似石竹子葉而寬短，抪莖對生。脚葉似槐葉而狹長。開粉紅花。結蒴如松子大，似罌粟殼樣極小。有子如葶藶子大，而黑色。味苦甘。性平，無毒。

救飢：採嫩葉煠熟，換水淘去苦味，油鹽調食。子可搗爲麵食。

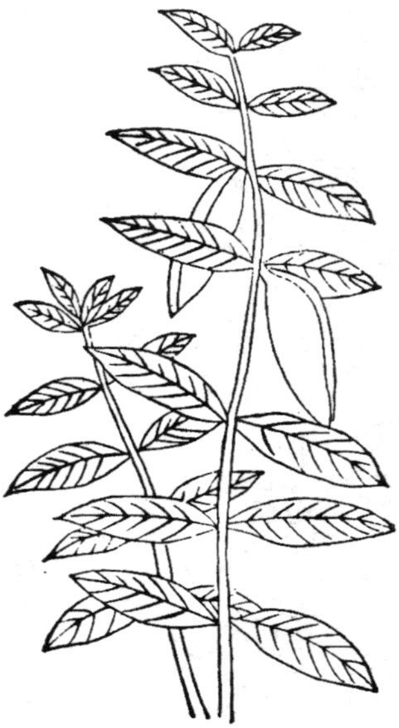

白薇

【白薇】一名白幕，一名薇草，一名春草，一名骨美。生平原川谷，并陝西諸郡及滁州。今鈞州密縣山野中亦有之。苗高一二尺，莖葉俱青。頗類柳葉而闊短，又似女婁脚葉而長硬毛澁。開花紅色，又云紫花。結角似地稍瓜而大，中有白瓤。根狀如牛膝根而短，黄白色。味苦醎，性平，大寒，無毒。惡黄芪、大黄、大戟、乾姜、乾漆、山茱萸、大棗。

救飢：採嫩葉煠熟，水淘净，油鹽調食。并取嫩角煠熟，亦可食。

蓬子菜

【蓬子菜】生田野中，所在處處有之。其苗嫩時，莖有紅紫綫楞。葉似鹻蓬葉微細。苗老結子。葉則生出叉刺。其子如獨掃子大。苗葉味甜。

救飢：採嫩苗葉煠熟，水浸淘净，油鹽調食。晒乾煠食尤佳。及採子擣米，青色。或煮粥，或磨麪作餅蒸食，皆可。

【胡枝子】俗亦名隨軍茶。生平澤中。有二種：葉形有大小，大葉者，類黑豆葉；小葉者，莖類蓍草，葉似苜蓿葉而長大。花色有紫、白。結子如粟粒大，氣味與槐相類。性温。

救飢：採子微舂，即成米。先用冷水淘净，復以滚水湯三五次，去水下鍋，或作粥，或作炊飯，皆可食。加野菉豆，味尤佳。及採嫩葉蒸晒爲茶，煮飲亦可。

米布袋

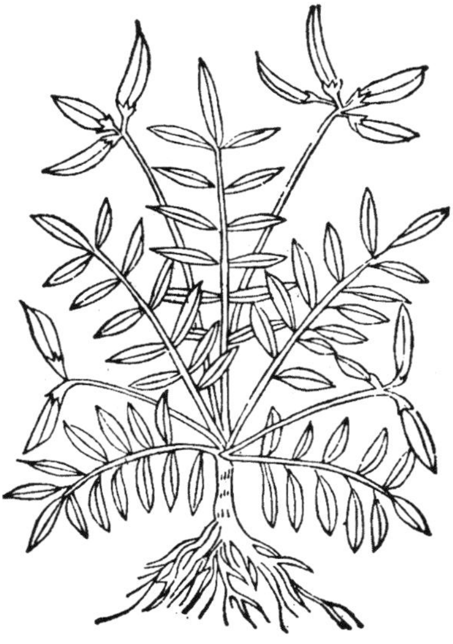

【米布袋】生田野中，苗塌地生。葉似澤漆葉而窄，其葉順莖排生。稍頭攢結三四角，中有子，如黍粒大，微匾。味甜。

救飢：採角取子，水淘洗净，下鍋煮食。其嫩苗葉煠熟，油鹽調食亦可。

天茄苗兒

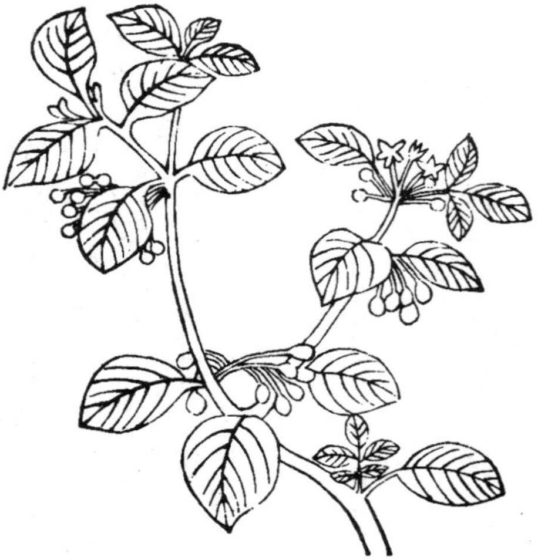

【天茄苗兒】生田野中。苗高二尺許。莖有線楞。葉似姑娘草葉而大，又似和尚菜葉却小。開五瓣小白花。結子似野葡萄大，紫黑色，味甜。

救飢：採嫩葉煠熟，水浸去邪味，淘淨，油鹽調食。其子熟時，亦可摘食。

治病：今人傳説：採葉傅貼腫毒、金瘡，拔毒。

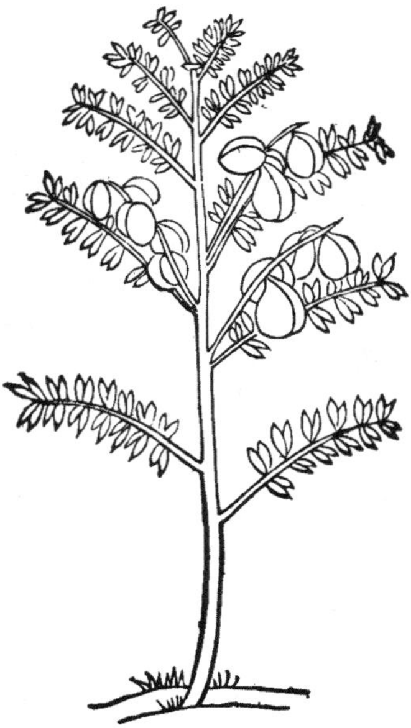

【苦馬豆】生延津縣郊野中，在處有之。苗高二尺許。莖似黄芪苗，莖上有細毛。葉似胡豆葉微小，又似蒺藜葉却大。枝葉間開紅紫花。結殼如拇指頂大半。頂間多虛，俗呼爲羊尿胞，内有子，如䅽子大，茶褐色。子葉俱味苦。

救飢：採葉煠熟，换水浸去苦味，淘净，油鹽調食。及取子水浸，淘去苦味，晒乾，或磨，或擣爲麵，作燒餅、蒸食，皆可。

猪尾把苗

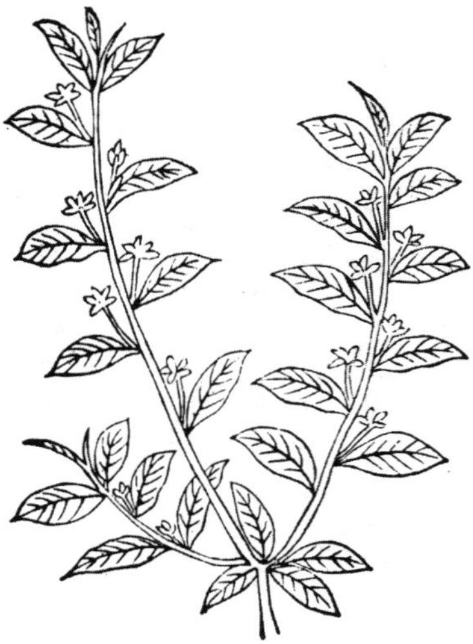

【猪尾把苗】一名狗脚菜。生荒野中。苗長尺餘。葉似甘露兒葉而甚短小，其頭頗齊。莖葉皆有細毛。每葉間，順條開小白花。結小蒴兒，中有子，小如粟粒，黑色。苗葉味甜。

救飢：採嫩葉煠熟，換水浸淘净，油鹽調食。子可搗爲麵食。

校：

〔一〕蘥　平本作「龠」；應依魯、曙、中華排印本改作「蘥」，合於救荒本草。（定枎校）

〔二〕薏苡　平、曙、中華排印本倒作「苡薏」，依魯本乙作「薏苡」。（定枎校）

〔三〕芑　平本譌從晉刻作「起」，黔、魯同；應依曙本改正。

〔四〕紺　平、魯、中華排印本均譌作「縉」；應依曙本改作紺（gàn），合於救荒本草。（定枎校）

〔五〕秫　平本譌作「秝」，應依黔、曙、魯改作「秫」。

〔六〕穀　黔、魯譌作「殼」，應依平、曙作「穀」。

〔七〕穇　平本譌作「糝」；依魯、曙、中華排印本改作「穇」，合於救荒本草。（定枎校）

〔八〕蒡　黔、魯譌作「黄」，應依平、曙本作「蒡」。

〔九〕嫩　平本譌作「嬾」；依魯、曙、中華排印本作改正，合於救荒本草。（定枎校）

〔一〇〕苗葉似穇子葉　平、黔本缺「似」字，曙、魯本缺第二個「葉」字。應依晉刻改作「苗葉似穇子，葉」，「葉」字屬下句。

〔一一〕湯　平、魯、中華排印本均作「湯」，曙本作「泡」。「湯」有以沸水熟物義，更勝。後同，不另出校。

〔一二〕「開」字，平、黔、魯缺；應依曙本補，合晉刻原文。

〔一三〕塌　平本作「榻」，黔、魯作「搨」；應依曙本改作「塌」。

〔一四〕硬角煮熟食豆　「煮」、「豆」兩字，黔、魯缺；應依平、曙本補，合晉刻。

〔一五〕葉　平、黔本譌作「菜」，應依曙、魯本改作「葉」合晉刻。

〔一六〕碗子花　曙本改作「形似椀」，應依平、黔、魯作「碗子花」合晉刻。

〔一七〕來　平、魯作「耒」，手寫體微譌，依曙本改作「來」。

案：

〔一〕「平澤」下，晉刻尚有「或」字，應補。

〔二〕「氣」字下，應補「味」字如晉刻。

〔三〕「葉」字下，應依晉刻補「間」字。

〔四〕花　各刻本均譌作「花」，應依晉刻改作「黄」。

〔五〕酸漿草三葉　晉刻作「三葉酸漿草」。

農政全書校注卷之五十三

荒政 採周憲王〔一〕救荒本草

草部 根葉可食

草三奈

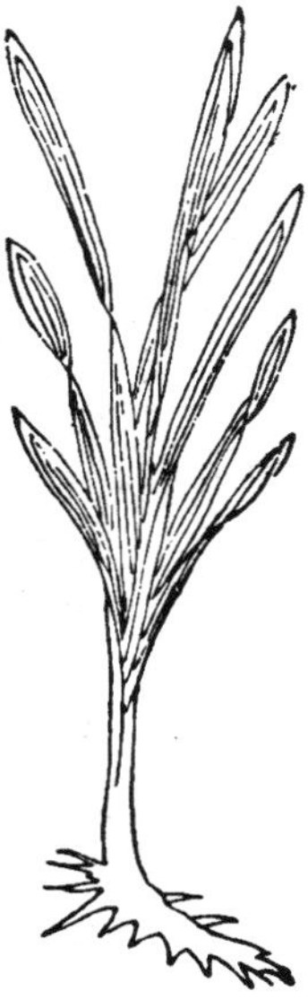

【草三奈〔二〕】生密縣梁家衝山谷中。苗高一尺許。葉似蓑草而狹長。開小淡紅花。根似雞爪形而麄，亦香。其味甘，微辛。

救飢：採根，換水煮食；近根嫩白新葉，亦可煠食。

黃精苗

【黃精苗】俗名筆管菜，一名重樓，一名菟竹，一名雞格，一名救窮，一名鹿竹，一名萎蕤，一名仙人餘粮，一名垂珠，一名馬箭，一名白及。生山谷，南北皆有之。嵩山、茅山者佳。根生肥地者大〔二〕如拳，薄地者猶如拇指。葉似竹葉，或二葉，或三葉，或四五葉，俱皆對節而生。味甘、性平、無毒。又云莖光滑者，謂之太陽之草，名曰黃精，食之可以長生。其葉不對節，莖葉毛鈎子者，謂之太陰之草，名曰鈎吻，食之入口立死。又云莖不紫、花不黃，爲異。

救飢：採嫩葉煠熟，換水浸去苦味，淘净，油鹽調食。山中人採根九蒸九暴，食甚甘美。其蒸暴：用瓮去底，安釜上，裝滿黄精，密蓋蒸之，令氣溜，即暴之。如此九蒸九暴，令極熟；不熟則刺人喉咽。久食長生辟穀。其生者，若初服只可一寸半，漸漸增之，十日不食他食。能長服之，食止三尺；服三百日後，盡見鬼神，餌必升天。又云花實可食，罕見難得。

玄扈先生曰：嘗過。根本勝藥，苗亦恒蔬。

【地黄苗】俗名婆婆嬭；一名地髓，一名芐，一名芑。生咸陽川澤，今處處有之。苗初塌地生。葉如山白菜葉而毛澁，葉面深青色；又似芥菜葉而不花叉，比芥菜葉頗厚。

葉中攛莛，上有細毛。莛稍開筒子花，紅黃色，北〔三〕人謂之牛嬭子花。結實如小麥粒。根長四五寸，細如手指，皮赤黃色，味甘苦，性寒無毒。惡貝母，畏無荑，得麥門冬、清酒良。忌鐵器。

救飢：採葉煮羹食。或搗絞根汁，搜麵作飥飥及冷淘食之。或取根浸洗净，九蒸九暴，任意服食。或煎以爲煎食。久服輕身，不老，變白，延年。

牛旁子

【牛旁子】本草名惡實，未去萼名鼠粘子，俗名夜叉頭，根謂之牛菜。生魯山平澤〔二〕，今處處有之。苗高二三尺，葉如芋葉，長大而澁，花淡紫色。實似葡萄〔四〕而褐色，外殼如栗〔三〕梂而小，多刺；鼠過之，則綴惹不可脱，故名。殼中有子，如半粒麥而匾小。根長尺餘，麄如拇指，其色灰黲，味辛，性平。一云，味甘無毒。

救飢：採葉煠熟，水浸去邪氣，淘洗净，油鹽調食；及取根，洗净，煮熟食之。久食甚益人，身輕耐老。

遠志

【遠志】 一名棘菀，一名葽繞，一名細草。生太山及冤句川谷，河、陝、商、齊、泗州亦有，俗傳夷門遠志最佳；今密縣梁家衝山谷間多有之。苗名小草，葉似石竹子葉，又極細。開小紫花，亦有開小紅白花者。根黄色，形如蒿根，長及一尺許；亦有根黑色者。根葉俱味苦，性温，無毒。得茯苓、冬葵子、龍骨良〔五〕。殺天雄、附子毒。畏珍珠、藜蘆、蜚蠊、齊蛤、蠐螬。

救飢：採嫩苗葉煠熟，換水浸去苦味，淘淨，油鹽調食。及掘取根，換水煮浸，淘去苦味，去心，再換水煮極熟，食之。不去心，令人心悶。

杏葉沙參

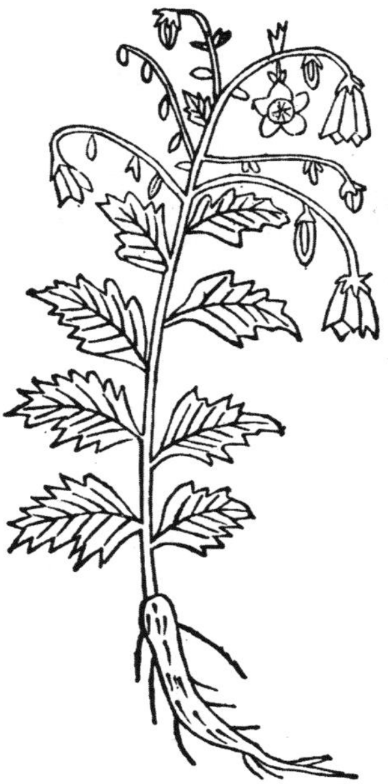

【杏葉沙參】一名白麵根，生密縣山野中。苗高一二尺，莖色青白。葉似杏葉而小，邊有叉牙；又似山〔六〕小菜，葉微尖而背白。稍間開五瓣白碗子花。根形如野胡蘿蔔，頗肥，皮色灰黲，中間白色，味甜，性微寒。本草有沙參，苗葉根莖，其說與此形狀皆不同，未敢併入條下，乃另開於此。其杏葉沙參，又有開碧色花者。

救飢：採苗葉煠熟，水浸淘净，油鹽調食。掘根換水煮食，亦佳。

藤長苗

【藤長苗】又名旋菜。生密縣山坡中，拖蔓而生。苗長三四尺餘。莖有細毛。葉似滴滴金葉而窄小，頭頗齊。開五瓣粉紅大花。根似打碗花根。根葉皆味甜。

救飢：採嫩苗葉煠熟，水浸淘净，油鹽調食。掘根，換水煮熟，亦可食。

牛皮消

【牛皮消】生密縣野中，拖蔓而生。藤蔓長四五尺。葉似馬兜鈴葉寬大而〔七〕薄，又似何首烏葉，亦寬大。開白花，結小角兒。根類葛根而細小，皮黑，肉白，味苦。

救飢：採葉煠熟，水浸去苦味，油鹽調食。及取根去黑皮，切作片，換水煮去苦味，淘洗净，再以水煮極熟，食之。

【菹草上音鮓。】即水藻也。生陂塘及水泊中。莖如麄綫，長三四尺。葉形似柳葉而〔八〕狹長，故名柳葉菹。又有葉似蓬子葉者。根麄如釵股而色白，味微鹹，性微寒。

救飢：撈取葉連嫩根揀擇，洗淘潔凈，剉碎煠熟，油鹽調食。或加少米煮粥食，尤佳。

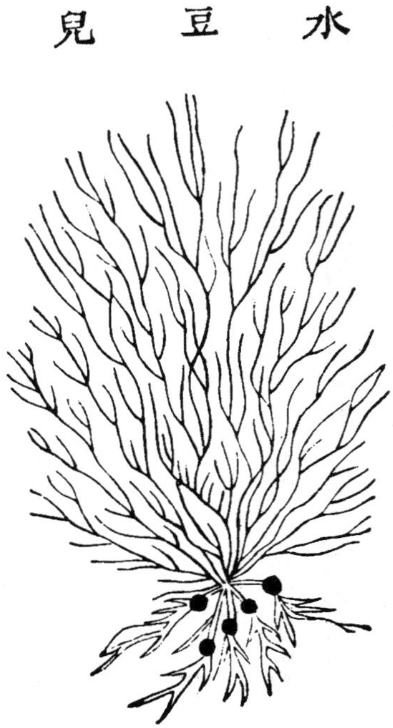

【水豆兒】 一名藏菜。生陂塘水澤中。其莖葉比蒩草又細，狀類細線，連綿不絕。根如釵股而色白，根下有豆，如退皮菉豆瓣，味甘。

救飢：採秧及根豆，擇洗〔九〕潔净煮食。生醃食亦可。

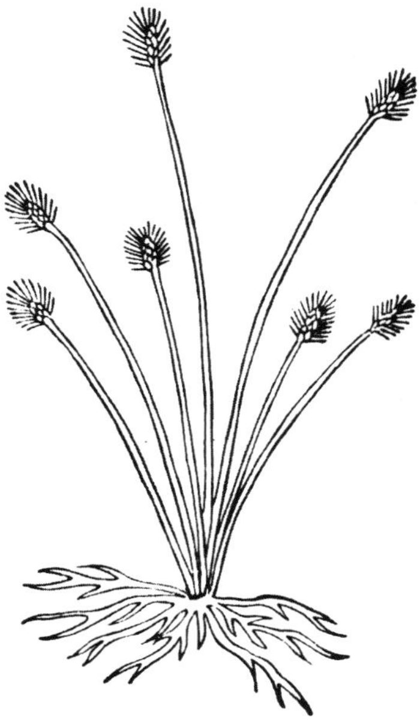

【水葱】生水邊及淺水中。科苗彷彿類家葱，而極細長。稍頭結蓇葖。彷彿類葱蓇葖而小。開黲白花。其根，類葱根，皮色紫黑。根苗俱味甘，微鹹。

救飢：採嫩苗連根揀擇洗净，煠熟，水浸淘净，油鹽調食。

蒲筍

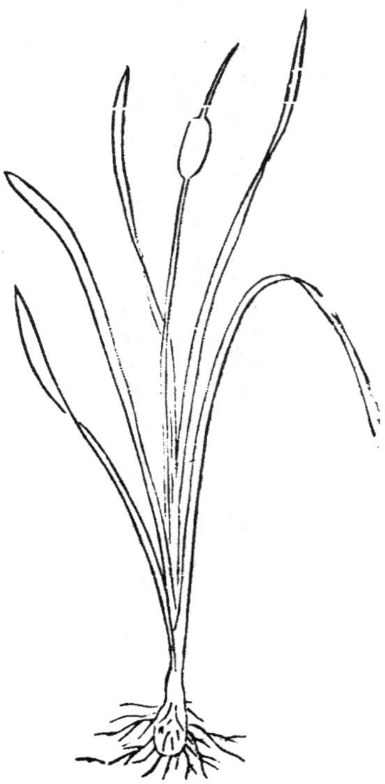

【蒲筍】本草名其苗爲香蒲，即甘蒲也；一名睢，一名醮。俚俗名此蒲爲香蒲，謂菖蒲爲臭蒲。其香蒲，水邊處處有之。根比菖蒲根極肥大而少節。其葉初未出水時，葉莖紅白色，採以爲笋。後攛梗於叢葉中，花抱梗端，如武士棒杵，故俚俗謂蒲棒。蒲黄，即花中蘂屑也，細若金粉，當欲開時，有便取之。市廛間亦採，以蜜搜作果食貨賣，甚益小兒。味甘，性平，無毒。

救飢：採近根白笋，揀〔一〇〕剝洗净，煠熟，油鹽調食，蒸食亦可。採根刮去麄皴，晒乾，磨麪，打餅、蒸食皆可。

【蘆筍】其苗名葦子草。本草有蘆根，爾雅謂之葭葦①。生下隰陂澤中。其狀都似竹，但差小，而葉抱莖生，無枝叉。花白，作穗如茅花。根如竹根，亦差小而節疏。露出浮水者，不堪用。味甘，一云辛，性寒。

救飢：採嫩筍煠熟，油鹽調食。其根甘甜，亦可生咂食之。

玄扈先生曰：嘗過。根本勝藥，北方亦作果食。其筍，則北方者可食，南産不可食。

茅芽根

【茅芽根】本草名茅根，一名蘭根，一名茹根，一名地菅〔一〕，一名地筋，一名兼杜，又名白茅菅。其芽一名茅針。生楚地山谷，今田野處處有之。春初生苗，布地如針。夏生白花，茸茸然。至秋而枯。其根至潔白，亦甚甘美。根性寒，茅針性平，花性温，俱味甘，無毒。

救飢：採嫩芽，剥取嫩穰食，甚益小兒。及取根咂食甜味。久服利人，服食此可斷穀。

玄扈先生曰：嘗過。

【葛根】一〔二二〕名雞齊根，一名鹿藿，一名黃斤。生汶山川谷，及成州、海州、浙江，并澧、鼎之間，今處處有之。苗引藤蔓，長二三丈。莖淡紫色。葉頗似楸葉而小，色青。開花似豌豆花，粉紫色。結實如皂莢而小。根形如手臂，味甘，性平，無毒。一云性冷，殺野葛、巴豆、百藥毒。

救飢：掘取根入土深者，水浸洗净，蒸食之。或以水中揉出粉，澄濾成塊，蒸煮皆可食。及採花晒乾煠食，亦可。

玄扈先生曰：嘗過。

何首烏

【何首烏】一名野苗，一名交藤，一名夜合，一名地精，一名陳知白；又名桃柳藤，亦名九真藤。出順州南河縣；其嶺外、江南諸州，及虔州，皆有；以西洛嵩山、歸德柘城縣者爲勝；今鈞州密縣山谷中亦有之。蔓延而生。莖蔓紫色，葉似山藥葉而不光。嫩葉間開黄白花，葛[四]勒花。結子有稜，似蕎麥而極細小，如粟粒大。根大者如拳，各有五楞瓣，狀似甜瓜樣，中有花紋，形如鳥獸、山嶽之狀者，極珍。有赤白二種：赤者雄，白者雌。又云，雄者苗葉黄白，雌者赤黄色。一云雄苗赤，生必相對，遠不過三四尺，夜則苗蔓相交，或隱化不見。凡修合藥，須雌雄相合，服有驗。宜偶日服：二四六八日是也。其藥本無名，因何首烏見藤夜交，採服有功，因以採人爲名耳。又云仙草。其爲五十年者，如拳大，號山奴，服之一年，髭髮烏黑。百年如碗大，號山哥，服之一年，顔色紅悦。百五十年，如盆大，號山伯，服之一年，齒落重生。二百年如斗栲栳大，號山翁，服之一年，顔如童子，行及奔馬。三百年如三斗栲栳大，號山精，服之一年，延齡。純陽之體，久服成地仙。又云：其頭九數者，服之乃仙。味苦濇，性微温，無毒，一云味甘，茯苓爲之使，酒下最良。忌鐵器、猪羊血，及猪肉、無鱗魚。與蘿蔔相惡，若並食，令人髭鬢早白，腸風多熱。

救飢：掘根，洗去泥土，以苦竹刀切作片，米泔浸經宿，換水煮去苦味，再以水淘洗净，或蒸或煮食之。花亦可煤食。

玄扈先生曰：嘗過。根本勝藥，不必救荒。

瓜樓根

【瓜樓根】 俗名天花粉。本草名括樓。實,一名地樓,一名果臝,一名天瓜,一名澤姑,一名黄瓜②。生弘農川谷及山陰地,今處處有之。入土深者良,生鹵地者有毒。詩所謂「果蓏之實」是也。根亦名白藥,大者細如手臂,皮黄,肉白。苗引藤蔓。葉似甜瓜〔一三〕葉而作花叉,有細毛。開花似葫蘆花,淡黄色。實在花下,大如拳,生青熟黄。根味苦,性寒,無毒。枸杞爲之使,惡乾姜,畏牛膝、乾漆,反〔一四〕烏頭。

救飢:採根,削皮至白處,寸切之;水浸,一日一次换水。浸經四五日,取出爛搗研,以絹袋盛之,澄濾令極細如粉。或將根晒乾,搗爲麪,水浸澄濾〔一五〕二十餘遍,使極膩如粉。或爲燒餅，或作煎餅，切細麪，皆可食。採括樓穰煮粥食，極甘。取子炒乾搗爛，用水熬油，亦可。

玄扈先生曰：嘗過。根本良藥。

磚子苗

【磚子苗】一名關子苗。生水邊。苗似水葱而麄大，内實，又似蒲莛。稍開碎白花。結穗似水莎草穗，紫赤色。其子如黍粒大，根似蒲根而堅實，味甜。子味亦甜。

救飢：採子磨麪食；及採根擇洗净，換水煮食；或晒乾磨爲麪食，亦可。

菊花

【菊花】一名節華，一名日精，一名女節，一名女華，一名女莖，一名更生，一名周盈，一名傅延年，一名陰成。生雍州川澤，及鄧、衡、齊州田野，今處處有之。味苦甘，性平，無毒。朮、枸杞、桑根白皮爲之使。

救飢：取莖紫氣香而味甘者，採葉煠食，或作羹皆可。青莖而大，氣味作蒿苦者，不堪食，名苦薏。其花亦可煠食，或炒茶食。

玄扈先生曰：嘗過。

金銀花

【金銀花】本草名忍冬；一名鷺鷥藤，一名左纏藤，一名金釵股；又名老翁鬚，亦名忍冬藤。舊不載所出州土，今輝縣山野中亦有之。其藤凌冬不凋，故名忍冬草③，附樹延蔓而生，莖微紫色，對節生葉。葉似薜荔葉而青，又似水茶臼〔一六〕葉，頭微團而軟，背頗澁；又似黑豆葉而大。開花五出，微香，蒂帶紅色。花初開白色，經一二日則色黃，故名金銀花。本草中不言善治癰疽發背；近代名人，用之奇効。味甘，性温，無毒。

救飢：採花煠熟，油鹽調食；及採嫩葉，換水煮熟，浸去邪味，淘净，油鹽調食。

玄扈先生曰：嘗過。花本勝藥。

望江南

【望江南】其花名茶花兒。人家園圃中多種。苗高二尺許，莖微淡赤色。葉似槐葉而肥大微尖，又似胡蒼耳葉頗大，又〔一七〕似皂角葉亦大。開五瓣金黄花。結角長三寸許。葉味微苦。

救飢：採嫩苗葉煠熟，水浸淘去苦味，油鹽調食。花可炒食，亦可煠食。

玄扈先生曰：嘗過。或名槐豆，或直稱决明。

大蓼

【大蓼】生密縣梁家衝山谷中。拖藤而生。莖有線楞而頗硬，對節分生莖叉。葉亦對生，葉似山蓼葉微短，拳曲。節間開白花。其葉味苦，微辣。

救飢：採葉煠熟，换水浸去辣味，作成黄色，淘洗净，油鹽調食。花亦可煠食。

草部 莖可食

黑三稜

【黑三稜】舊云：河、陝、江、淮、荆、襄間皆有之；今鄭州賈峪山澗水邊亦有。苗高三四尺，葉似菖蒲葉而厚大，背皆三稜劍脊。葉中攛葶，葶上〔一八〕結實，攢爲刺毬，狀如楮桃樣而三〔五〕，顆瓣甚多。其顆瓣，形似草决明子而大，生則青，熟則紅黄色。根狀如烏梅而頗大，有鬚蔓延相連，比京三稜體微輕，治療並同。其葶味甜，根味苦，性平，無毒。

救飢：採嫩葶剥去麁皮，煠熟，油鹽調食。

荇絲菜

【荇絲菜〔一九〕】又名金蓮兒，一名藕蔬菜。水中拖蔓而生。葉似初生小荷葉，近莖有椏劄。葉浮水上〔二〇〕，葉中攛莖，上開金黃花。莖味甜。

救飢：採嫩苗煠熟，油鹽調食。

水慈菰

【水慈菰】俗名爲剪刀草，又名剪搭草。生水中。其莖面窊〔六〕背方。背有線楞。其葉三角，似剪刀形。葉中攛生莖叉，稍間開三瓣白花，黄心，結青蓇葖，如青楮桃狀，頗小。根類葱根而麄大，其味甜。

救飢：採近根嫩笋莖，煠熟，油鹽調食。

草部 笋及實皆可食

茭笋

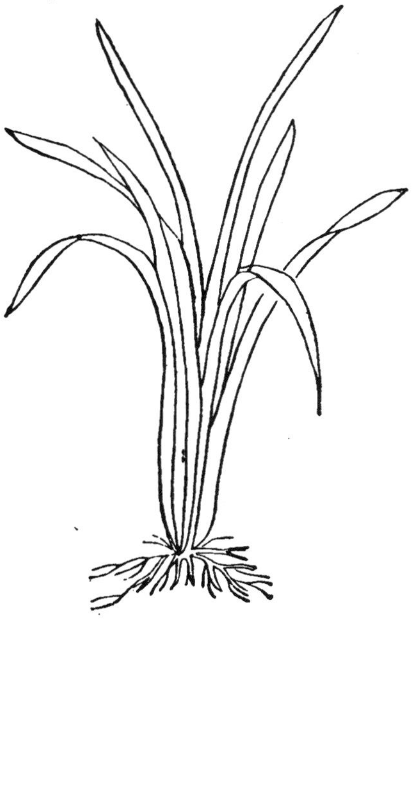

【茭笋〔二二〕】本草有菰根，又名菰蔣草，江南人呼爲茭〔二三〕草，俗又呼爲茭白。生江東池澤水中及岸際，今在處水澤邊皆有之。苗高二三尺。葉似蔗荻，又似茅葉而長、闊、厚。葉間攛葶，開花如葦。結實青子。根肥，剥取嫩白笋可噉。久根盤厚，生菌音窘。細嫩，葉〔七〕可噉，名菰菜。三年已上，心中生葶如藕白軟，中有黑脉，甚堪噉，名菰首。味甘，性大寒無毒。

救飢：採茭菰笋煠熟，油鹽調食。或採子舂爲米，合粟煮粥食之，甚濟飢。

玄扈先生曰：嘗過。

校：

〔一〕採周憲王　平、黔、魯均缺，應依曙本補。

〔二〕大　平本譌作「火」，應依黔、曙、魯改正。

〔三〕北　平本譌作「比」，應依黔、曙、魯改正。

〔四〕葡萄　平、曙作「葡蔔」，魯本、中華本作「蘿蔔」，均誤；依救荒本草改作「葡萄」。另，倪根金救荒本草校注一九七頁注釋〔三〕指出，此句出本草圖經，原句作「實似葡萄核」。（定枎校）

〔五〕良　平、曙本譌作「食」，應依黔、魯改作「良」合晉刻。

〔六〕山　平、黔本譌作「小」，應依曙、魯本改作「山」。

〔七〕而　平本作「靣」，魯、曙、中華排印本皆作「面」；應依晉刻救荒本草改作「而」。（定枎校）

〔八〕而　平、曙作「靣」，魯本、中華排印本作「面」；現依倪根金救荒本草校注二〇一頁校〔一〕改作「而」。（定枎校）

〔九〕洗　平、黔譌作「沈」，應依曙、魯改作「洗」。

〔一〇〕揀　平本譌作「楝」，應依黔、曙、魯改正。

〔一一〕菅　魯本譌作「管」，依平、黔、曙作「菅」合晉刻原字。

〔一二〕一　魯本空等，應依平、曙補。

〔一三〕瓜　平、黔從晉刻譌作「入」，應依曙、魯改作「瓜」。

〔一四〕反　平、黔、魯作「反」合晉刻不誤；曙本及中華排印本改作「及」，應仍作「反」。

〔一五〕濾　平、黔本譌從晉刻作「淲」，應依曙、魯改作「濾」。

〔一六〕臼　平、黔譌作「舊」；應依曙、魯改作「臼」，合晉刻。

〔一七〕又　平本譌作「及」；應依黔、曙、魯本改作「又」，合晉刻。

〔一八〕上　平本譌作「止」；應依黔、曙、魯本改作「上」，合晉刻。

〔一九〕「荇絲菜」前，曙本有「雞腸菜、水胡蘆苗、胡蒼耳、水棘針苗」等四種；已見前卷四十九，此卷重出；應依平、黔、魯刪去。

〔二〇〕上　魯本譌作「土」；應依平、黔、曙本作「上」，合晉刻。

〔二一〕茭笋　黔本缺，應補。

〔二二〕茭　平本、曙本譌作「茇」；應依魯、黔、中華排印本改作「茭」，合於救荒本草。（定扶校）

注：

①葭華：今本爾雅都作「葭華」；晉刻這兩個字下面有音注「上音佳，下是棰切」，說明下一個字讀shuí，下邊必定是「垂」字，值得注意。

②黃瓜：應作「王瓜」；「王瓜」與瓜蔞同屬，不同種。

③草：原書有誤；懷疑應是「苗」「蔓」等字。

案：

〔一〕草三柰　晉刻原書在「水豆兒」後，「水葱」前。

〔二〕魯山平澤　本書各刻本原作「魯平山澤」，應依晉刻倒轉作「魯山平澤」；魯山，河南省縣名。

〔三〕粟　應依晉刻作「栗」。

〔四〕「葛」字上，應依晉刻補「似」字。

〔五〕「三」字，晉刻作「大」；疑均誤，應是「小」字。

〔六〕窳　應依晉刻作「窊」，救荒本草止用這個字來表示凹下。

〔七〕葉　應依晉刻作「亦」。

農政全書校注卷之五十四

荒　政 採周憲王救荒本草

木　部 葉可食

茶樹

【茶樹】本草有茗、苦𣘻[一]。圖經云：生山南漢中山谷；閩、浙、蜀、荆、江、湖、淮南山中皆有之；惟建州北苑數處産者，性味獨與諸方不同。今密[二]縣梁家衝山谷間，亦有之。其樹大小皆類梔子。春初生芽，爲雀舌、麥顆。又有新芽，一發便長寸餘，微麄如針；漸至環脚、軟枝條之類。葉老則似水茶白[三]葉而長；又似初生青岡橡葉而小，光澤。又云：冬生葉，可作羹飲。世呼早採者爲𣘻，晚取者爲茗。一名荈。蜀人謂之苦𣘻，今通謂之茶。茶、茶聲近，故呼之。又有研治作餅，名爲臘〔三〕茶者，皆味甘苦。性微寒，無毒。如〔四〕茱萸、蔥、姜等良。又別有一種，蒙山中頂上清峯茶，云春分前後，多聚人力，候雷初發聲，併手齊採，若得四兩，服之即爲地仙。

救飢：採嫩葉或冬生葉，可煮作羹食。或蒸焙作茶，皆可。

夜合樹

【夜合樹】本草名合歡，一名合昏。生益州及雍、洛山谷。今鈞州、鄭州山野中亦有之。木似梧桐，其枝甚柔弱。似〔五〕皂莢葉，又似槐葉，極細而密，互相交結，每一風來，輒似相解，了不相牽綴。其葉至暮而合，故名合昏。花發紅白色，瓣上若絲茸然，散垂結實，作莢子極薄細。味甘，性平，無毒。

救飢：採嫩葉煠熟，水浸淘净，油鹽調食。晒乾煠食，尤好。

木槿樹

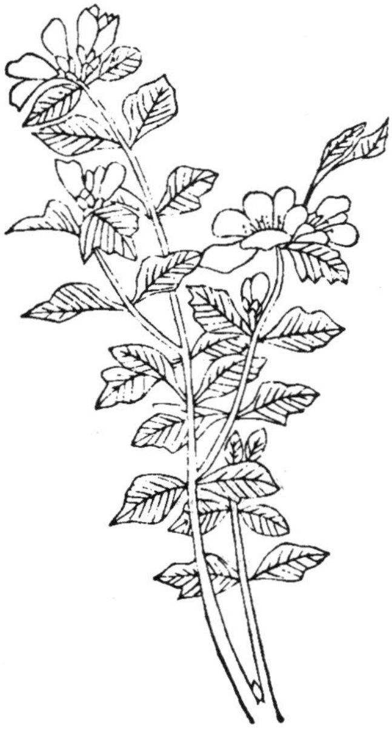

【木槿樹】本草云：木槿如小葵花，淡紅色；五葉成一花，朝開暮斂。花與枝兩用。湖南北人家，多種植爲籬障。亦有千葉者，人家園圃多栽種。性平，無毒。葉〔二〕味甜。

救飢：採嫩葉煠熟，冷水淘净，油鹽調食。

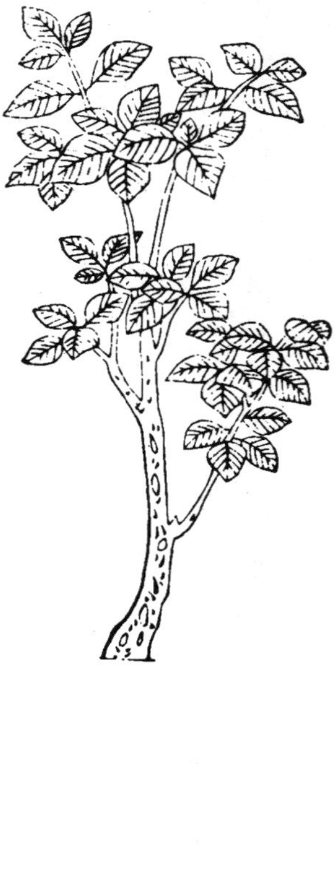

【白楊樹】本草：白楊樹皮，舊不載所出州土，今處處有之。此木高大，皮白似楊，故名。葉圓如梨，肥大而尖；葉背甚白，葉邊鋸齒狀；葉蒂小，無風自動也。味苦，性平，無毒。

救飢：採嫩葉煠熟，作成黄色；换水淘去苦味洗净，油鹽調食。

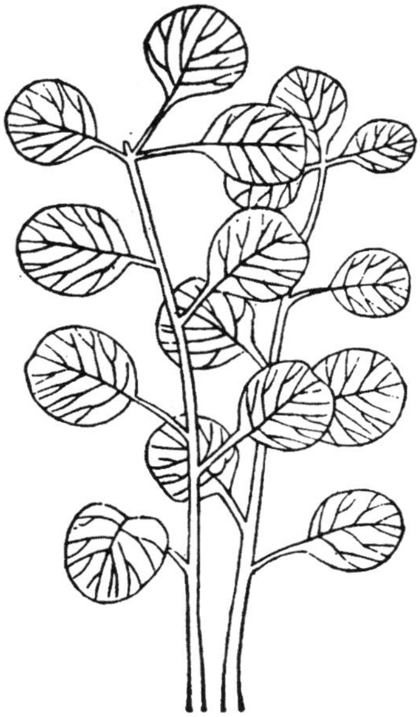

【黃櫨】生商洛山谷，今鈞州、鄭州山野中亦有之。葉圓，木黃，枝莖色紫赤。葉似杏葉而圓大，味苦，性寒，無毒。木可染黃。

救飢：採嫩芽煠熟，水淘去苦味，油鹽調食。

玄扈先生曰：嘗過。

椿樹芽

【椿樹芽】本草有椿木、樗木。舊不載所出州土，今處處有之。二木形幹大抵相類。椿木實而葉香可啖，樗木疏而氣臭，膳夫熬去其氣亦可啖。北人呼樗爲山椿，江東人呼爲虎目。葉脱處有痕如樗蒲子，又如眼目，故得此名。夏中生莢。樗之有花者無莢，有莢者無花。莢常生臭樗上，未見椿上有莢者。然世俗不辨椿樗之異，故俗名爲椿莢。其實樗莢耳。其無花不實，木大端直爲椿；有花而莢大，小幹多迂矮者爲樗。椿味苦，有毒；樗味苦，有小毒，性温。一云性平[六]無毒。

救飢：採嫩芽煠熟，水浸淘净，油鹽調食。

玄扈先生曰：嘗過。

椒樹

【椒樹】本草：蜀椒，一名南椒，一名巴椒，一名蓎藙。生武都川谷及巴郡、歸、峽、蜀、川、陝、洛間。人家園圃多種之。高四五尺，似茱萸而小，有針刺。葉似刺蘗葉，微小；葉堅而滑，可煮食，甚辛香。結實無花，但生於葉間，如豆顆而圓，皮紫赤。此椒，江淮及北〔三〕土皆有之。莖皆相類，但不及蜀中者皮肉厚、腹裏白、氣味濃烈耳。又云：出金州西城者佳，味辛，性温，大熱，有小毒。多食令人乏氣，口閉者殺人。十月不食椒，損氣傷心，令人多忘。杏仁爲之使，畏欵冬花。

救飢：採嫩葉煠熟，换水浸淘净，油鹽調食。椒顆調和百味，香美。

椋子樹

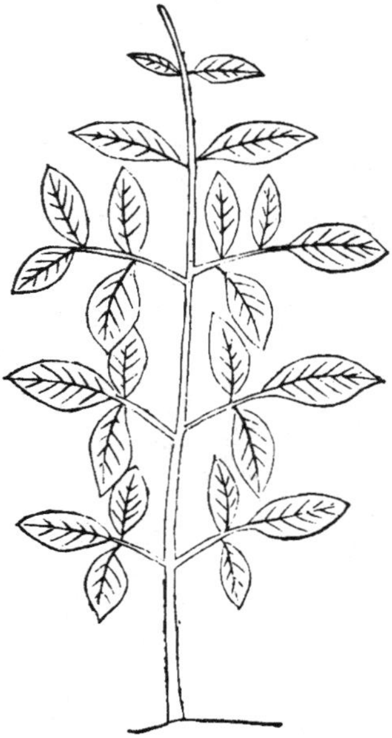

【椋子樹】本草有椋子木。舊不載所出州土。今密縣山野中亦有之。其樹有大者，木則堅重，材堪爲車輞。初生作科條，狀類荆條，對生枝叉。葉似柿葉而薄小，兩葉相當，對生。開白花。結子細圓，如牛李子，大如豌豆，生青熟黑。味甘鹹，性平無毒。葉味苦。

救飢：採葉煠熟，水浸淘去苦味，洗净，油鹽調食。

雲葉

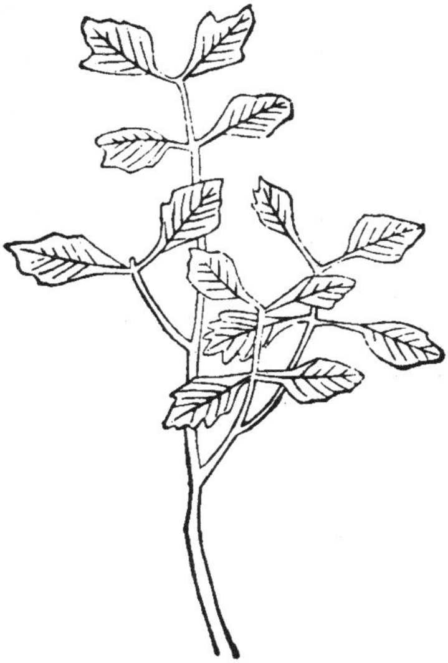

【雲葉〔七〕】生密縣山野中。其樹枝葉皆類桑，但其葉如雲頭，花叉又似木欒樹。葉微闊。開細青黄花。其葉味微苦。

救飢：採嫩葉煠熟，換水浸淘去苦味，油鹽調食；或蒸晒作茶，尤佳。

【黄楝樹】生鄭州南山野中。葉似初生椿樹葉而極小，又似楝葉，色微帶黄。開花紫赤色。結子如豌豆大，生青，熟亦紫赤色。葉味苦。

救飢：採嫩芽葉煠熟，換水浸去苦味，油鹽調食；蒸芽曝乾，亦可作茶煮飲。

凍青樹

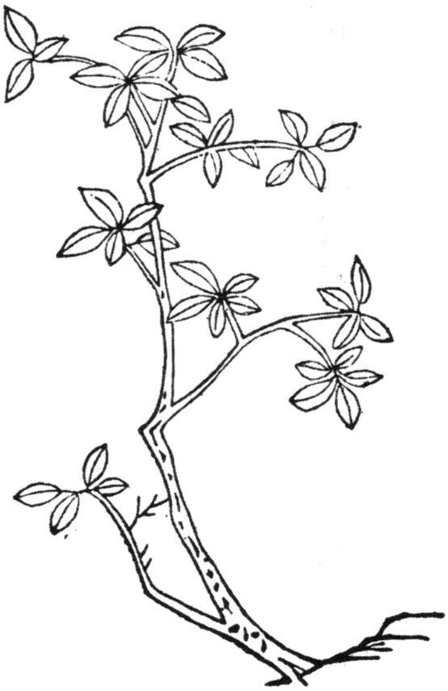

【凍青樹】生密縣山谷間。樹高丈許。枝葉似枸骨子樹而極茂盛，淩冬不凋，又似櫨子樹葉而小，亦似椎芽葉微窄，頭頗團而不尖。開白花。結子如豆粒大，青黑色。葉味苦。

救飢：採芽葉煠熟，水浸去苦味，淘洗净，油鹽調食。

穇芽樹

【穇芽樹】生輝縣山野中。科條似槐條；葉似冬青葉，微長。開白花。結青白子。其葉味甜。

救飢：採嫩葉煠熟，水淘浄，油鹽調食。

【月芽樹】又名芿芽。生田野中。莖似槐條。葉似歪頭菜葉，微短，稍硬；又似穙芽葉，頗長艄，其葉兩兩對生，味甘，微苦。

救飢：採嫩葉煠熟，水浸淘浄，油鹽調食。

女兒茶

【女兒茶】 一名牛李子，一名牛筋子。生田野中。科條高五六尺，葉似郁李子葉而長大，稍尖，葉色光滑；又似白棠子葉，而色微黄緑。結子如豌豆大，生則青，熟則黑，茶褐色。其葉味淡，微苦。

救飢：採嫩葉煠熟，水浸淘净。油鹽調食；亦可蒸曝作茶，煮飲。

省沽油

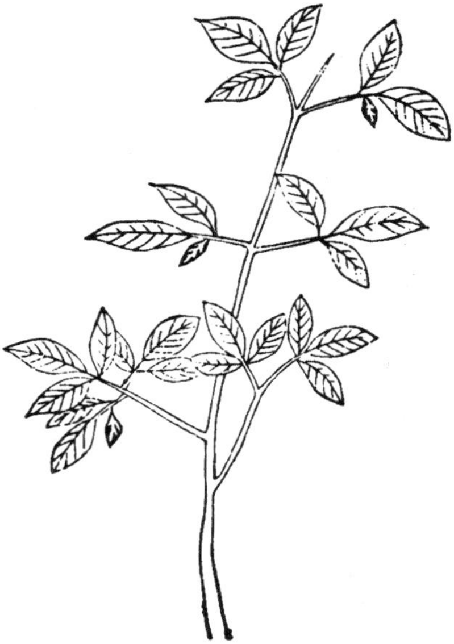

【省沽油】又名珎珠花。生鈞州風谷頂山谷中。科條似荆條而圓，對生枝叉。葉亦對生。葉似驢駞布袋葉而大；又似葛藤葉却小；每三葉攢生一處。開白花，似珎珠色。葉味甘，苦性〔四〕。

救飢：採葉煠熟，水浸淘净，油鹽調食。

白槿樹

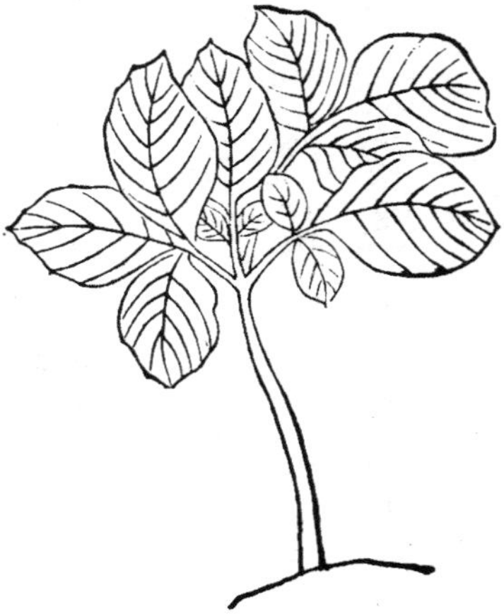

【白槿樹〔五〕】生密縣梁家衝山谷中。樹高五七尺。葉似茶葉，而甚闊大光潤；又似初生青岡葉，而無花叉；又似山格刺樹葉亦大。開白花。其葉味苦。

救飢：採葉煠熟，水浸淘净，油鹽調食。

回回醋

【回回醋】一名淋樸樕。生密縣韶華山山野中。樹高丈餘。葉似兜櫨樹葉而厚大，邊有大鋸齒，又似厚椿葉而亦大；或三葉、或五葉，排生一莖。開白花。結子大如豌豆，熟則紅紫色，味酸。葉味微酸。

救飢：採葉煠熟，水浸去酸味，淘净，油鹽調食。其子調和湯，味如醋。

槭樹芽

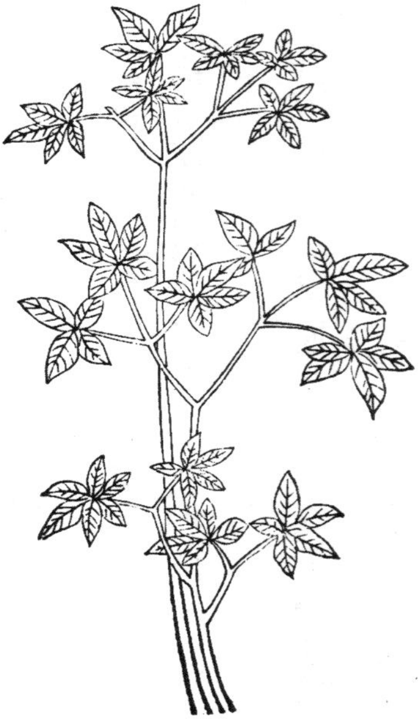

【槭樹芽】生鈞州風谷頂山谷間。木高一一丈。其葉狀類野葡萄〔六〕葉，五花尖叉，亦似綿〔七〕花葉而薄小，又似絲瓜葉，却甚小，而淡黄緑色。開白花。葉味甜。

救飢：採葉煠熟，以水浸，作成黄色，换水淘净，油鹽調食。

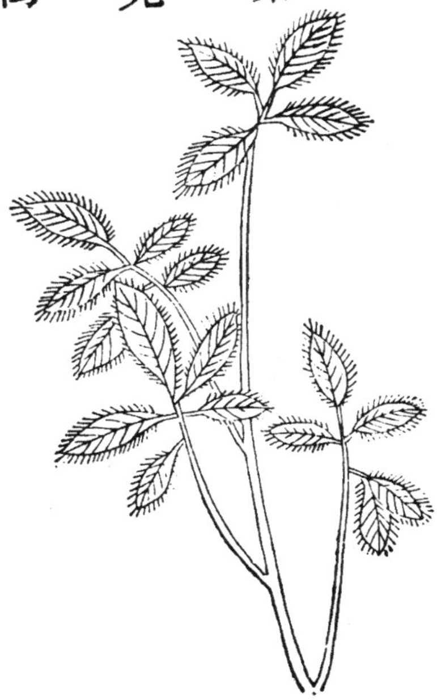

【老葉兒樹】生密縣山野中。樹高六七尺。葉似茶葉，而窄瘦尖艄；又似李子葉而長。其葉味甘，微澁。

救飢：採葉煠熟，水浸去澁味，淘洗，油鹽調食。

青楊樹

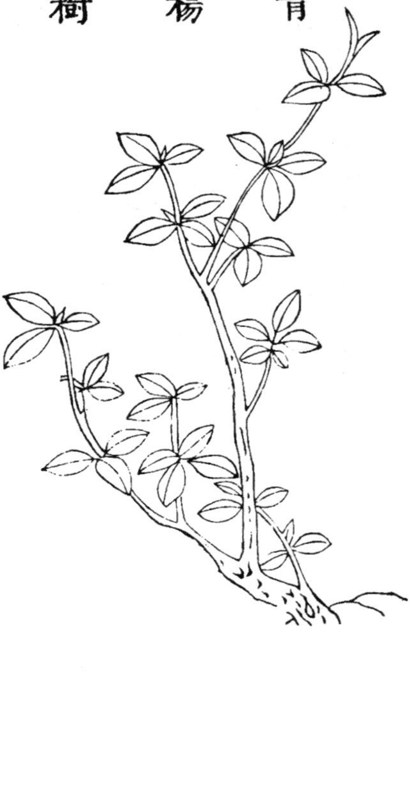

【青楊樹】在處有之。今密縣山野間亦多有。其樹高大。葉似白楊樹葉而狹小，色青，皮亦頗青，故名青楊。其葉味微苦。

救飢：採葉煠熟，水浸，作成黄色，換水淘洗，油鹽調食。

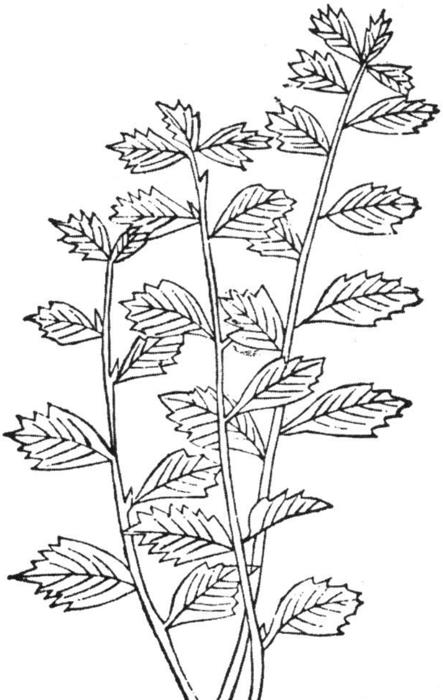

龍栢芽

【龍柏芽】 出南陽府馬鞍山中。此木久則亦大，葉似初生橡櫟小葉而短。味微苦。

救飢：採芽葉煠熟，換水浸淘净，油鹽調食。

兜櫨樹

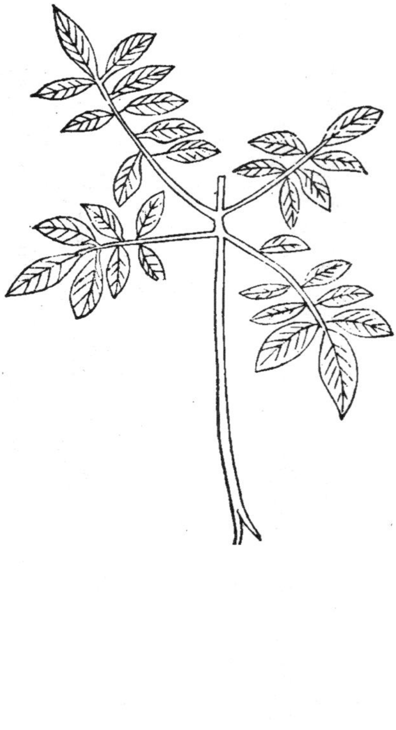

【兜櫨樹】生密縣梁家衝山谷中。樹甚高大。其木枯朽極透，可作香焚，俗名壞香。葉似回回醋樹葉而薄窄；又似花楸樹葉，却少花叉。葉皆對生，味苦。

救飢：採嫩芽葉煠熟，水浸去苦味，淘洗淨，油鹽調食。

青岡樹

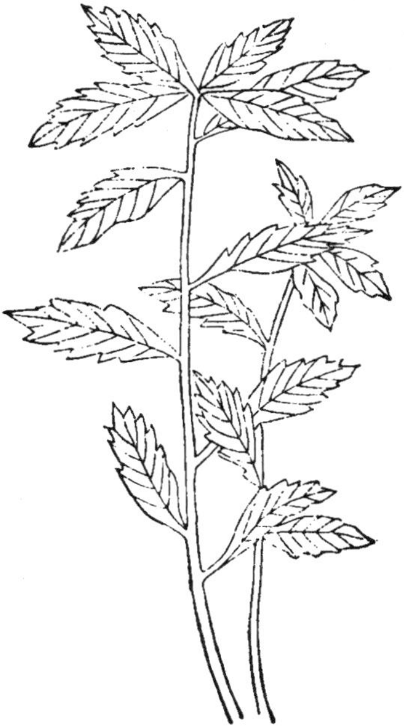

【青岡樹】舊不載所出州土，今處處有之。其木大而結橡斗者爲橡櫟，小而不結橡斗者爲青岡。其青岡樹枝葉條幹，皆類橡櫟，但葉色頗青，而少花叉。味苦，性平，無毒。

救飢：採嫩葉煠熟，以水浸漬，作成黄色，換水淘洗净，油鹽調食。

檀樹芽

【檀樹芽】生密縣山野中。樹高一二丈。葉似槐葉而長大。開淡粉紫花。葉味苦。

救飢：採嫩芽葉煠熟，换水浸去苦味，淘洗净，油鹽調食。

【山茶科】生中牟土山田野中。科條高四五尺。枝梗灰白色。葉似皂莢葉而團；又似槐葉亦團，四五葉攢生一處，葉甚稠密〔八〕，味苦。

救飢：採嫩葉煠熟，水淘洗净，油鹽調食；亦可蒸晒乾，做茶煮飲。

木葛

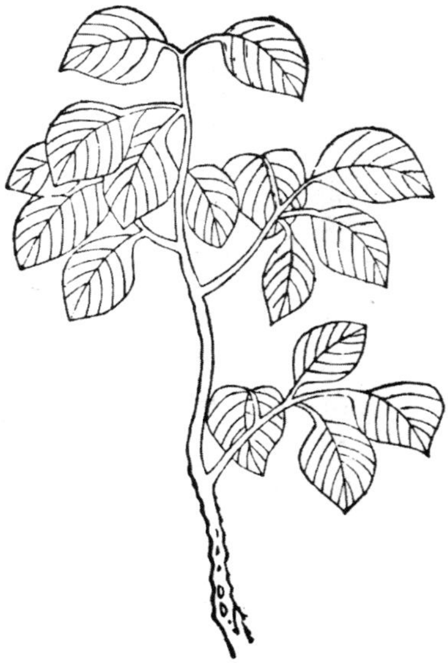

【木葛】生新鄭縣山野中。樹高丈餘。枝似杏枝。葉似杏葉而團；又似葛根葉而小，味微甜。

救飢：採葉煠熟，水浸淘净，油鹽調食。

花楸樹

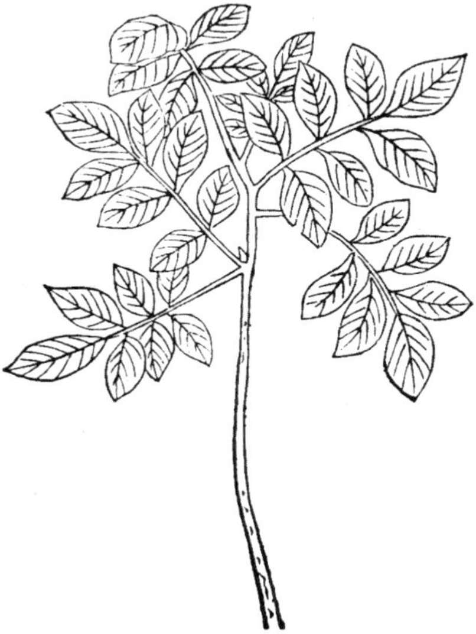

【花楸樹】生密縣山野中。其樹高大。葉似回回醋葉，微薄；又似兜櫨樹葉，邊有鋸齒叉。其葉味苦。

救飢：採嫩芽葉煠熟，换水浸去苦味，淘洗净，油鹽調食。

白辛樹

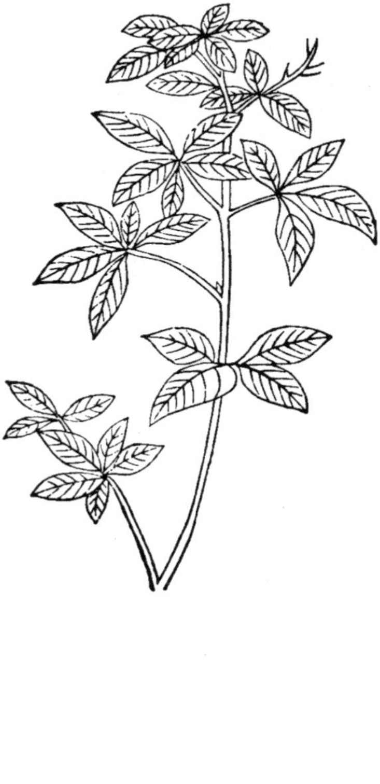

【白[九]辛樹】 生滎[一〇]陽塔兒山崗野間。樹高丈許。葉似青檀樹葉，頗長而薄，色微淡緑；又似月芽樹葉而大，色亦差淡。其葉味甘，微澁。

救飢：採葉煠熟，水浸淘去澁味，油鹽調食。

木欒樹

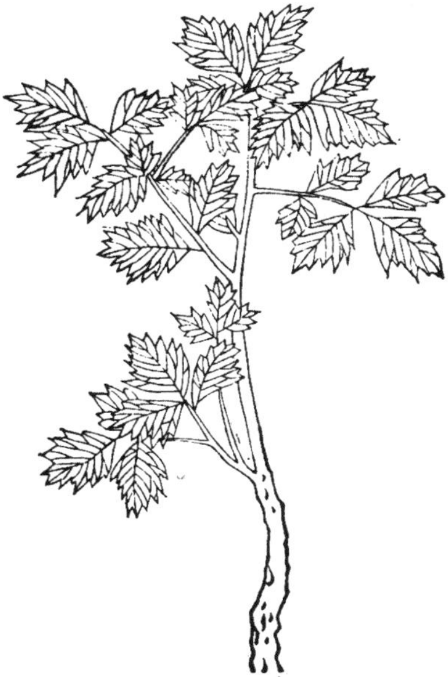

【木欒樹】生密縣山谷中。樹高丈餘。葉似楝[二]葉，而寬大稍薄。開淡黄花。結薄殼。中有子，大如豌豆，烏黑色，人多摘取串作數珠。葉味淡甜。

救飢：採嫩芽葉煠熟，換水浸淘净，油鹽調食。

烏稜樹

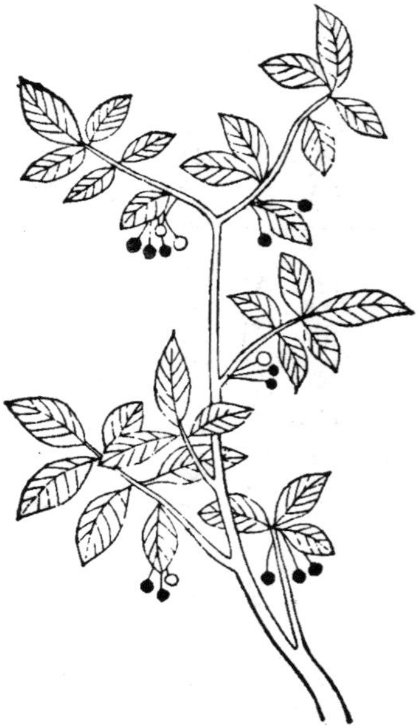

【烏稜[一三]樹】生密縣梁家衝山谷中。樹高丈餘。葉似省沽油樹葉而背白，又似老婆布鞊葉，微小而艄。開白花。結子如梧桐子大，生青，熟則烏黑。其葉味苦。

救飢：採葉煠熟，换水浸去苦味作過，淘洗净，油鹽調食。

刺楸樹

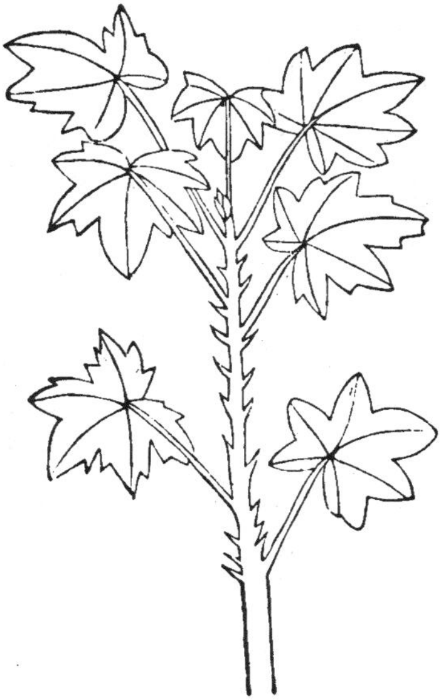

【刺楸樹】生密縣山谷中。其樹高大;皮色蒼白,上有黄白斑文〔一三〕。枝梗間多有大刺。葉似楸葉而薄,味甘。

救飢:採嫩芽葉煠熟,水浸淘洗浄,油鹽調食。

黄絲藤

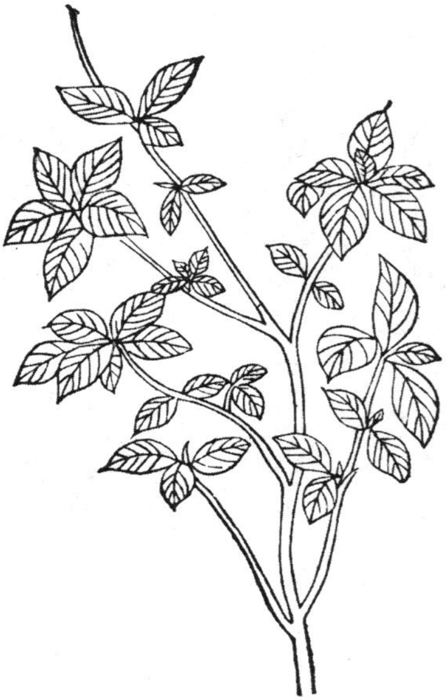

【黄絲藤】生輝縣太行山山谷中。條類葛條。葉似山格刺葉而小；又似婆婆枕頭葉，頗硬，背微白，邊有細鋸齒。味甜。

救飢：採葉煠熟，水浸淘浄，油鹽調食。

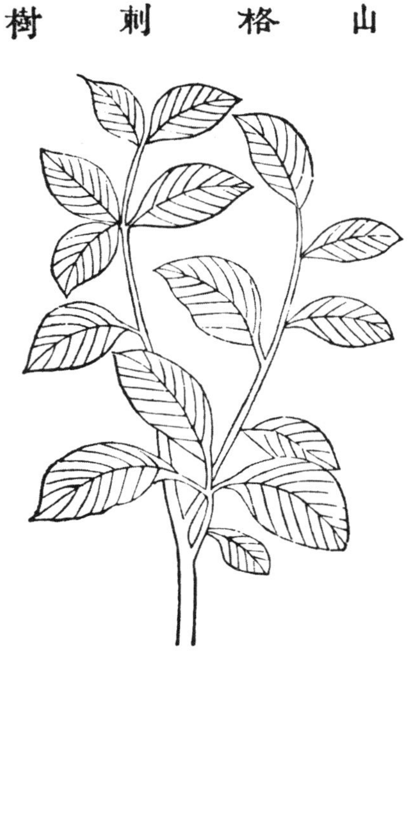

【山格刺樹】生密縣韶華山山野中。作科條生。葉似白槿樹葉頗短，而尖艄；又似茶樹葉而闊大；及〔一四〕似老婆布鞊葉亦大。味甘。

救飢：採葉煠熟，水浸作成黄色，淘洗浄，油鹽調食。

䳄樹

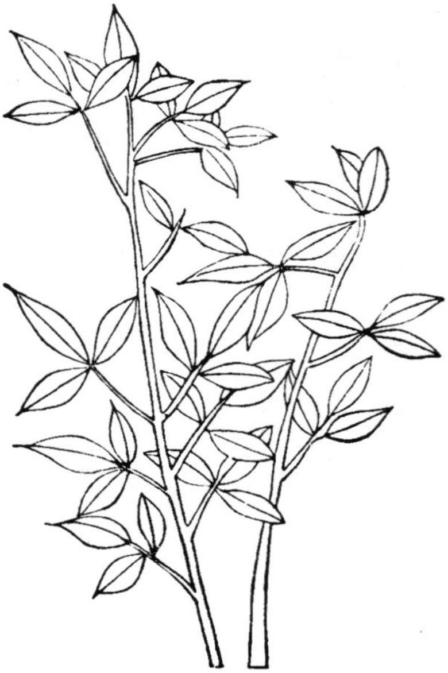

【䳄樹】生輝縣太行山山谷中。其樹高丈餘。葉似槐葉而大，却頗軟薄；又似檀樹葉，而薄小。開淡紅色花。結子如菉豆大，熟則黄茶褐色。其葉味甜。

救飢：採葉煠熟，水浸淘净，油鹽調食。

【報馬樹①】生輝縣太行山山谷間。枝條似桑條色。葉似青檀葉而大，邊有花叉；又似白辛葉，頗大而長硬。葉味甜。

救飢：採嫩葉煠熟，水淘净，油鹽調食。硬葉煠熟，水浸作成黄色，淘去涎沫，油鹽調食。

椵樹

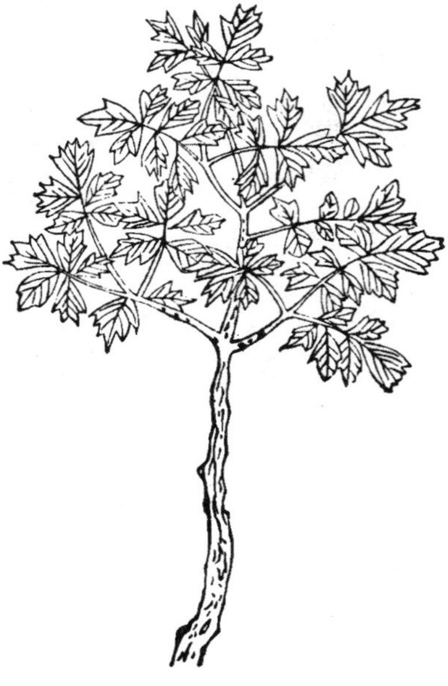

【椵樹】 生輝縣太行山山谷間。樹甚高大，其木細膩，可爲卓器。枝叉對生。葉似木槿葉而長大微薄，色頗淡緑，皆作五花椏叉，邊有鋸齒。開黄花。結子如豆粒大，色青白。葉味苦。

救飢：採嫩葉煠熟，水浸去苦味，淘洗浄，油鹽調食。

【臭蕻】生密縣楊家衝山谷中。科條高四五尺。葉似杵瓜葉而尖艄；又似金銀花葉，亦尖艄，五葉攢生如一葉。開花白色。其葉味甜。

救飢：採葉煠熟，水浸淘净，油鹽調食。

堅莢樹

【堅莢樹】生輝縣太行山山谷中。其樹枝幹堅勁，可以作棒。皮色烏黑，對分枝叉。葉亦對生。葉似拐棗葉而大，微薄，其色淡緑；又似土欒樹葉，極大而光潤。開黄花，結小紅子。其葉味苦。

救飢：採嫩葉煠熟，水浸去苦味淘净〔一五〕，油鹽調食。

臭竹樹

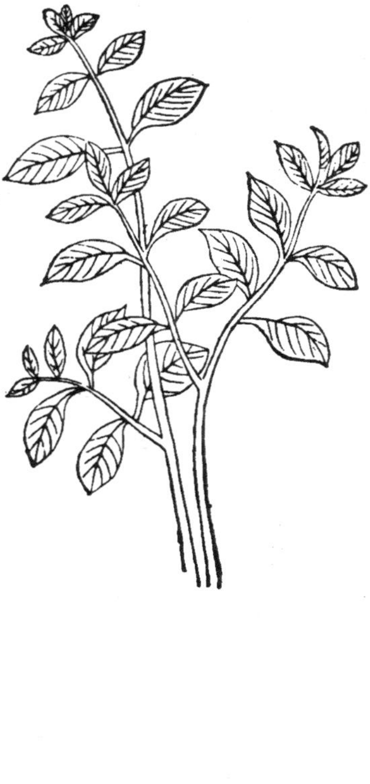

【臭竹樹】生輝縣太行山山野中。樹甚高大。葉似楸葉而厚，頗艄，却少花叉，又似椵棗葉亦大。其葉面青背白，味甜。

救飢：採葉煠熟，水浸去邪臭氣味，油鹽調食。

馬魚兒條

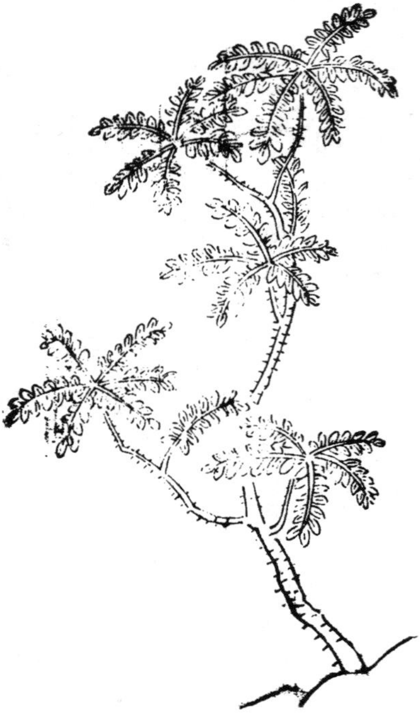

【馬魚兒條】俗名山皂角。生荒野中。葉似初生刺蘼花葉而小。枝梗色紅，有刺似棘針微小。葉味甘，微酸。

救飢：採葉煠熟，水浸淘净，油鹽調食。

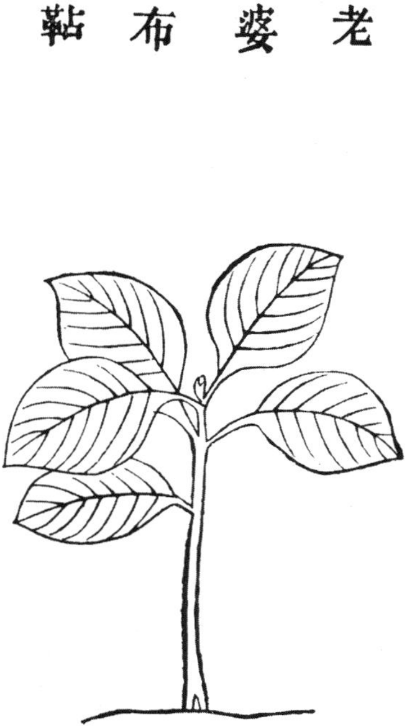

【老婆布黏】生鈞州風谷頂山野間。科條，淡蒼黄色。葉似匙頭樣，色嫩緑，而光俊；又似山格刺葉，却小。味甘性平〔一六〕。

救飢：採葉煠熟，水浸作過，淘净，油鹽調食。

校：

〔一〕密縣　「密」字平本好幾處均譌作「蜜」，應依黔、曙、魯改正。下同者不另出校。

〔二〕葉　平、黔、魯譌作「菜」；應依曙本改作「葉」，合晉刻。

〔三〕北　平本譌作「比」；應依黔、曙、魯改，合晉刻原字。

〔四〕「性」字下，顯然脱漏一字；平、黔、魯與晉刻同；曙本删去「性」字，文句雖完，原來殘缺的痕跡也抹去了。現仍保留。一九五五年中華書局影印嘉靖四年本救荒本草，「苦」字前尚有「微」字。

〔五〕白槿樹　魯本排在「回回醋」後面，應依平、曙排在「回回醋」前面。

〔六〕葡萄　平、曙譌作「葡蔔」，黔、魯改作「蘿蔔」亦誤；止能依晉刻改作「葡萄」。

〔七〕綿　魯本、中華排印本作「棉」；依平、曙作「綿」，合於救荒本草。（定扶校）

〔八〕密　平本譌作「蜜」，應依黔、曙、魯改作「密」。

〔九〕白　平本作「日」，應依黔、曙、魯改作「白」。

〔一〇〕檾　平、黔、魯作「榮」；應依曙本改作「檾」，合晉刻。

〔一一〕楝　平本譌作「棟」；依曙、魯、中華排印本改作「楝」，合於救荒本草。

〔一二〕稜　平、黔從晉刻作「棱」，依曙、魯本改作「稜」。

〔一三〕斑文　「斑」字，平、黔、魯譌作「班」；應依曙改作「斑」合晉刻。「文」字，平本空等，曙本脱漏；

暫依黔、魯補「文」字，實應依晉刻補「點」字。

〔一四〕及　平、黔、魯本從晉刻作「及」；曙本改作「又」，不必要。

〔一五〕淘净　晉刻原作「淘洗净」；平、黔、魯止有「淘」，至少應依曙本補「净」字。

〔一六〕平　平、曙在「性」字下加小注「缺」，表示原書空缺；晉刻正是空缺。黔、魯所補「平」字，未説明根據，暫時保留。這裏，原書情况和上面校〔四〕相同，但處理不一樣。

注：

①報馬：疑當作「駮馬」。

案：

〔一〕樣　晉刻「樣」字下有注「與茶字同」。但下文「早採者爲樣」，字又從「茶」。看來，這一個字，本書和晉刻都是譌字，應依下文作「樣」，方能前後一致，也合於爾雅「檟，苦荼」的解釋。

〔二〕白　應依晉刻作「臼」。

〔三〕「臘」字，應依本書卷三十九作「蠟」。

〔四〕如　應依晉刻作「加」。

〔五〕「似」字上，應依晉刻補「葉」字。

〔六〕性平　平本「平」字墨釘；暫依黔、曙、魯作「平」，實應依晉刻作「熱」。證類本草（卷十四）「椿木葉」條「禹錫等謹按藥性論云……微熱無毒」。

〔七〕雲葉　這種植物的名稱，晉刻是「雲桑」；與正文中「枝葉類桑」對勘，也應當是「桑」字。

農政全書校注卷之五十五

荒政　採周憲王救荒本草

木部　實可食

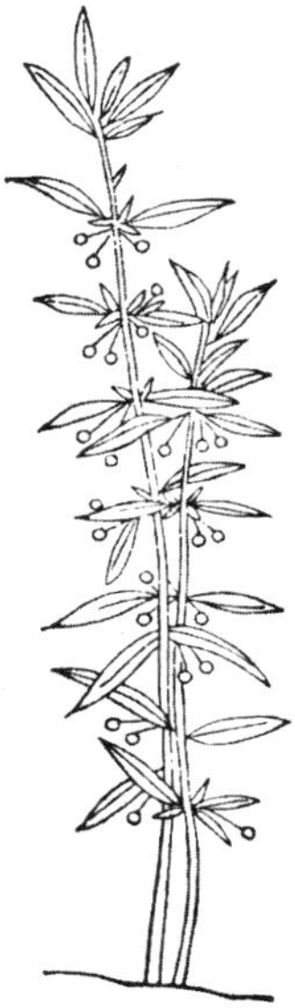

【𧃒核樹】俗名𧃒李子。生函谷川谷，及巴西、河東皆有；今古崤關西茶店山谷間，亦有之。其木高四五尺，枝條有刺。葉細似枸杞葉而尖長；又似桃葉而狹小，亦薄。花開白色。結子紅紫色，附枝莖而生，狀類五味子。其核仁，味甘，性温，微寒，無毒。其果，味甘酸。

救飢：摘取其果紅紫色熟者，食之。

酸棗樹

【酸棗樹】爾雅謂之樲棗。出河東川澤，今〔一〕城壘坡野間多有之。其木似棗而皮細，莖多棘刺。葉似棗葉微小。花似棗花。結實紅紫色，似棗而圓小；核中人微匾①，名酸棗人，入藥用。味酸，性平；一云性微熱。惡防己。

救飢：採取其棗爲果食之，亦可釀酒，熬作燒酒飲。未紅熟時，採取煮食，亦可。

玄扈先生曰：嘗過。

橡子樹

【橡子樹】本草：橡實，櫟木子也。其殼，一名杼〔二〕斗。所在山谷有之。木高二三丈。葉似栗葉而大。開黄花。其實橡也，有梂彙自裹，其殼，即橡斗也。橡實味苦澁，性微温，無毒。其殼斗，可染皁。

救飢：取子換水浸煮十五次，淘去澁味，蒸極熟，食之。厚腸胃，肥健人，不飢。

玄扈先生曰：食麥橡令人健行②。

又曰：取子碾，或舂，或磨細，水淘去苦味，次淘取粗查飼豕，甚充腸〔三〕。淘取細粉，如製真粉天花粉法，與栗粉不異也。凡木實草根，去惡味。取浄粉法，並同。

荆子

【荆子】 本草有牡荆實，一名小荆實，俗名黄荆。生河間、南陽、冤句山谷，并眉州、蜀州、平壽，都鄉高岸，及田野中，今處處有之，即作箠杖者。作科條生。枝莖堅勁，對生枝叉。葉似麻葉而踈短，又有葉似楝葉而短小，却多花叉者。開花作穗，花色粉紅，微帶紫。結實大如黍粒，而黄黑色。味苦，性温，無毒。防風爲之使。惡石膏烏頭。陶隱居登真隱訣云：荆木之華葉，通神見鬼精。

救飢：採子，換水浸淘去苦味，曬乾，擣磨爲麵，食之。

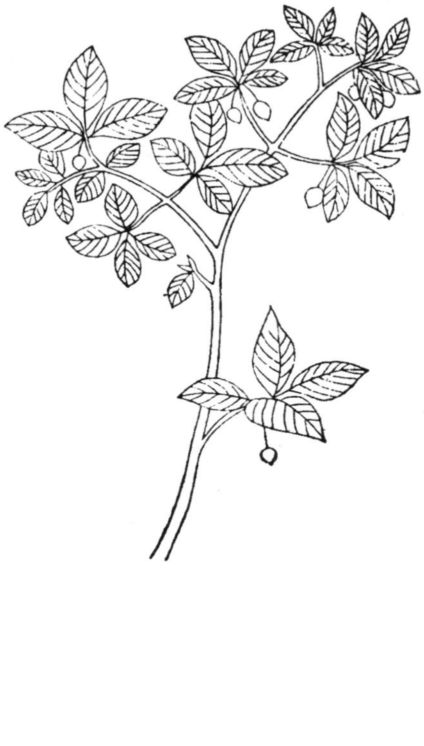

實棗兒樹

【實棗兒樹】本草名山茱萸，一名蜀棗，一名鷄足，一名魃實，一名鼠矢。生漢中川谷，及瑯琊、寃句、東海、承縣、海州；今鈞州密縣山谷中亦有之。木高丈餘。葉似榆葉而寬，稍團，紋脉微麄。開淡黄白花。結實似酸棗大，微長，兩頭尖艄，色赤；既乾，則皮薄味酸。性平，微温，無毒；一云味鹹辛，大熱。蓼實爲之使。惡桔梗、防風、防己。

救飢：摘取實棗紅熟者，食之。

孩兒拳頭

【孩兒拳頭】本草名莢蒾，一名檕迷〔四〕，一名羿〔五〕先。舊不著所出州土，但云所在山谷多有之。今輝縣太行山山野中亦有。其木作小樹。葉似木槿而薄；又似杏葉頗大，亦薄澁。枝葉間，開黄花。結子似溲疏，兩兩切並，四四相對，數對共爲一攢；生則青，熟則赤色；味甘苦，性平，無毒。蓋檀、榆之類也。其皮堪爲索。

救飢：採子紅熟者食之；又煮枝汁，少加米作粥，甚美。

玄扈先生曰：詩疏云：斫檀不得，得檕迷〔六〕，即此木也。

山薬兒

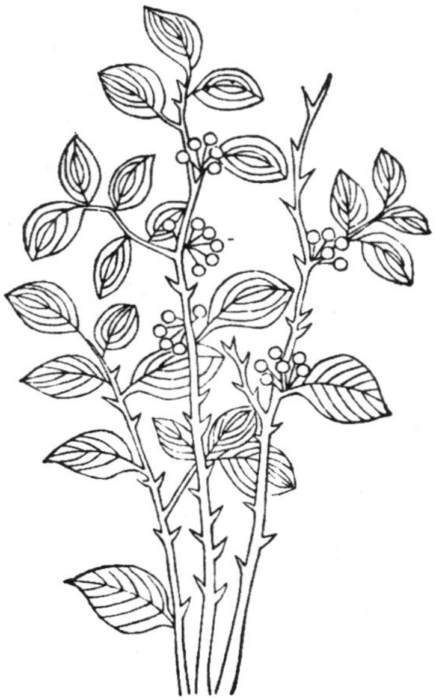

【山薬兒】一名金剛樹，又名鐵刷子。生鈞州山野中。科條高三四尺，枝條上有小刺。葉似杏葉頗團小。開白花。結實如葡萄顆大，熟則紅黄色，味甘酸。

救飢：採實〔七〕食之。

山裏果兒

【山裏果兒】一名山裏紅，又名映山紅果。生新鄭縣山野中。枝莖似初生桑條，上多小刺。葉似菊花葉，稍團；又似花桑葉，亦團。開白花。結紅果，大如櫻桃，味甜。

救飢：採樹熟果，食之。

無花果

【無花果】 生山野中，今人家園圃中亦栽〔八〕。葉形如葡萄葉頗長，硬而〔九〕厚，稍作三叉。枝葉間生果，初則青小；熟大，狀如李子，色似紫茄色，味甜。

救飢：採果食之。

治病：今人傳説治心痛，用葉煎湯服，甚效。

玄扈先生曰：子本佳果，第須良種。宜廣植之。

青舍子條

【青舍子條】生密縣山谷間。科條微帶柿黄色。葉似胡枝子葉，而光俊微尖。枝條稍間，開淡粉紫花。結子，似枸杞子微小，生則青而後變紅，熟則紫黑色，味甜。

救飢：採摘其子紫熟者，食之。

白棠子樹

【白棠子樹】一名沙棠梨兒，一名羊妳子樹，又名剪子果。生荒野中。枝梗似棠梨樹枝而細；其色微白。葉似棠葉而窄小，色亦頗白；又似女兒茶葉却大，而背白。結子如豌豆大，味酸甜。

救飢：其子甜，熟時，摘取食之。

拐棗

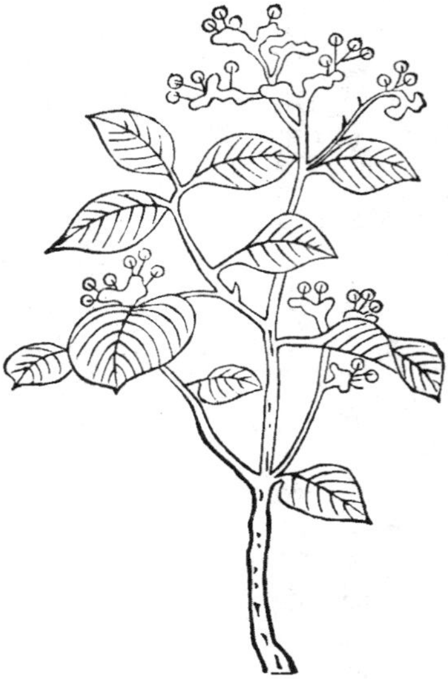

【拐棗】生密縣梁家衝山谷中。葉似楮葉，而無花叉，却更尖艄，面多紋脉，邊有細鋸齒。開淡黄花。結實狀〔一○〕似生姜，拐叉而細短，深茶褐色，故名拐棗。味甜。

救飢：摘取拐棗成熟者，食之。

木桃兒樹

【木桃兒樹】生中牟土山間。樹高五尺餘。枝條上氣脉積聚爲疙〔一〕瘩，狀類小桃兒極堅實，故名木桃。其葉似楮葉而狹小，無花叉，却有細鋸齒；又似青檀葉。稍間另又開淡紫花。結子似梧桐子而大，熟則淡銀褐色，味甜，可食。

救飢：採取其子熟者，食之。

石岡橡

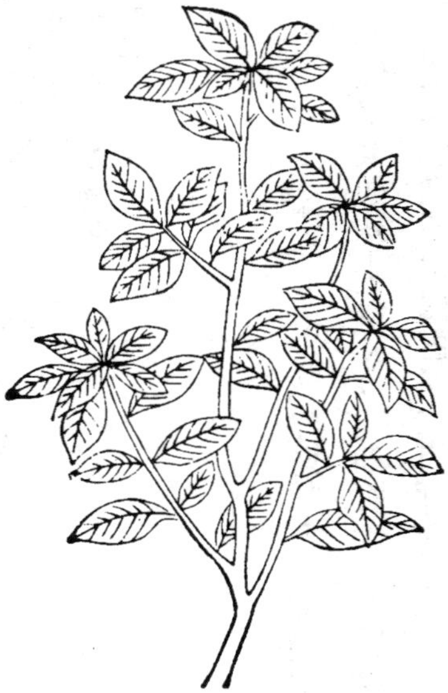

【石岡橡】生汜水西茶店山谷中。其木高丈許。葉似橡櫟葉,極小而薄,邊有鋸齒,而少花叉。開黄花。結實如橡斗而極小,味澁,微苦。

救飢:採實,換水煮五七水〔三〕,令極熟,食之。

水茶臼

【水茶臼】生密縣山谷中。科條高四五尺。莖上有小刺。葉似大葉胡枝子葉而有尖；又似黑豆葉而光厚，亦尖。開黄白花。結果如杏大，狀似甜瓜瓣而色紅，味甜酸。

救飢：果熟紅時，摘取食之。

【野木瓜】　一名八月楂，又〔三〕名杵瓜。出新鄭縣山野中。蔓延而生，妥附草木上。葉似黑豆葉，微小光澤，四五葉攢生一處。結瓜如肥皂大，味甜。

救飢：採嫩瓜換水煮食，樹熟者亦可摘食。

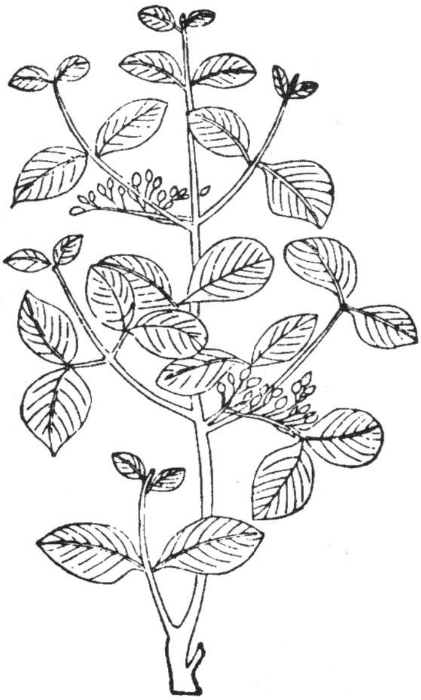

【土欒樹】 生汜水西茶店山谷中。其木高大堅勁。人常採斫以爲秤榦。葉似木葛葉，微狹而厚，背頗白，微毛；又似青楊葉，亦窄。開淡黄花。結子小如豌豆而匾，生則青色，熟則紫黑色，味甘。

救飢：摘取其實紫熟者，食之。

驢駝布袋

【驢駝布袋】生鄭州沙崗間。科條高四五尺。枝梗微帶赤黄色。葉似郁李子葉，頗大而光；又似省沽油葉，而尖頗齊，其葉對生。開花色白。結子如菉豆大，兩兩並生；熟則色紅，味甜。

救飢：採紅熟子，食之。

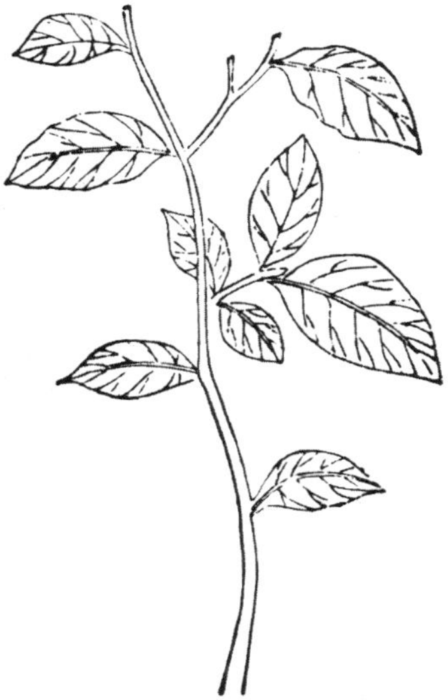

【婆婆枕頭】 生鈞州密縣山坡中。科條高三四尺。葉似櫻桃葉，而長艄。開黄花。結子如菉豆大，生則青，熟紅色，味甜。

救飢：採熟紅子，食之。

吉利子樹

【吉利子樹】一名急䕷子科。荒野處有之。科條高五六尺。葉似野桑葉而小;又似櫻桃葉亦小。枝葉間開五瓣小尖花,碧玉色,其心黄色。結子如椒粒大,兩兩並生,熟則紅,味甜。

救飢:其子熟時,採摘食之。

校：

〔一〕今　魯本譌作「金」，並將「金城壘」誤作地名；依平、曙、中華排印本作「今」，合於救荒本草。（定枎校）

〔二〕杼　黔、魯本作「橡」；應依平、曙本作「杼」，合晉刻。

〔三〕甚充腸　各刻本均作「甚充腸」；西北農學院所藏一個手鈔本作「甚肥；次」，比各刻本勝。

〔四〕檕迷　本書各刻本均從晉刻作「擊蓫」，止有中華排印本「參照本草綱目改爲『檕』」。案：本條末了「玄扈先生曰」所引詩疏，也有同樣的情形。今本陸璣毛詩草木鳥獸蟲魚疏「爰有樹檀」疏，寫作「繫迷」，一名「挈榼」，太平御覽（卷九六一）標題作「繫彌」，但引文仍是「繫迷」。宋羅願爾雅翼（卷九）「六駮」條，寫作「莢蒾」。看來，這些名稱，止是記音，原無一定寫法。「繫」原來讀音與「繼」相同（參看齊民要術卷三種葱第二十一「以批契繼腰」；現在兩湖和四川方言中，還保存着 jì 的讀法），和「檕」「擊」同樣從「毄」得聲，古代中原讀入聲時音 kiek，讀去聲時音 kiei；「迷」「彌」「梅」都是唇音聲母，可以使上一字同化而帶上 P 的音素，因此「繫」就轉變成爲「莢」（kiep）。本草綱目作「檕」，引自詩疏，與傳本陸疏不同，可能版本上有歧異；與晉刻作「擊」同樣地不合於陸疏，似乎不必改。爾雅釋木中，有一條「朹，檕梅」，陸德明經典釋文（卷三十）引「樊（光）本作槅」。看來，似乎也是同一種植物：樊光作「槅」，可能讀 klaik，還是標音字。陸璣所記另一名稱「挈榼」的「挈」（音 kiet），可能仍在 kiei 的範圍内。本卷末條的「吉利子」一名「急蘖子」，顯然更是相同或相近的種類。

〔五〕羿　平、黔、魯譌作「弄」，應依曙本改正。

〔六〕繫迷　平作「繫迷」，黔、曙作「擊迷」，魯本作「擊蒾」，依中華排印本「參照本草綱目改」。參看校〔四〕。

〔七〕採實　晉刻作「採果」。平本空等，黔、曙、魯補作「採實」，暫依黔、曙、魯改。

〔八〕栽　平本譌作「裁」；應依黔、曙、魯改作「栽」，合晉刻。

〔九〕而　平本、魯本譌作「面」；應依黔、曙改作「而」，合晉刻。

〔一〇〕狀　平本譌從晉刻作「伏」，應依黔、曙、魯改作「狀」。

〔一一〕疙　平本「疙」字空等；應依黔、曙、魯補，合晉刻。

〔一二〕水　平本從晉刻作「水」，不誤；黔、曙、魯及中華排印本改作「次」，似不必要，暫依平本作「水」。

〔一三〕又　平本譌作「乂」；依魯、曙、中華排印本改，合於救荒本草。（定枎校）

注：

① 人：各刻本均作「人」，是古字。（中華排印本改作「仁」，是後來借用的習慣。）

② 「食麥椽令人健行」，出自博物志（是否真爲張華所作，暫時不能也不必作結論。唐宋以來，這句

話已載入博物志）；大致是徐光啓引用舊書來證明救荒本草中「肥健人」一句的，並沒有自居爲「發明人」；現在接在「玄扈先生曰」下面，決非徐光啓原意。

農政全書校注卷之五十六

荒政 採周憲王救荒本草

木部 葉及實皆可食

枸杞

【枸杞】一名杞根，一名枸忌，一名地輔，一名羊乳，一名却暑，一名仙人杖，一名西王母杖，一名地仙苗，一名托盧；或名天精，或名却老；一名枸檵，杞同。一名苦杞；俗呼爲甜菜子。根名地骨。生常山平澤，今處處有之。其莖幹高三五尺，上有小刺。春生苗，葉如石榴葉而軟薄。莖葉間開小紅紫花，隨便〔一〕結實，形如棗核，熟則紅色，味微苦，性寒。根大寒。子微寒，無毒。白色無刺者良。陝西枸杞，長一二丈，圍數寸，無刺，根皮如厚朴，甘美異於諸處。生子如櫻桃，全少核，暴乾如餅。

救飢：採葉煠熟，水淘净，油鹽調食，作羹食皆可。子紅熟時，亦可食。若渴，煮葉作飲，以代茶飲之。

玄扈先生曰：嘗過。子本勝藥，葉亦嘉蔬。

栢樹

【柏樹】本草有柏實，生太山山谷，及陝州、宜州，其乾州者最佳；密州側柏葉尤佳，

今處處有之。味甘；一云味甘辛，性平，無毒。葉味苦。一云味苦辛，微温，無毒。牡礪及桂①、瓜子爲之使。畏菊花、羊蹄草、諸石及麪麯。

救飢：列仙傳云：「赤松子食柏子，齒落更生。」採柏葉新生并嫩者，換水浸其苦味，初食苦澁，入蜜或棗肉和食尤好；後稍易喫，遂不復飢。冬不寒，夏不熱。

皂莢樹

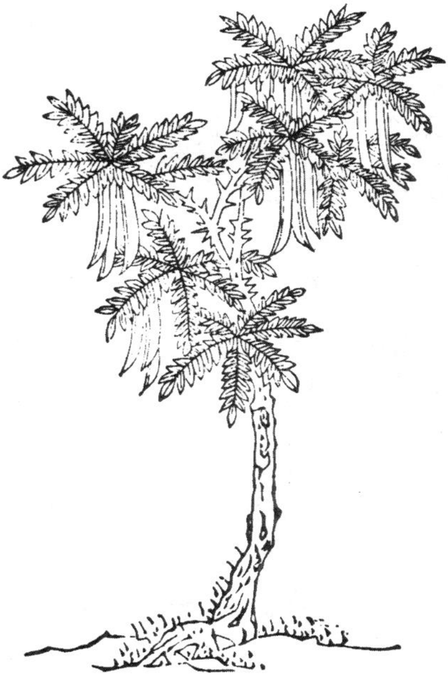

【皂莢樹】生雍州川谷，及魯之鄒縣，懷、孟産者爲勝，今處處有之。其木極有高大者。葉似槐葉，瘦長而尖，枝間多刺。結實有三種：形小者爲猪牙皂莢，良；又有長六寸及尺一者。用之當以肥厚者爲佳。味辛鹹，性温，有小毒。柏實爲之使，惡麥門冬，畏空青、人參、苦參。可作沐藥，不入湯。

救飢：採嫩芽煠熟。换水浸洗淘净，油鹽調食。又以子不以〔二〕多少炒。春去赤皮。浸軟煮熟。以糖漬之可食。

玄扈先生曰：嘗過。

楮桃樹

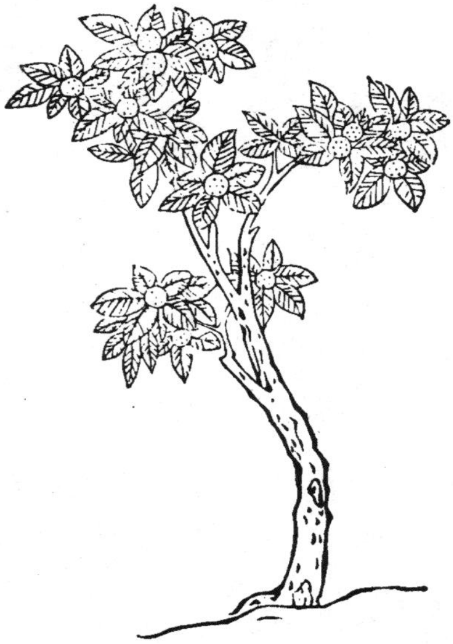

【楮桃樹】本草名楮實，一名穀實，生少室山，今所在有之。樹有二種：一種，皮有斑花紋，謂之斑穀，人多用皮爲冠；一種皮無花紋，枝葉大相類。其葉似葡萄，作瓣叉，上多毛澁，而有子者爲佳。其桃如彈大，青绿色，後漸變深紅色，乃成熟。浸洗去穰，取中子入藥。一云皮斑者是楮，皮白者是穀。皮可作紙，實味甘，性寒。葉味甘，性涼。俱無毒。

救飢：採葉并楮桃，帶花煠爛，水浸過，握乾，作餅焙熟食之。或取樹熟楮桃紅色食之，甘美，不可久食，令人骨軟。

玄扈先生曰：嘗過。子花勝藥。

柘樹

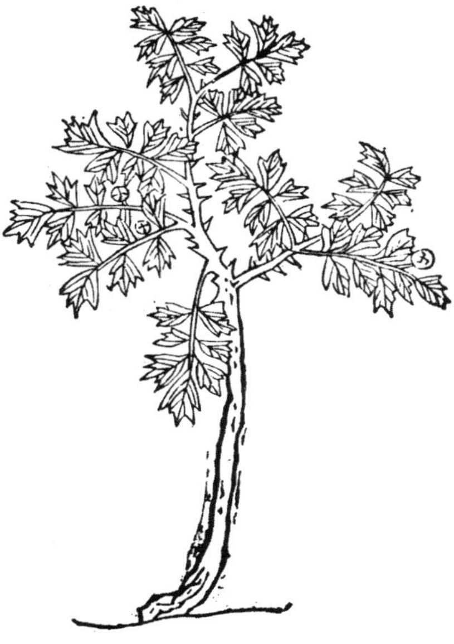

【柘樹】本草有柘木，舊不載所出州土。今北土處處有之。其木堅勁，皮紋細密，上多白點。枝條多有刺。葉比桑葉甚小而薄，色頗黄淡，葉稍皆三叉，亦堪飼蠶。綿柘刺少，葉似柿葉微小。枝葉間結實，狀如楮桃而小，熟則亦有紅蘂。味甘酸。葉味甘，微苦。柘木味甘，性温，無毒。

救飢：採嫩葉煠熟，以水浸，作成黄色，换水浸去邪味，以水淘净，油鹽調食。其實紅熟，甘酸可食。

木羊角科

【木羊角科】又名羊桃，一名小桃花。生荒野中。紫莖，葉似初生桃葉，光俊色微帶黄。枝間開紅白花。結角似豇豆角，甚細而尖艄；每兩兩角並生一處。味微苦酸。

救飢：採嫩稍葉煠熟，水浸淘净，油鹽調食。嫩角亦可煠食。

青檀樹

【青檀樹〔一〕】生中牟南沙崗間。其樹枝條〔二〕紋細薄。葉形類棗〔三〕微尖艄，背白而澁，又似白辛樹葉微小。開白花。結青子，如梧桐子大。葉味酸澁，實味甘酸。

救飢：採葉煠熟，水浸淘去酸味，油鹽調食。其實成熟，亦可摘食。

木部花可食

臘梅花

【臘梅花〔四〕】多生南方，今北土亦有之。其樹枝條頗類李；其葉似桃葉而寬大，紋微麄。開淡黃花。味甘微苦。

救飢：採花煠熟，水浸淘净，油鹽調食。

藤花菜

【藤花菜】生荒野中沙崗間。科條叢生。葉似皂角葉而大，又似嫩椿葉而小，淺黃緑色。枝間開淡紫花。味甘。

救飢：採花煠熟，水浸淘净，油鹽調食。微焯過，晒乾，煠食，尤佳。

𡐤齒花

【𡐤齒花】 本名錦鷄兒，又名醬瓣子。生山野間，中州人家園宅間亦多栽。葉似枸杞子葉而小，每四葉攢生一處。枝梗亦似枸杞，有小刺。開黄花，狀類鷄形；結小角兒，味甜。

救飢：採花煠熟，油鹽調食。炒熟，喫茶亦可。

楸樹

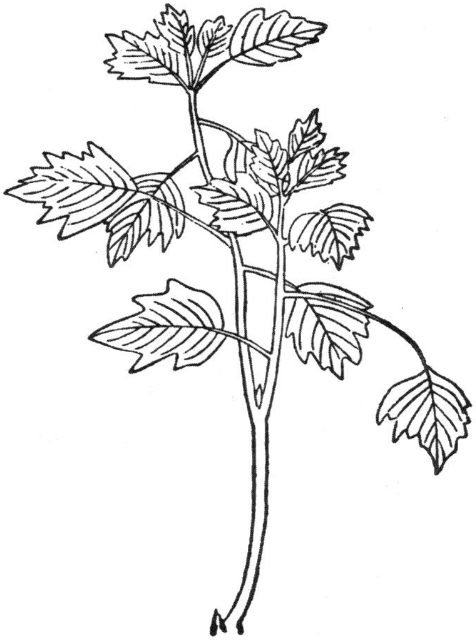

【楸樹】所在有之。今密縣梁家衝山谷中多有。樹甚高大，其木可作琴瑟。葉類梧桐葉而薄小，葉稍作三角尖叉。開白花，味甘。

救飢：採花煠熟，油鹽調食；及將花晒乾，或煠或炒，皆可食。

馬棘

【馬棘】生滎陽崗野間，科條高四五尺。葉似夜合樹葉而小，又似蒺莉葉而硬，又似新生皂莢，科葉亦小。稍間開粉紫花，形狀似錦鷄兒花微小，味甜。

救飢：採花煠熟，水浸淘净，油鹽調食。

槐樹芽

【槐樹芽】本草有槐實，生河南平澤；今處處有之。其木有極高大者。爾雅云槐有數種：葉大而黑者名櫰槐；又有晝合夜開者，名守宫槐；葉細而青緑者，但謂之槐。其功用不言有别。開黄花。結實似豆角狀。味苦酸鹹，性寒，無毒。景天爲之使。

救飢：採嫩芽煠熟，换水浸淘，洗去苦味，油鹽調食。或採槐花炒熟食之。

玄扈先生曰：嘗過。花性太冷，亦難食。

晉人多食槐葉。又槐葉枯落者，亦拾取和米煮飯食之。嘗見曹都諫真予〔三〕，述其鄉先生某云：世間真味，獨有二種：謂槐葉煮飯，蔓菁煮飯也。

乙卯見趙六亨民部，言食槐芽法：煠熟置新磚瓦上，陰乾；更煠，如是三過，絶不苦。凡食樹芽葉，並宜用此法，去其苦味。

棠梨樹

【棠梨樹】今處處有之，生荒野中。葉似蒼术葉；亦有團葉者，有三叉葉者，葉邊皆有鋸齒；又似女兒茶葉，其葉色頗白。開白花。結棠梨如小楝子大，味甘酸。花葉味微苦。
救飢：採花煠熟食，或晒乾磨麪，作燒餅食亦可。及採嫩葉煠熟，水浸淘净，油鹽調食；或蒸晒作茶亦可。其棠梨經霜熟時摘食，甚美。

文冠花

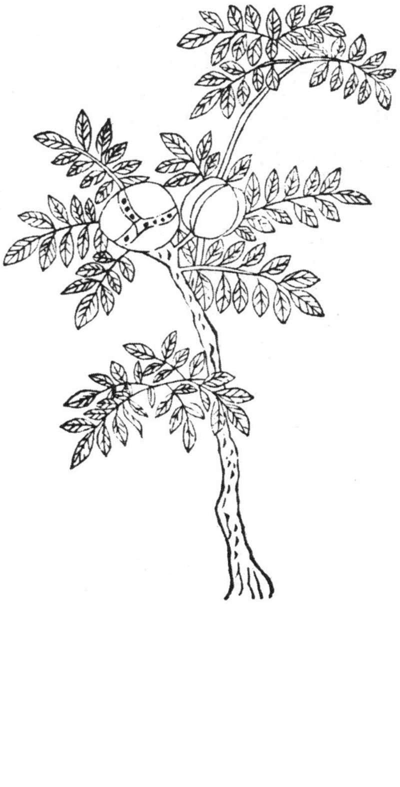

【文冠花】生鄭州南荒野間，陝西人呼爲崖木瓜。樹高丈許。葉似榆樹葉而狹小，又似山茱萸葉亦細短。開花彷彿似藤花，而色白。穗長四五寸。結實狀似枳殼而三瓣，中有子二十餘顆，如肥皂角子。子中瓤如栗子，味微淡，又似米麪，味甘可食。其花味甜，其葉味苦。

救飢：採花煠熟，油鹽調食。或採葉煠熟，水浸淘去苦味，亦用油鹽調食。及摘實取子，煮熟食。

玄扈先生曰：嘗過。子本嘉果；花甚多，可食。

桑椹樹

【桑椹樹】本草有桑根白皮，舊不載所出州土；今處處有之。其葉飼蠶。結實爲桑椹，有黑白二種。桑之精英，盡在於椹。桑根白皮，東行根益佳；肥白者良，出土者不可用，殺人。味甘，性寒，無毒。製造忌鐵器及鉛。葉椏者名鷄桑，最堪入藥。續斷、麻子、桂心爲之使。桑椹味甘性暖，或云木白皮亦可用。

救飢：採桑椹熟者食之。或熬成膏，攤於桑葉上，晒乾，搗作餅收藏；或直取椹子晒乾，可藏經年。及取椹子清汁置瓶中，封三二日即成酒，其色味似葡萄酒，甚佳。亦可熬燒酒，可藏經年，味力愈佳。其葉嫩老皆可煠食。皮炒乾，磨麪可食。

榆錢樹

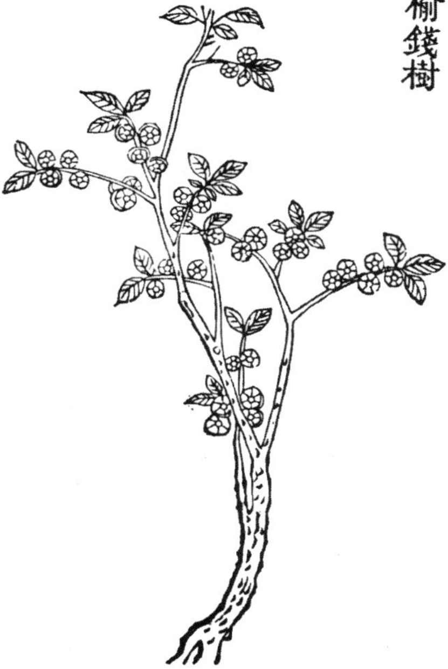

【榆錢樹】本草有榆皮，一名零榆。生潁川山谷、秦州，今處處有之。其木高大。

春時未生葉，其枝條間，先生榆莢：形狀似錢而薄小，色白，俗呼爲榆錢。後方生葉，似山茱萸葉而長，尖艄潤澤。榆皮味甘，性平無毒。

救飢：採肥嫩榆葉煠熟，水浸淘净，油鹽調食。其榆錢，煮糜羹食佳，但令人多睡。或焯過晒乾備用，或爲醬，皆可食。榆皮刮去其上乾燥皴澁者，取中間軟嫩皮，剉碎晒乾，炒焙極乾，搗磨爲麪，拌糠麧、草末蒸食，取其滑澤易食。又云：榆皮與檀皮爲末，服之令人不飢。根皮亦可搗磨爲麪食。

竹笋

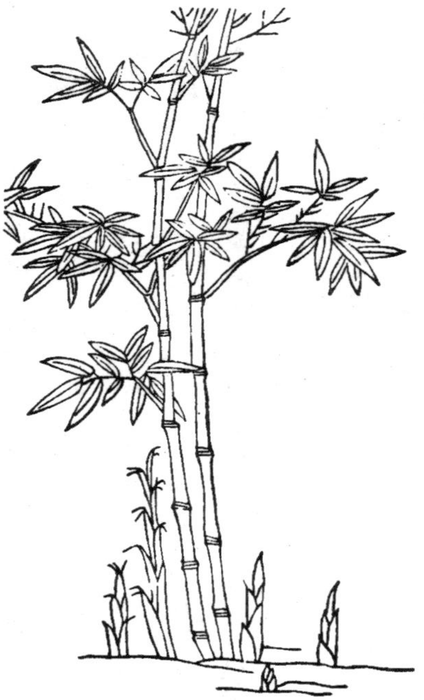

【竹笋】 本草竹葉有篁竹葉、苦竹葉、淡竹葉。本經並不載所出州土，今處處有之。竹之類甚多，而入藥者惟此三種，人〔四〕多不能盡別。篁竹堅而促節，體圓而質勁。皮〔五〕白如霜，作笛者。有〔六〕一種，亦不〔七〕名篁竹。苦竹亦有二種：一種出江西及閩中，本極麤大。笋味甚苦，不可噉。一種出江浙，近地亦時有之，肉厚而葉長闊。笋微苦味。俗呼甜苦笋，食所最貴者。亦不聞入〔八〕藥用。淡竹肉薄，節間有粉，南人以燒竹瀝者。醫家只用此一品。又有一種薄殼者，名甘竹，葉最勝。又有實中竹、篁竹，並以笋爲佳，於藥無用。凡取竹瀝，惟用淡竹、苦竹、篁竹爾。陶隱居云：竹實出藍田，江東乃有花而無實。而頃來斑斑有實，狀如小麥，堪可爲飯。圖經云：竹笋味甘，無毒；又云寒。

救飢：採竹嫩笋煠熟，油鹽調食，焯過晒乾，煠食尤好。

校：

〔一〕便 黔、曙、魯作「梗」，平本從晉刻作「便」不誤；證類本草亦作「便」。「隨便」，解爲「跟着，就」，不是無選擇的意思。黔本可能有誤會，所以改字；其實枸杞果柄頗長，不會「隨梗」。

〔二〕以 平、黔、魯作「以」合晉刻，中華排印本「照曙改」作「拘」，但曙本並未説明根據，暫依晉刻作「以」。

〔三〕予　各刻本及西北農學院藏手鈔本均作「予」，中華排印本改爲「子」，未説明根據，暫作「予」。
〔四〕人　平本譌作「入」；應依黔、曙、魯改作「人」，合晉刻。
〔五〕皮　平本譌從晉刻作「成」，曙本作「色」亦誤。黔、魯作「皮」，與證類本草（卷十三）「竹」條合，暫改作「皮」。
〔六〕「有」字上，曙本有一「别」字，平、黔、魯及晉刻、證類本草均無，不知曙本根據什麼添補的，中華排印本根據本草綱目增「自」字，暫皆不補。
〔七〕亦不　黔、魯譌作「亦可」，曙本脱「亦」字；應依平本作「亦不」，合晉刻。
〔八〕入　魯本譌作「人」，應依平本作「入」字。

注：

①桂：據本草綱目（卷二）序例下所引北齊徐之材藥對，柏葉柏實，是「瓜子、桂心、牡蠣爲之使」，則「桂」下應有「心」字，「礪」亦當作「蠣」。（「桂心」，指去皮的桂枝，即純木質部。）

案：

〔一〕「青檀樹」後，晉刻原有「山檾樹」一種，本書未録。
〔二〕「條」字下，晉刻有「友」字，恐係「有」字之誤。這裏，必須有一個動詞，然後語句才完全。

〔三〕「棗」字下，應依晉刻補「葉」字。

〔四〕晉刻「臘梅花」在「楸樹」後，「馬棘」前。

農政全書校注卷之五十七

荒政 採周憲王救荒本草

米穀部 實可食

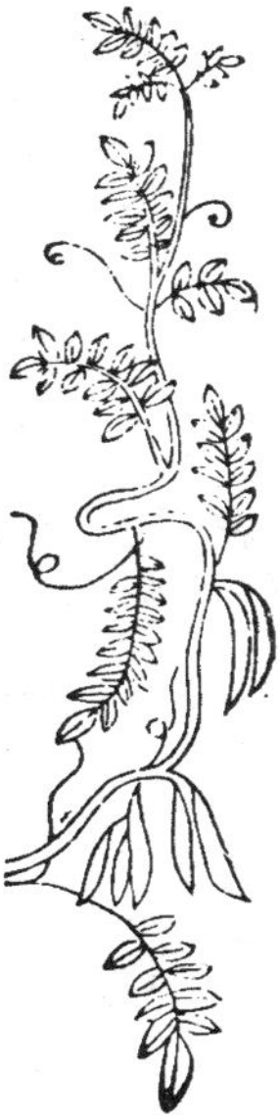

【野豌豆】生田野中。苗初就地拖秧而生，後分生莖叉。苗長二尺餘。葉似胡豆葉稍大，又似苜蓿葉亦大。開淡粉紫花。結角，似家豌豆角，但秕小。味苦。

救飢：採角煮食，或收取豆煮食，或磨麵製造食用，與家豆同。

豍豆

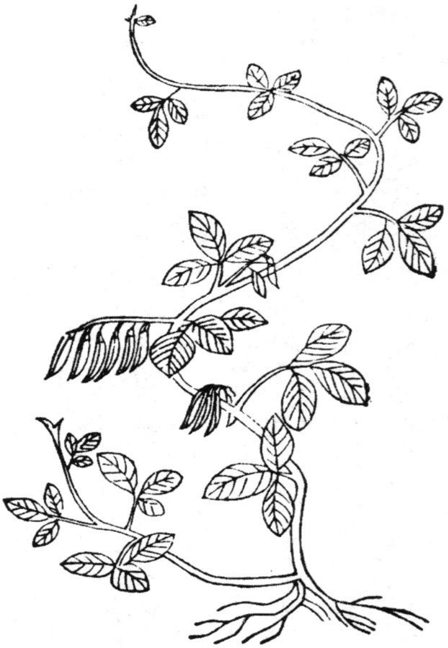

【豍豆】生平野中，北土處處有之。莖蔓延，附草木上。葉似黑豆葉，而窄小微尖。開淡粉紫花。結小角，其豆似黑豆，形極小。味甘。

救飢：採取豆淘洗浄，煮食。或磨爲麪，打餅、蒸食，皆可。

山扁豆

【山扁豆】生田野中。小科苗高一尺許。葉似蒺藜葉微大，根葉比苜蓿葉頗長，又似初生豌豆葉。開黃花。結小匾角兒。味甜。

救飢：採嫩角煠食。其豆熟時，收取豆煮食。

【回回豆】又名那合豆。生田野中。莖青。葉似蒺藜葉，又似初生嫩皂莢〔二〕而有細鋸齒。開五瓣淡紫〔一〕花，如蒺藜花樣。結角如杏仁樣而肥。有豆如牽牛子，微大。味甜。

救飢：採豆煮食。

胡豆

【胡豆】生田野間。其苗初塌地生，後分莖叉。葉似苜蓿葉而細。莖葉稍間，開淡葱白榻〔二〕花。結小角，有豆如蟧豆狀。味甜。

救飢：採取豆煮食，或磨麵食，皆可。

蠶豆

【蠶豆】今處處有之，生田園中。科苗高二尺許。莖方。其葉狀類黑豆葉，而團長光澤，紋脈豎直，色似豌豆，頗白。莖葉稍間開白花。結短角。其豆如豇豆而小，色赤，味甜。

救飢：採豆煮食，炒食亦可。

山菉豆

【山菉豆】生輝縣太行山車箱衝山野中。苗莖似家菉豆，莖微細。葉比家菉豆葉，狹窄[三]艄。開白花。結角亦瘦小。其豆黯緑色，味甘。

救飢：採取其豆煮食，或磨麵攤煎餅食，亦可。

蕎麥苗

【蕎麥苗】處處種之。苗高二三尺許，就地科叉生。其莖色紅。葉似杏葉而軟，微艄。開小白花。結實作三稜蒴〔二〕。味甘平，性寒，無毒。

救飢：採苗葉煠熟，油鹽調食。多食微瀉。其麥，或蒸使氣餾音溜。於烈日中，晒令口開，舂取人煮作〔三〕飯食；或磨爲麵，作餅蒸食，皆可。

【御米花】本草名罌子粟，一名象穀，一名米囊，一名囊子。處處有之。苗高一二尺。葉似靛葉色而大，邊皺。多有花叉。開四瓣紅白花，亦有千葉花者。結殼〔四〕似匏音雹〔四〕。箭頭。殼中有米數千粒，似葶藶子，色白。隔年種則佳。米味甘，性平，無毒。

救飢：採嫩葉煠熟，油鹽調食。取米作粥，或與麵作餅，皆可食。其米和竹瀝煮粥食之，皆美。

玄扈先生曰：嘗過。嘉蔬、嘉實，不必救荒。

赤小豆

【赤小豆】本草舊云：「江淮間多種蒔」，今北地亦多有之。苗高一二尺。葉似豇豆葉微團。艄開花似豇豆花微小，淡銀褐色，有腐氣，人故亦呼爲腐婢。結角比菉豆角頗大。角之皮角，微白帶紅。其豆有赤白黧色三種。味甘酸，性平，無毒。合鮓食，成消渴；爲醬合鮓〔五〕食，成口瘡。人食則體重。

救飢：採嫩葉煠熟，水淘洗净，油鹽調食，明目。豆角亦可煮食。又法：赤小〔六〕豆一升半，炒大豆黄〔七〕一升半，焙。二味擣末。每服一合〔八〕，新水下。日三服，盡三升，可度十一日不飢。又説：小豆食之逐津液，行小便。久服則〔九〕虚人，令人黑瘦枯燥。

山絲苗

【山絲苗】本草有麻蕡，音焚。一名麻勃，一名苧，音字。一名麻母。生太山川谷，今皆〔一〇〕處處有之。人家園圃中多種蒔，績其皮以爲布。苗高四五尺。莖有細線楞。葉形狀似柳葉，而邊皆有叉牙鋸齒，每八九葉攢生一處；又似荆葉而狹，色深青。開淡黄〔一一〕

白花。結實小，如菉豆顆〔一二〕而匾。圖經云：「麻蕡：此麻上花勃勃者，味辛，性平有毒。麻子：味甘，性平，微寒，滑利無毒。入土者損人。畏牡蠣、白薇，惡茯苓。」

救飢：採嫩葉煠熟，換水浸去邪惡〔一三〕氣味〔一四〕，再以水淘洗淨，油鹽調食。不可多食，亦不可久食，動風。子可炒食，亦可打油用。

油子苗

【油子苗】本草有白油麻〔一五〕。俗名脂〔一六〕麻。舊不著所出州土，今處處有之。人家〔一七〕園圃中多種。苗高三四尺。莖〔一八〕方。窊面四楞，對節分生枝叉。葉類蘇子葉而長。尖艄邊多花叉。葉間開白花。結四稜蒴兒，每蒴中有子四五十餘粒。其子味甘，微苦。生則性大寒，無毒；炒熟則性熱。壓笮〔一九〕爲油，大寒。

救飢：採嫩苗葉煠熟，水浸淘洗净，油鹽調食。其子亦可炒熟食；或煮食，及笮爲油食，皆可。

黄豆苗

【黄豆苗】今處處有之。人家田園中多種。苗高一二尺。葉似黑豆葉而大。結角比黑豆葉〔五〕角稍肥大，其葉味甘。

救飢：採嫩苗葉煠熟，水浸淘净，油鹽調食。或採角煮食，或收豆煮食，及磨爲麵食，皆可。

刀豆苗

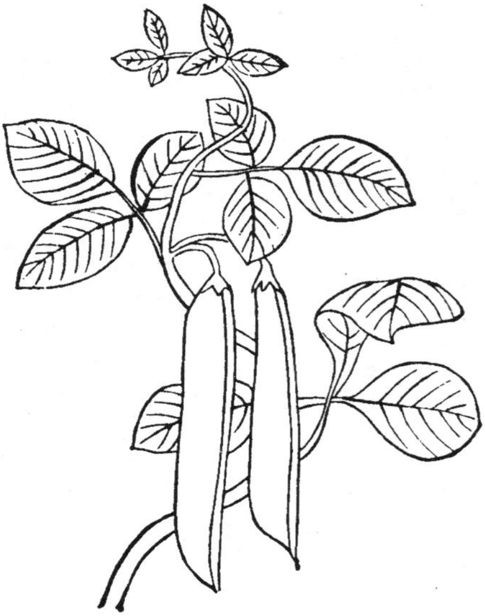

【刀豆苗】處處有之。人家園籬邊多種之。苗葉似豇豆，葉肥大。開淡粉紅花。結角如皂角狀而長。其形似屠刀樣，故以名之。味甜，微淡。

救飢：採嫩苗葉煠熟，水浸淘净，油鹽調食。豆角嫩時煮食。豆熟之時，收豆煮食或磨麵食亦可。

眉兒豆苗

【眉兒豆苗〔二〇〕】人家園圃中種之。妥他果切。蔓而生。葉似菉豆葉，而肥大、闊厚、潤澤、光俊，每三葉攢生一處。開淡粉紫花。結匾角，每角有豆止三四顆。其豆色黑匾，而皆白眉，故名。味甜。

救飢：採嫩苗葉煠食。豆角嫩時，採角煮食。豆成熟時，打取豆食。

玄扈先生曰：南名匾豆，種類甚多，植其佳者。

紫豇豆苗

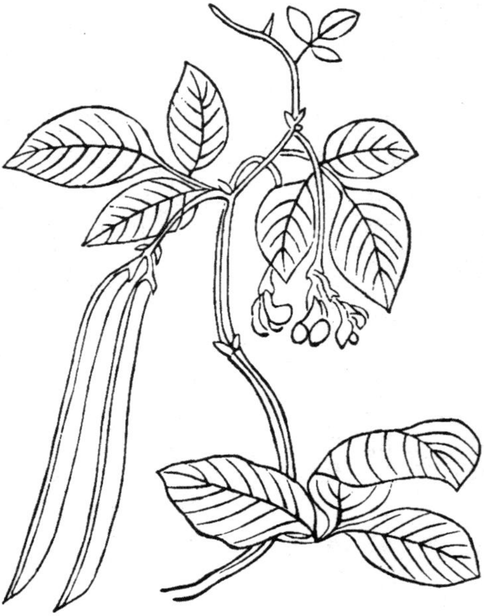

【紫豇豆苗】人家園圃中種之。莖葉與豇豆同；但結角色紫，長尺許。味微甜。

救飢：採嫩苗葉煠熟，油鹽調食。角嫩時採角煮食，亦可做菜食。豆熟時，打取〔二一〕豆食之。

蘇子苗

【紫蘇苗〔六〕】人家園圃中多種之。苗高二三尺。莖方，窊面四楞，上有澀毛。葉皆對生，似紫蘇葉而大。開淡紫花。結子比紫蘇子亦大。味微辛，性温。

救飢：採嫩葉煠熟，换水淘洗净，油鹽調食。子可炒食，亦可笮油用。

豇豆苗

【豇豆苗】今處處有之。人家田園多種。就地拖秧而生，亦延籬落。葉似赤小豆葉，而極長艄。開淡紫粉花。結角長五七寸。其豆味甘。

救飢：採嫩葉〔二二〕煠熟，水浸淘净，油鹽調食。及採〔二三〕嫩角，煠熟食，亦可。其豆成熟時，打取豆食。

山黑豆

【山黑豆】生密縣山野中。苗似家黑豆。每三葉攢生一處，居中大葉如菉豆葉；傍兩葉似黑豆葉，微圓。開小粉紅花。結角比家黑豆角極瘦小。其豆亦極細小。味微苦。

救飢：苗葉嫩時，採取煠熟，水淘去苦味，油鹽調食。結角時，採角煮食，或打取豆食，皆可。

舜芒穀

【舜芒穀】俗名紅落藜。生田野及人家，舊莊窠音科。上多有之。科苗高五尺餘。葉似灰菜葉而大，微帶紅色。莖亦高麄，可爲拄杖。其中心葉甚紅，葉間出穗。結子如粟米顆，灰青色。味甜。

救飢：採嫩苗葉晒乾揉音柔。去灰，煠熟，油鹽調食。子可磨麪，做燒餅、蒸食。

校：

〔一〕紫　黔、魯譌作「黄」，依平、曙本作「紫」合晉刻。

〔二〕三稜　「三」字，各刻本俱作「二」；「稜」字，平本空等，曙本無，黔、魯補「莢」字，中華排印本「照黔補」。依晉刻改作「三稜」最明白。（下文「蒴」字，晉刻是「蒴兒」兩字，「兒」暫不補。）

〔三〕春取人煮作　魯本「人」字下多一「可」字，中華排印本「人」作「仁」。「人」即「仁」，指蕎麥果實。現依平、曙作「春取人煮作」，合於救荒本草。（定扶校）

〔四〕雹　魯本譌作「泡」；應依平、曙、中華排印本作「雹」，合於救荒本草。（定扶校）

〔五〕鮓　兩處黔、魯均譌作「酢」；應依平本、曙本作「鮓」，合晉刻。

〔六〕小　黔、魯缺，應依平、曙有「小」。

〔七〕豆黄　黔、魯作「黄豆」，應依平、曙作「豆黄」。

〔八〕「合」字下，黔、魯及中華排印本有「用」字，不知根據如何？現依平、曙删去，合晉刻。

〔九〕「則」字，黔、魯缺；平、曙本有，合晉刻。

〔一〇〕皆　曙本無，應依平、黔、魯有「皆」。

〔一一〕「淡」字下，黔、魯缺「黄」字；應依平、曙增「黄」字，合晉刻。

〔一二〕「顆」字下，黔、魯有「形」字；應依平、曙從晉刻删去。

〔一三〕邪惡　魯本缺「邪」字，平、曙、中華排印本有，合於救荒本草。（定扶校）

〔一四〕「味」字下，黔、魯有「却」字；應依平、曙從晉刻删去。

〔一五〕麻　黔、魯譌作「苗」；應依平、曙作「麻」，合晉刻。

〔一六〕脂　魯本作「芝」；應依平、曙、中華排印本作「脂」，合於救荒本草。（定枎校）

〔一七〕「家」字上，平、曙有「人」字，合晉刻；黔、魯脱，應補。

〔一八〕「莖」字上，黔、魯有「苗」字，不知根據何在；平、曙無，與晉刻同。應依平、曙。

〔一九〕笮　平、魯、中華排印本均作「窄」；應依曙本改作「笮」（「笮」音 zhá，後作「榨」）。合於救荒本草。（定枎校）

〔二〇〕眉兒豆苗　本條圖、譜名稱，平、黔、魯各本圖均爲「眉兒頭苗」，譜均爲「眉兒豆苗」；曙本的圖、譜均爲「眉兒頭苗」，皆與晉刻救荒本草不合。應依中華排印本改圖、譜均作「眉兒豆苗」，合於晉刻。（定枎校）

〔二一〕取　黔、魯缺，應依平、曙有「取」。

〔二二〕葉　黔、魯缺，應依平、曙有「葉」。

〔二三〕「採」字下，黔、魯誤增「取」字；應依平、曙删去，合晉刻。

案：

〔一〕「嫩皂莢」下，應依晉刻補「葉」字。

〔二〕榻　晉刻作「榻」，仍不可解，懷疑有誤字。

〔三〕「窄」字下，應依晉刻補「尖」字。

〔四〕縠　應依晉刻作「殼」，與下文「殼中有米」相應。

〔五〕「葉」字，應依晉刻删去。

〔六〕平、曙、魯本譜名作「紫蘇苗」，標題譜名應依晉刻作「蘇子苗」，方與内容及圖中注字合。

農政全書校注卷之五十八

荒　政採周憲王救荒本草

果　部實可食

樹桃櫻

【櫻桃樹】詳見樹藝果部①。

救飢：採果紅熟者，食之。

胡桃樹

【胡桃樹】詳見樹藝果部。

救飢：採核桃，漚去青皮，取瓤食之，令人肥健。

柿樹

【柿樹】詳見樹藝果部。

救飢：摘取〔一〕軟熟柿食之。其柿未軟者，摘取，以温水醂音攬。熟，食之。篚心②柿不可多食〔二〕，令人腹痛。生柿彌冷，尤不可多食。

梨樹

【梨樹】詳見樹藝果部。

救飢：其梨結硬未熟時，摘取煮食；已經霜熟，摘取生食，或蒸食亦佳，或削其皮，晒作梨糁，收而備用，亦可。

葡萄

【葡萄】詳見樹藝果部。

救飢：葡萄爲果食之；又熟時取汁，以釀酒飲。

李子樹

【李子樹】 詳見樹藝果部。

救飢：取摘〔一〕李實色熟者食之。不可臨水上食，亦不可和蜜食，損五臟，及與雀肉同食；和漿水食，令人霍亂、澀氣，多食令人虛熱。

木瓜

【木瓜】詳見樹藝果部。

救飢：採成熟木瓜食之，多食亦不益人。

櫨子樹

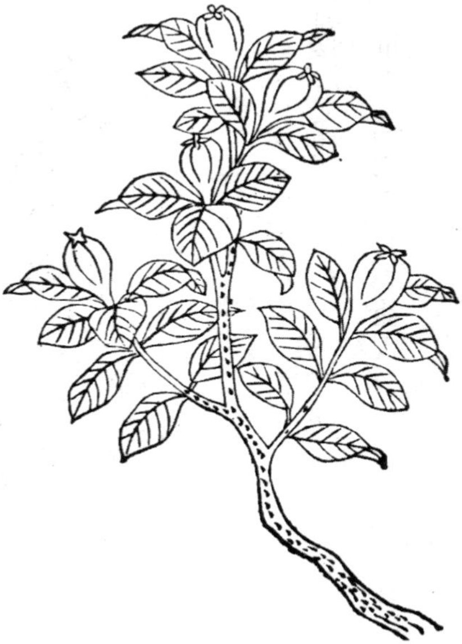

【櫨〔二〕子樹】　舊不著所出州土，今鞏縣趙峯山野中多有之。樹高丈〔三〕許。葉似冬青樹葉，稍闊厚，背色微黄；葉形又類棠梨葉，但厚。結果似木瓜稍團，味酸甜，微澀，性平。

救飢：果熟時，採摘食之；多食，損齒及筋。

【郁李子】詳見樹藝果部。

救飢：其實紅熟時，摘取食之；酸甜，味美。

菱角

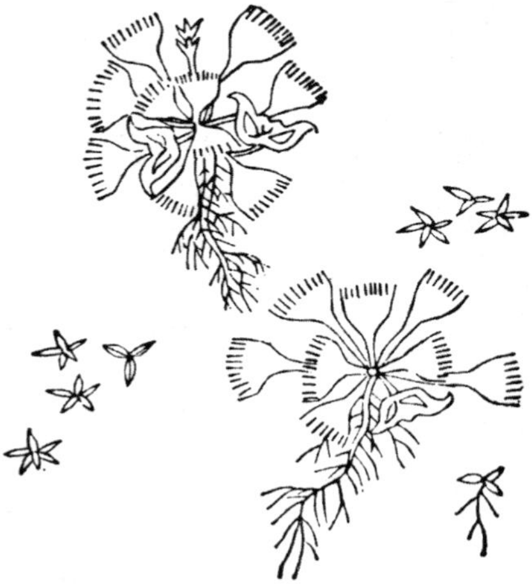

【菱角】詳見樹藝蓏部③。

救飢：採菱角鮮大者，去殼生食；殼老及雜小者，煮熟食；或晒其實，火燔以爲米，充糧作粉，極白潤宜人。服食家蒸曝〔四〕，蜜和餌之，斷穀長生；又云多食臟冷，損陽氣，痿莖，腹脹滿。暖薑酒飲，或含吴茱萸嚥津液，即消。

【軟棗】詳見樹藝果部。

救飢：採取軟棗成熟者食之，其未熟結硬時，摘取，以温水漬養，醂〔五〕去澀味，另以水煮熟，食之。

野葡萄

【野葡萄】俗名煙黑。生荒野中，今處處有之。莖葉及實，俱似家葡萄，但皆細小，實亦稀疎，味酸。

救飢：採葡萄顆紫熟者，食之；亦中釀酒飲。

【梅杏樹】詳見樹藝果部。

救飢：摘取黄熟梅果，食之。

野櫻桃

【野櫻桃】生鈞州山谷中。樹高五六尺。葉似李葉更尖。開白花，似李子花。結〔六〕實比櫻桃又小，熟則色鮮紅，味甘，微酸。

救飢：摘取其果紅熟者，食之。

石榴

果　部葉及實皆可食

【石榴】詳見樹藝果部。

救飢：採嫩葉煠熟，油鹽調食。榴果熟時，摘取食之；不可多食，損人肺，及損齒令黑。

杏樹

【杏樹】詳見樹藝果部。

救飢：採葉煠食〔三〕，以水浸漬，作成黄色，換水淘净，油鹽調食。其杏黄熟〔七〕時摘取食，不可多食〔八〕，令人發熱，及傷筋骨。

棗樹

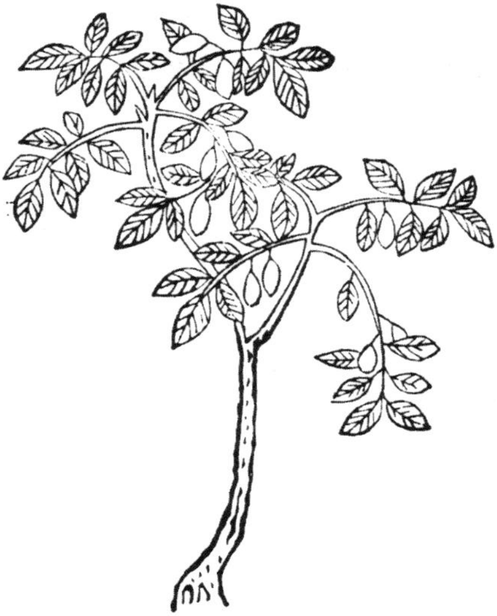

【棗樹】詳見樹藝果部。

救飢：採嫩葉煠熟，水浸作成黃色，淘净，油鹽調食。其棗紅熟時〔九〕，摘取食之。其結生硬未紅時，煮食亦可。

桃樹

【桃樹】 詳見樹藝果部。

救飢〔一〇〕：採葉煠熟，水浸作成黄色，换水淘净，油鹽調食。桃實熟軟時，摘取食之；其結硬未熟時，亦可煮食；或切作片，晒乾爲糁，收藏備用。

沙果子樹

【沙果子樹】一名花紅。南北皆有，今中牟崗野中亦有之，人家園圃亦多栽種。樹高丈餘。葉似櫻桃葉，而色深緑；又似急蘗子葉而大。開粉紅花，似桃花；瓣微長不尖。結實似李，而甚大；味甘，微酸。

救飢：摘取紅熟果，食之；嫩葉亦可煠熟〔二〕，油鹽調食。

玄扈先生曰：此即柰也，有多種。

果部根可食

芋苗

【芋苗】本草一名土芝，俗呼芋頭。生田野中，今處處有之，人家多栽種。葉似小荷葉，而偏長不圓；近蔕邊皆有一劐音霍。兒。根狀如鷄彈大，皮色茶褐，其中白色，味辛，性平，有小毒；葉冷無毒。

救飢：本草芋有六種：青芋細長毒多，初煮須要灰汁，換水煮熟乃堪食。白芋、真芋、連禪芋、紫芋，毒少，蒸煮食之；又宜冷食，療熱止渴。野芋大毒，不堪食也。

鉄葧臍

【鐵葧臍】本草名烏芋。詳樹藝蓏部。

救飢：採根煮熟食；製作粉，食之，厚人腸胃，不飢。服丹石人，尤宜食，解丹石毒。

孕婦不可食〔二〕。

玄扈先生曰：茨菰、葧臍，二種絶異；混〔三〕合註釋，爲不精也④。

果部根及實皆可食

蓮藕

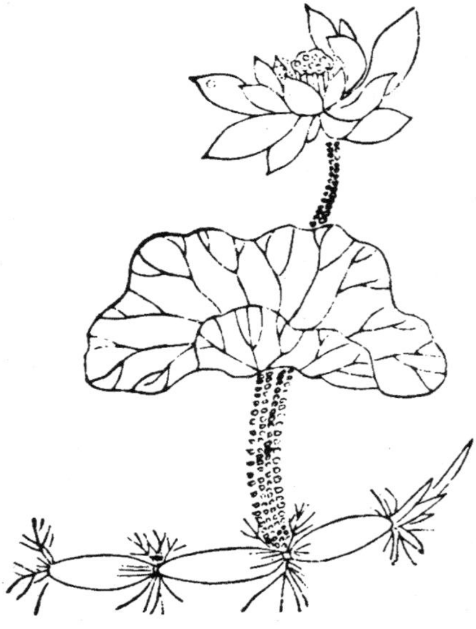

【蓮藕】詳見樹藝蓏部。

救飢：採藕煠熟食，生食皆可。蓮子蒸〔一四〕食，或生食，亦可，又可休糧。仙家貯石蓮子、乾藕，經千年者食之，至妙。又以蓮磨爲麪食，或屑爲米，加粟煮飯食〔一五〕，皆可。

鷄頭實

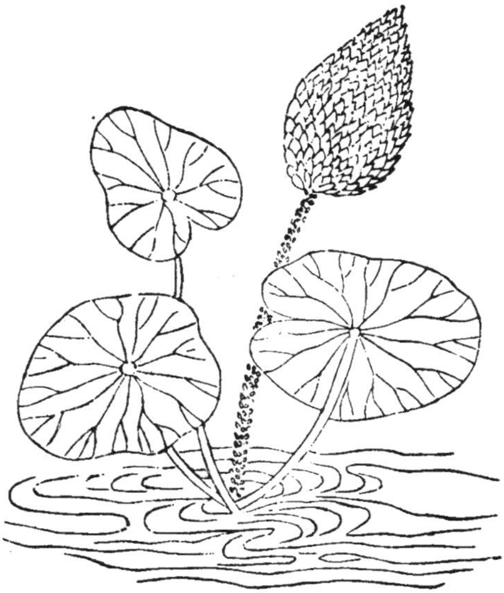

【鷄頭實】一名芡。詳見樹藝蓏部。

救飢：採嫩根莖煠食。實熟採實剥人[一六]食之。蒸過，烈日晒之，其皮即開；舂去皮，搗碎爲粉，蒸煠作餅，皆可食。多食不益脾胃氣，兼難消化；生食動風、冷氣。與小兒食，不能長大。故駐年耳。

菜　部葉可食

蕓薹菜

【蕓[一七]臺菜】　詳見樹藝蔬部⑤。

救飢：採苗葉煠熟，水浸淘洗净，油鹽調食。

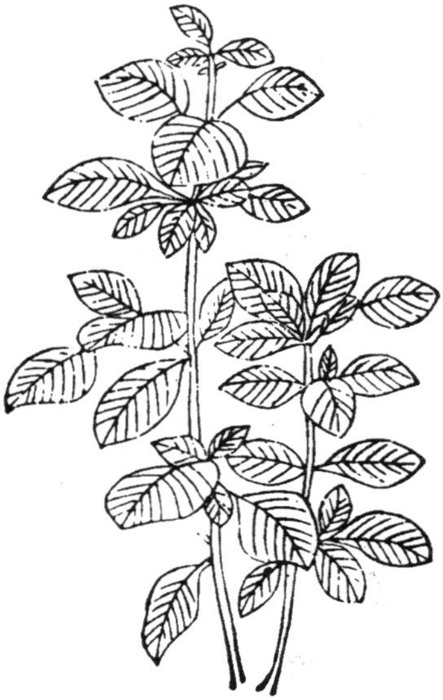

【莧菜】詳見樹藝蔬部。

救飢：採苗葉煠熟，水淘洗净，油鹽調食。晒乾煠食，尤佳。

玄扈先生曰：恒蔬，不必救荒。

苦苣菜

【苦苣菜】 本草云：即野苣也，又云褊苣，俗名天精菜。舊不著所出州土，今處處有之。苗塌地生，其葉光者似黄花苗葉；葉花者，似山苦藚葉。莖葉中皆有白汁。味苦，性平；一云性寒。

救飢：採苗葉煠熟，用水浸去苦味，淘洗净，油鹽調食；生亦可食，雖性冷，甚益人；久食輕身少睡，調十二經脉，利五臟。不可與血同食，作痔疾；一云，不可與蜜同食。

馬齒莧菜

【馬齒莧菜】又名五行草。舊不著所出州土，今處處有之。以其葉青、梗赤、花黄、根白、子黑，故名五行草耳。味甘，性寒滑。

救飢：採苗葉，先以水渫〔一八〕過，晒乾煠熟，油鹽調食。

玄扈先生曰：嘗過。可作恒蔬。

苦蕒菜

【苦蕒菜】俗名老鸛菜。所在有之，生田野中；人家園圃種者，爲苦蕒。脚葉似白菜，小葉抪莖而生，稍葉似鴉嘴形。每葉間分叉攛葶，如穿葉狀。稍間開黄花。味微苦，性冷，無毒。

救飢：採苗葉煠熟，以水浸洗，淘净，油鹽調食。出蠶蛾時，切不可取拗〔一九〕，令蛾子赤爛。蠶婦忌食。

玄扈先生曰：可作恒蔬。蠶特忌之。嘗過。

莙薘菜

【莙薘菜】所在有之，人家園圃中多種。苗葉塌地生。葉類白菜而短，葉莖亦窄，葉頭稍團，形狀似糜匙樣。味鹹，性平，寒，微毒。

救飢：採苗葉煠熟，以水浸洗淨，油鹽調食。不可多食，動氣破腹。

玄扈先生曰：恒蔬。

邪蒿

【邪蒿】生田園中，今處處有之。苗高尺餘，似青蒿細軟。葉又似葫蘿蔔葉，微細而多花叉。莖葉稠密。稍間開小碎瓣黄花。苗葉味辛，性温平，無毒。

救飢：採苗葉煠熟，水浸淘净，油鹽調食。生食微動風氣。作羹食良。不可同胡荽食，令人汗臭氣。

同蒿

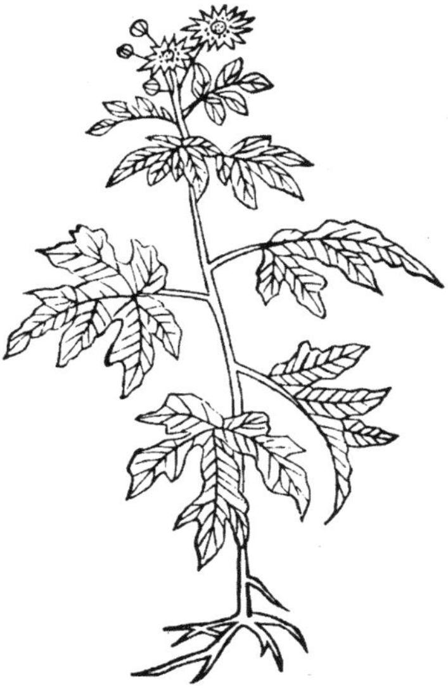

【同蒿】處處有之，人家園圃中多種。苗高一二尺。葉類葫蘿蔔葉而肥大。開黄花似菊花。味辛，性平。

救飢：採苗葉煠熟，水浸淘净，油鹽調食。不可多食，動風氣；熏人心，令人氣滿。

冬葵菜

【冬葵菜〔二〇〕】本草冬葵子，是秋種葵，覆養經冬，至春結子，故謂冬葵子。生少室山，今處處有之。苗高二三尺。莖及花葉似蜀葵而差小。子及根俱味甘，性寒，無毒。黄芩爲之使，根解蜀椒毒。葉味甘，性滑利，爲百菜主，其心傷人。

救飢：採葉煠熟，水浸淘净，油鹽調食。服丹石人尤宜食。天行病後食之，頓夜〔二一〕明。熱〔二二〕食亦令人熱悶動風〔二三〕。

蓼芽菜

【蓼芽菜】本草有蓼實。生雷澤川澤，今處處有之。葉似小藍葉微尖；又似水葒葉而短小，色微帶紅。莖微赤。稍間出穗，開花赤色。莖葉味辛，性溫。

救飢：採苗葉煠熟，水浸去辣氣淘净，油鹽調食。

苜蓿

【苜蓿】出陝西，今處處有之。苗高尺餘，細莖分叉而生。葉似綿〔五〕鷄兒花葉，微長；又似豌豆葉，頗小，每三葉攢生一處。稍間開紫花，結彎角兒，中有子如黍米大，腰子樣。味苦，性平，無毒；一云微甘，淡；一云性涼。根寒。

救飢：苗葉嫩時，採取煠食。江南人不甚食，多食利大小腸。

玄扈先生曰：嘗過。嫩葉恒蔬。

薄荷

【薄荷】一名鷄蘇。舊不著所出州土，今處處有之。莖方。葉似荏子葉小頗細長，又似香菜葉而大。開細碎黲白花。其根經冬不死，至春發苗。味辛苦，性温，無毒；一云性平。東平龍腦崗者尤佳。又有胡薄荷，與此相類，但味少甘爲别，生江浙間，彼人多作茶飲，俗呼爲新羅薄荷。又有南薄荷，其葉微小。

救飢：採苗葉煠熟，水浸去辣味，油鹽調食。與薤作虀食相宜。煎豉湯，暖酒和飲，煎茶，並宜。新病瘥人勿食，令人虚汗不止。猫食之即醉，物相感耳。

荆芥

【荆芥〔二三〕】本草名假蘇，一名鼠蓂，一名薑芥。生漢中川澤，及岳州、歸德州，今處處有之。莖方，窊面。葉似獨掃葉而狹小，淡黄緑色。結小穗，有細小黑子，鋭圓，多生穗中〔二四〕。以香氣似蘇，故名假蘇。味辛，性平，無毒。

救飢：採嫩苗葉煠熟，水浸去邪氣，油鹽調食。初生，香辛可噉，人取作生菜，醃食。

水蘄

【水蘄音勤。】俗作芹菜，一名水英。出南海池澤，今水邊多有之。根莖離〔六〕二三寸，分生莖叉。其莖方，窊面四楞。對生葉，似痢見菜葉而闊短，邊有大鋸齒；又〔三五〕似薄荷葉而短。開白花，似蛇床子花。味甘，性平，無毒；又云大寒。春秋二時，龍帶精入芹菜中；人遇食之，作蛟龍病。

救飢：發英時採之，煠熟食。芹有兩種：秋芹取根，白色；赤芹取莖葉，並堪食。又有渣芹，可爲生菜食之。

玄扈先生曰：恒蔬。

校：

〔一〕取　黔、魯譌作「去」，依平、曙從晉刻作「取」。

〔二〕多食　黔、魯誤作「食食」，依平、曙從晉刻作「多食」。

〔三〕丈　平本譌作「上」；應依黔、曙、魯改，合晉刻。

〔四〕曝　平、曙作「爆」，暫依黔、魯改作「曝」（晉刻作「暴」）。

〔五〕醂　黔、魯作「淋」，應依平、曙從晉刻作「醂」，音lǎn。

〔六〕結　平本空等，依黔、曙、魯補。

〔七〕熟　黔、魯脱；應依平、曙補，合晉刻。

〔八〕「食」字，黔、魯重複；應依平、曙删去一個，合晉刻本。

〔九〕時　黔、魯脱；應依平、曙補，合晉刻。

〔一〇〕「救飢」兩字，魯本脱去；依平、曙補。下文「熟軟」兩字，黔、魯倒轉作「軟熟」；依平、曙作「熟軟」，合晉刻原文。

〔一一〕熟　黔、魯譌作「食」；依平、曙作「熟」，合晉刻原文。

〔一二〕食　魯本譌作「服」；應依平、曙、中華排印本作「食」，合於救荒本草。（定枎校）

〔一三〕混　黔、魯譌作「泥」，應依平、曙作「混」。

〔一四〕蒸　平本作「烝」，應依黔、曙、魯改作「蒸」。

〔一五〕煮飯食　魯本缺「飯」字；應依平、曙、中華排印本補，合於救荒本草。（定扶校）

〔一六〕實熟採實剥人　「實熟」，黔、魯作「熟時」，曙本作「採實」，平本作「熟實」，應依晉刻改作「實熟」；「採實」，曙本因前面已作「採實」，此處譌作「煠熟」，應改正。

〔一七〕蕓　平、魯譌作「芸」，依曙、中華排印本改作「蕓」。（定扶校）

〔一八〕淖　黔、魯作「淘」，暫從平、曙及中華排印本作「淖」；應依晉刻作「焯」。

〔一九〕拗　黔、魯作「抝」；應依平、曙作「拗」，合晉刻。

〔二〇〕菜　魯本譌作「花」；依平、曙、中華排印本作「菜」，合於救荒本草。（定扶校）

〔二一〕熱　黔、魯譌作「熟」；應依平、曙作「熱」，合晉刻。

〔二二〕風　魯、曙、中華排印本皆作「氣」；應依平本作「風」，合於救荒本草。（定扶校）

〔二三〕荆芥　曙、魯此條在「水蘄」之後；應依平本次序，合晉刻。

〔二四〕多生穗中　「穗」字，平、曙空等，黔、魯作「穗」，晉刻這句作「多野生」。

〔二五〕又　魯本作「葉」；依平、黔、曙作「又」，合晉刻原文。

注：

①樹藝果部：即本書第二十九、三十兩卷。

②「麄心」兩字難解；晉刻亦如此，疑有譌脱。

③樹藝蓏部：即本書第二十七卷。

④此句玄扈先生評語，是正確的；但不録救荒本草原來的形態性質記述，便成了「無的放矢」；這個漏洞，應由整理刻書人負責。

⑤樹藝蔬部：即本書第二十八卷。（定扶注）

案：

〔一〕取摘　應依晉刻倒轉。

〔二〕櫨　應依晉刻作「樝」。案：本書卷三十「木瓜」條後，正有「樝子」一條。依本卷前後各條體例，這條的形態叙述也止應寫作「詳見樹藝果部」；現在這樣鈔出救荒本草原文，可以説明原來經手整理付刻的人粗疏大意；或者負責整理這一卷的人，不認識「樝」字。——本書所據救荒本草，肯定止能是晉刻（卷四五所引序文，可以證明）；晉刻並未錯，則責任止能是平露堂經手校、寫、刻的人。

〔三〕食　應依晉刻作「熟」。

〔四〕夜　本書各刻本均譌作「夜」，應依晉刻作「喪」。

〔五〕綿　應依晉刻作「錦」。

〔六〕「離」字下，應依晉刻補「地」字。

農政全書校注卷之五十九

荒政

採周憲王救荒本草

菜部

葉可食

香菜

【香菜】生伊、洛間。人家園圃種之。苗高一尺許。莖方，窊面四稜；莖色紫。稔〔一〕葉似薄荷葉，微小，邊有細鋸齒，亦有細毛。稍頭開花作穗，花淡藕褐色。味辛香，性温，無毒。

救飢：採苗葉煠熟，油鹽調食。

銀條菜

【銀條菜】所在人家園圃多種。苗葉皆似萵苣，長細，色頗青白。攛葶高二尺許。開四瓣淡黄花。結蒴似蕎麥蒴而圓，中有小子如油子大，淡黄色，其葉味微苦。性涼。

救飢：採苗葉煠熟，水浸淘净，油鹽調食。生揉亦可食。

後庭花

【後庭花】　一名雁來紅。人家園圃多種之。葉似人莧葉，其葉中心紅色，又有黃色相間；亦有通身紅色者，亦有紫色者。莖葉間結實，比莧實差大。其葉衆葉攢聚，狀如花朵，其色嬌紅可愛，故以名之。味甜，微澁，性涼。

救飢：採苗葉煠熟，水浸淘净，油鹽調食。晒乾煠食尤佳。

玄扈先生曰：莧屬也，可作恒蔬。

火燄菜

【火焰菜】人家園圃多種。苗葉俱似菠菜，但葉稍微紅，形如火焰。結子亦如菠菜子。

苗葉味甜，性寒冷。

救飢：採苗葉煠熟，水淘洗净，油鹽調食。

山葱

【山葱】一名隔葱①，又名鹿耳葱。生輝縣太行山山野中。葉似玉簪葉，微團，葉中攛葶，似蒜葶，甚長而澁。稍頭結蓇葖，音骨突。似葱蓇葖，微〔一〕開白花。結子黑色。苗味辣。

救飢：採苗葉煠熟，油鹽調食。生醃食亦可。

【背韭】生輝縣太行山山野中。葉頗似韭葉而甚寬大。根似葱根。味辣。

救飢：採苗葉煠熟，油鹽調食。生醃食亦可。

水芥菜

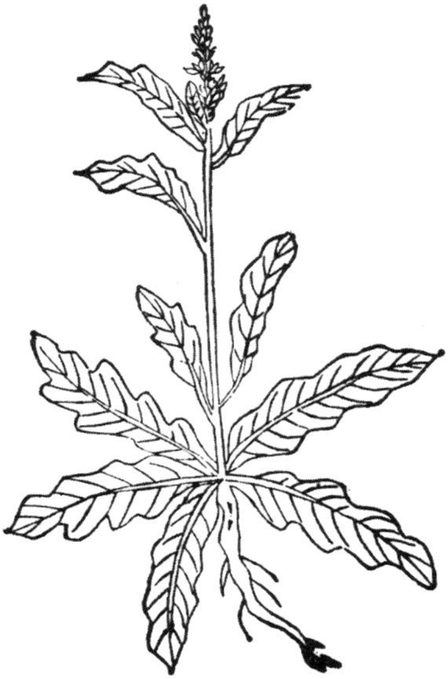

【水芥菜】水邊多生。苗高尺許。葉似家芥菜葉極小，色微淡緑；葉多花叉。莖叉亦細。開小黃花。結細短小角兒。葉味微辛。

救飢：採苗葉煠熟，水浸去辣氣，淘洗過，油鹽調食。

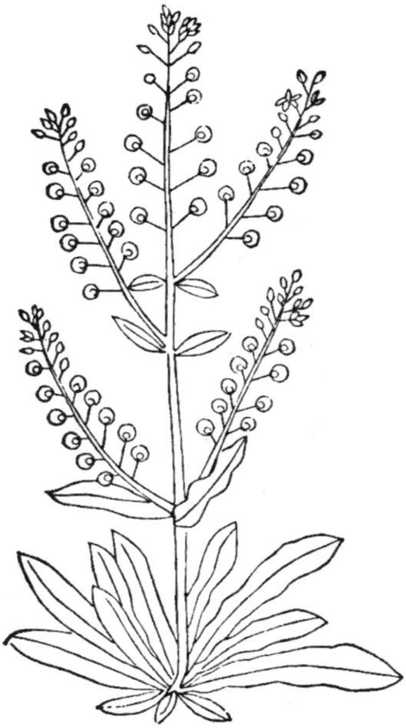

【遏藍菜】生田野中下濕地。苗初塌地生。葉似初生菠菜葉而小，其頭頗團。葉間擸葶分叉，上結莢兒，似榆錢狀而小。其葉味辛香，微酸，性微温。

救飢：採葉煠熟，水浸取②酸辣味，復用水淘净作齏，油鹽調食。

牛耳朶菜

【牛耳朶菜〔二〕】一名野芥菜。生田野中。苗高一二尺。苗莖似萵苣〔三〕，葉似牛耳朶形而小；葉間分攛葶叉，開白花。結子如粟粒大。葉味微苦辣。

救飢：採苗葉淘洗净〔四〕煠熟，油鹽調食。

【山白菜】生輝縣山野中。苗葉〔五〕頗似家白菜，而葉莖〔六〕細長，其葉尖艄，有鋸齒叉，又似莙蓬菜葉而尖瘦，亦小。味甜，微苦。

救飢：採苗葉煠熟，水淘净，油鹽調食。

山宜菜

【山宜菜】又名山苦菜。生新鄭縣山野中。苗初塌地生。葉似薄荷葉而大，葉根兩傍有叉，背白，又似青莢兒菜葉，亦大。味苦。

救飢：採苗葉煠熟，油鹽調食。

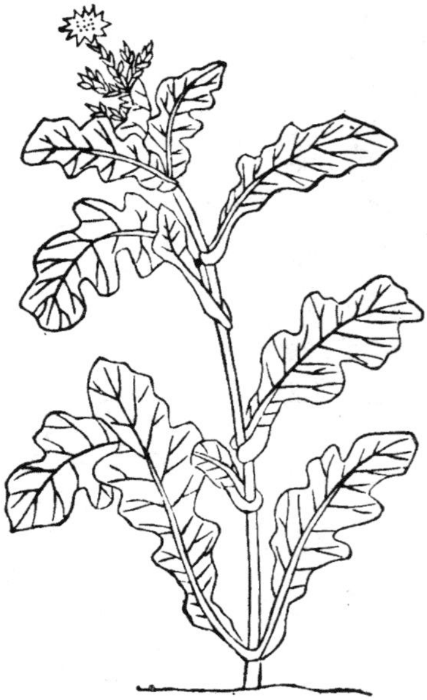

【山苦蕒】生新鄭縣山野中。苗高二尺餘，莖似萵苣葶而節稠。其葉甚花，有三五尖叉，似花苦苣葉〔七〕甚大。開淡棠褐花，表微紅。味苦。

救飢：採嫩苗葉煠熟，水淘去苦味，油鹽調食。

南芥菜

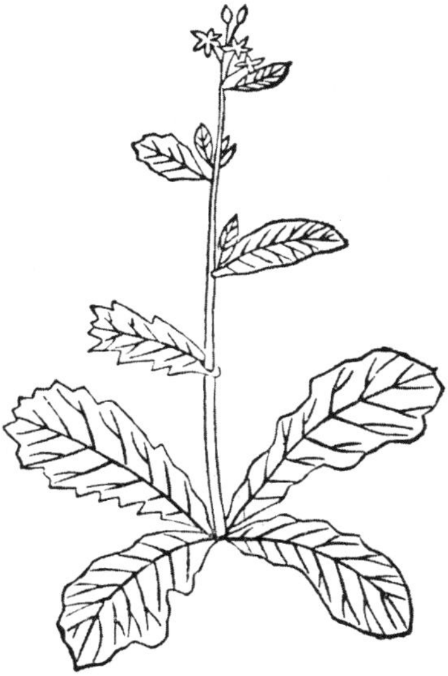

【南芥菜】人家園圃中亦種之。苗初搨地生，後攛葶叉。葉似芥菜葉，但小而有毛澁。莖葉稍頭開淡黃花，結小角兒。葉味辛辣。

救飢：採苗葉煠熟，水浸淘去澁味，油鹽調食。生焯過，醃食亦可。

山莴苣

【山莴苣】生輝縣山野間。苗葉塌地生。葉似莴苣葉而小，又似苦苣葉而却寬大；葉脚花叉頗少，葉頭微尖，邊有細鋸齒；葉間攛葶。開淡黄花。苗葉味微苦。

救飢：採苗葉煠熟，水浸淘去苦味，油鹽調食。生揉亦可食。

黄鶴菜

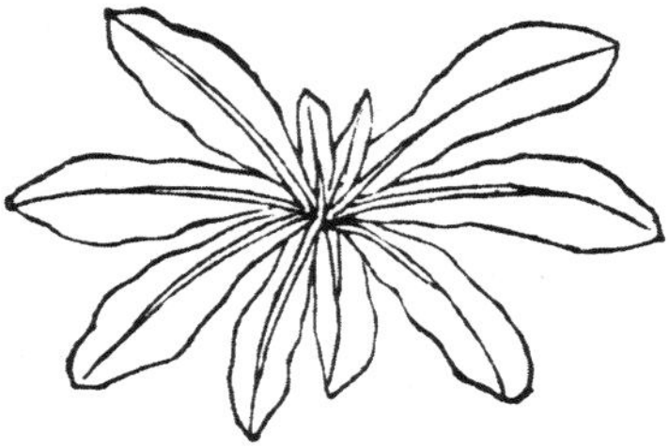

【黄鶴菜】生密縣山谷中。苗初塌地生。葉似初生山萵苣葉而小，葉脚邊微有花叉；又似孛孛丁葉而頭頗團；葉中攛生莛叉，高五六寸許。開小黄花，結小細子，黄茶褐色。葉味甜。

救飢：採苗葉煠熟，换水淘净，油鹽調食。

鷰兒菜

【鷰兒菜】生密縣山澗邊〔八〕。苗葉塌地生。葉似匙頭樣，頗長；又似牛耳朵菜葉而小，微澁；又似山萵苣葉，亦小，頗硬，而頭微團。味苦。

救飢：採苗葉煠熟，換水浸淘净，油鹽調食。

孛孛丁菜

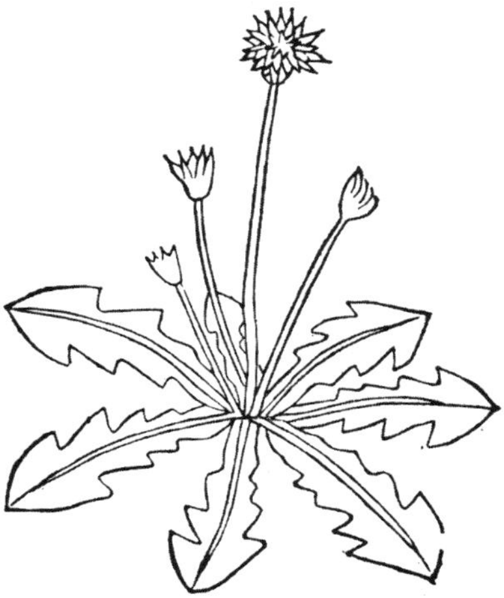

【孛孛丁菜】又名黃花苗。生田野中。苗初塌地生。葉似苦苣葉，微短小；葉叢中間攛葶。稍頭開黃花。莖葉折之皆有白汁。味微苦。

救飢：採苗葉煠熟，油鹽調食。

玄扈先生曰：南俗名黃花郎，本草蒲公英。

柴韭

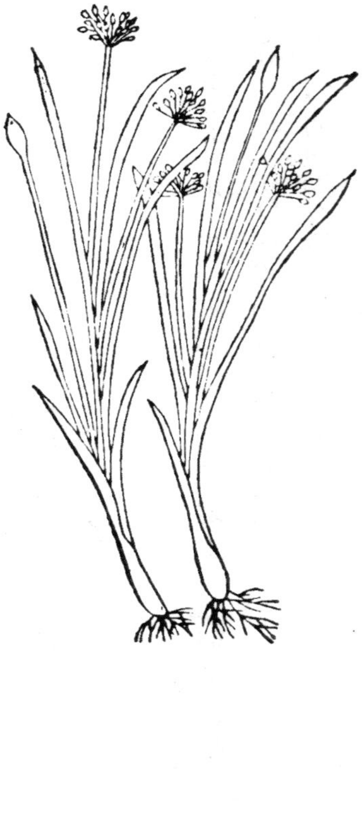

【柴韭】 生荒野中。苗葉形狀如韭，但葉圓細而瘦；葉中攛葶。開花如韭花狀，粉紫色。苗葉味辛。

救飢：採苗葉煠熟，水浸淘净，油鹽調食。生醃食亦可。

野韭

【野韭】生荒野中。形狀如韭。苗葉極細弱。葉圓，比柴韭又細小；葉中攛葶。開小粉紫花，似韭花狀。苗葉味辛。

救飢：採苗葉煠熟，油鹽調食。生醃食亦可。

菜　部根可食

甘露兒

【甘露兒】人家園圃中多栽。葉似地瓜兒葉甚闊，多有毛澁。其葉對節生，色微淡緑；又似薄荷葉，亦寬而皺。開紅紫花。其根呼爲甘露兒，形如小指，而紋節甚稠；皮色黪白。味甘。

救飢：採葉洗净煠熟，油鹽調食。生醃食亦可。

玄扈先生曰：又一種，與甘露同，而根作直枝無節者，名銀條菜。

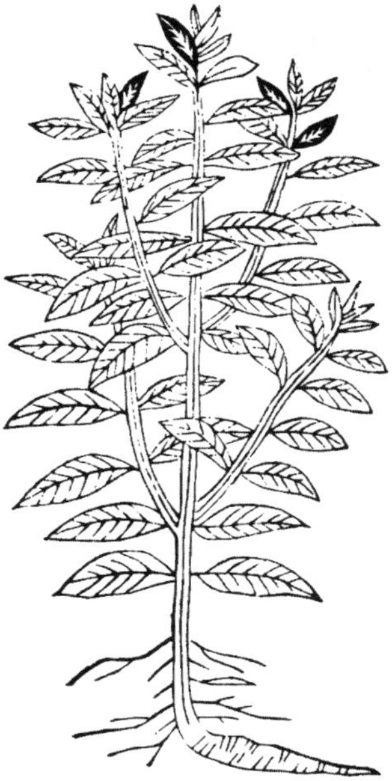

【地瓜兒苗】生田野中。苗高二尺餘。莖方，四楞。葉似薄荷葉，微長大；又似澤蘭葉，抪莖而生。根名地瓜，形類甘露兒，更長。味甘。

救飢：掘根洗淨，煠熟，油鹽調食。生醃食亦可。

菜　部根葉皆可食

澤蒜

【澤蒜】又名小蒜。生田野中，今處處有之。生山中者，名萵〔二〕。苗似細韭。葉中心攛葶，開淡粉紫花。根似蒜而甚小。味辛，性温，有小毒；又云熱，有毒。

救飢：採苗根作羹，或生醃，或煠熟，油鹽調，皆可食。

樓子葱

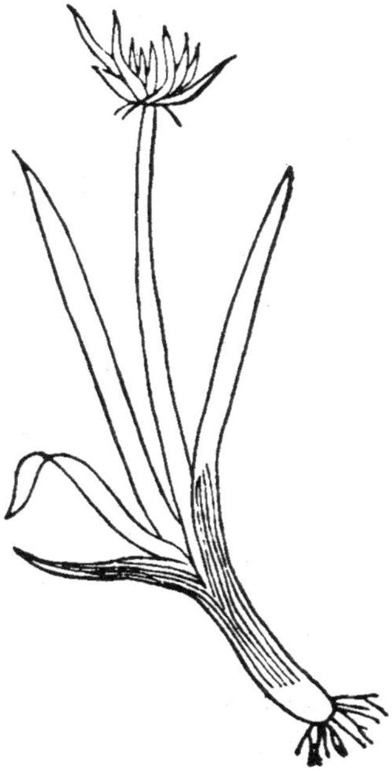

【樓子葱】 人家園圃中多栽。苗葉根莖俱似葱。其葉稍頭，又生小葱四五枝，疊生三四層，故名樓子葱。不結子，但掐下小葱栽之便活。味甘辣。性温。

救飢：採苗莖，連根，擇去細鬚，煠熟，油鹽調食。生亦可食。

治病：與本草菜部木葱同用。

玄扈先生曰：俗名龍爪葱。

䪢韭

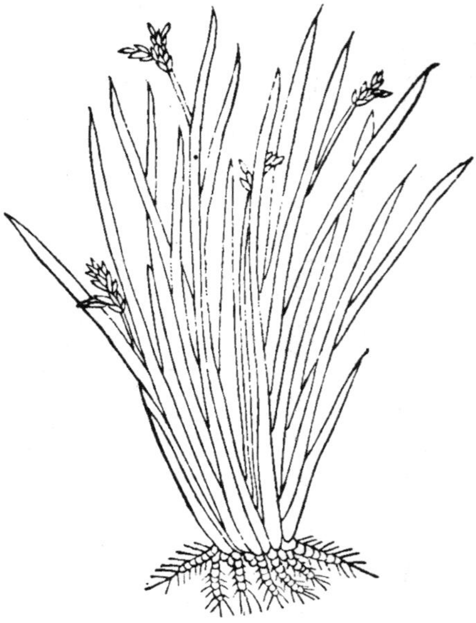

【䪢韭】 一名石韭。生輝縣太行山山野中。葉似蒜葉，而頗[九]窄狹；又似肥韭葉微闊。花似韭花頗大。根似韭根，甚麄。味辣。

救飢：採苗葉煠熟，油鹽調食。生亦可食。冬月采取根，煠食。

水蘿蔔

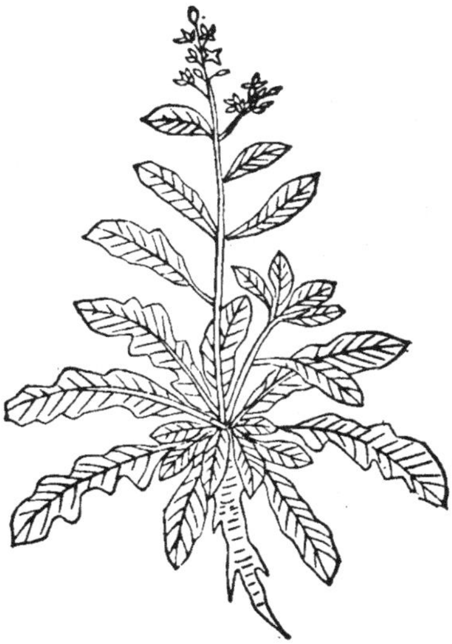

【水蘿蔔〔一〇〕】生田野下濕地中〔一一〕。苗初塌地生。葉似薺菜形而厚大，鋸齒尖。花葉又似水芥葉，亦厚大；後分莖叉。稍間開淡黄花。結小角兒。根如白菜根而大。味甘辣。

救飢：採根及葉煠熟，油鹽調食。生亦可食。

野蔓菁

【野蔓菁】生輝縣栲栳圈山谷中。苗葉似家蔓菁葉而薄小；其葉，頭尖艄，葉脚花叉甚多；葉間攛出枝叉，上開黄花。結小角。其子黑色。根似白菜根頗大。苗葉根味微苦。

救飢：採苗葉煠熟，水浸淘净，油鹽調食。或採根换水煮去苦味，食之亦可。

菜部 葉及實皆可食

薺菜

【薺菜】生〔二〕平澤中，今處處有之。苗塌地生。作鋸齒葉。三四月出葶，分生莖叉。稍上開小白花。結實小，似菥蓂音錫覓。子。苗葉味苦，性溫，無毒。其實亦呼菥蓂子。其子味甘，性平。患氣人食之動冷疾。不可與麪同食。令人背〔三〕悶。服丹石人不可食。

救飢：採子，用水調攪，良久成塊，或作燒餅，或煮粥食，味甚粘滑。葉煠作菜食，或煮作羹皆可。

玄扈先生曰：恒蔬。

紫蘇

【紫蘇】一名桂荏。又有數種：有勺蘇、魚蘇、山蘇。出簡州及無爲軍，今處處有之。苗高二尺許。莖方。葉似蘇子葉微小。莖葉背面，皆紫色，而氣甚香。開粉紅花。結小蒴。其子，狀如黍顆。味辛，性溫。又云：味微辛甘，子無毒。

救飢：採葉煠食，煮飲亦可。子研汁，煮粥食之皆好。葉可生食，與魚作羹味〔一四〕佳。

玄扈先生曰：葉堪爲味，子堪爲藥。必求充腹，宜以他種雜之。

荏子

【荏子】所在有之，生園圃中。苗高一二尺。莖方。葉似薄荷葉，極肥大。開淡紫花。結穗似紫蘇穗。其子如黍粒。其枝莖，對節生。東人呼爲萮，音魚。以其蘇字但除禾邊故也。味辛，性温，無毒。

救飢：採嫩苗葉煠熟，油鹽調食。子可炒食；又研雜米作粥，甚肥美。亦可笮〔一五〕油用。

灰菜

【灰菜】 生田野中,處處有之。苗高二三尺。莖有紫紅線楞。葉有灰麸。音勃。結青子,成穗者甘,散穗者微苦。性暖。生牆下樹下者,不可用。

救飢:採苗葉煠熟,水浸淘净,去灰氣,油鹽調食。晒乾煠食尤佳。穗成熟時,採子搗爲米,磨麪作餅蒸食皆可。

丁香茄苗

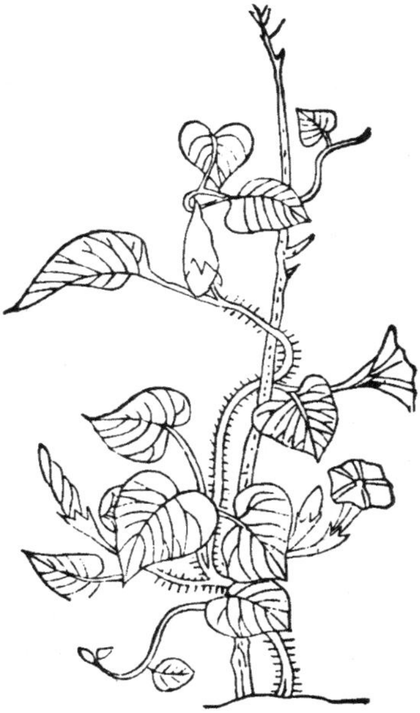

【丁香茄苗】亦名天茄兒。延蔓而生。人家園籬邊多種。莖紫多刺，藤長丈餘。葉似牽牛葉甚大，而無花叉；又似初生嫩檾葉却小。開粉紫邊紫色心筒子花，狀如牽牛花樣。結小茄如丁香樣而大。有子如白牽牛子，亦大。味微苦。

救飢：採茄兒煠食，或醃作菜食。嫩葉亦可煠熟，油鹽調食。

玄扈先生曰：嘗過，恒蔬。亦作蜜煎。

菜　部根及實皆可食

山藥

【山藥】本草名薯蕷，一名山芋，一名諸薯，一名脩脆，一名兒草；秦、楚名玉延，鄭、越名土藷。音諸。出明州、滁〔一六〕州，生嵩山山谷，今處處有之。春生苗，蔓延籬援。莖紫色。葉青，有三尖角，似千葉狗兒秧葉而光澤。開白花。結實如皂莢子大。其根，皮色黲黄，中則白色。人家園圃種者，肥大如手臂，味美。懷、孟間産者，入藥最佳。味甘，性溫平，無毒。紫芝爲之使，惡甘遂。

救飢：掘取根，蒸食甚美。或火燒熟〔一七〕食，或煮〔一八〕食，皆可。其實亦可煮食。

玄扈先生曰：嘉蔬〔一九〕，不必救荒。

校：

〔一〕稔　黔、魯作「赤」；暫依平、曙作「稔」，合晉刻。疑仍有誤。

〔二〕牛耳朵菜　「菜」字，黔、魯缺；應依平、曙補。

〔三〕苘苣　「苣」字，平、黔作「色」，曙、魯作「苣」較好；晉刻作「苘苣色」。「色」字暫不補。

〔四〕淘洗净　魯本缺「淘」字；應依平、曙、中華排印本補，合於救荒本草。（定扶校）

〔五〕「葉」字上，平本有「苗」字；黔、魯缺；應依平本，合晉刻。

〔六〕葉莖　黔、魯作「莖葉」；應依平、曙作「葉莖」，合晉刻。

〔七〕尖叉似花苦苣葉　「尖」字下「叉」字，黔、魯缺；黔、魯「苦苣」下衍「其」字。應依平、曙作「尖叉似花苦苣葉」，方合晉刻。

〔八〕邊　魯本譌作「中」；應依平、曙、中華排印本作「邊」，合於救荒本草。（定扶校）

〔九〕「熲」字，平、曙有，黔、魯缺，應有。

〔一〇〕蔔　黔、魯譌作「葡」；應依平、曙作「蔔」，合晉刻。

〔一二〕生田野下溼地中　黔、魯作「生田野中下溼地」；應依平、曙作「生田野下濕地中」，合晉刻。

〔一三〕生　平本譌作「㞢」，應依黔、曙、魯改正。

〔一三〕背　平本作「昔」，可知是「背」字看錯。黔、魯作「昏」。中華排印本「參照本草綱目改」作「胸」。應依曙本與晉刻改作「背」，與證類本草同。

〔一四〕味　黔、魯缺，應依平本補。

〔一五〕笮　黔、魯作「炸」，平本及中華排印本作「窄」；應依曙改作「笮」（即今日「榨」字），合晉刻原文。

〔一六〕滁　平、曙譌作「除」，應依黔、魯改作「滁」。

〔一七〕熟　黔、魯作「煮」；應依平、曙作「熟」，合晉刻。

〔一八〕煮　黔、魯作「炸」；應依平、曙作「煮」，合晉刻。

〔一九〕菰　魯本譌作「蔬」，應依平、曙、中華排印本作「菰」。（定扶校）

注：

① 隔：爾雅「茖，山葱」作「茖」。

② 取：似應作「去」。

案：

〔一〕「微」字下，應依晉刻補「小」字。

〔二〕蒚　應依晉刻作「蒚」（晉刻有音注：力的切，即讀「歷」音），與爾雅釋草「蒚，山蒜」合。

農政全書校注卷之六十

荒政

野菜譜

王磐野菜譜序曰①：穀不熟曰飢，菜不熟曰饉。飢饉之年，堯、湯所不能免〔一〕，惟在有以濟之耳。正德間，江淮迭經水旱，飢民枕藉道路。有司雖有賑發，不能遍濟〔二〕。率皆採摘野菜以充食，賴之活者甚衆。但其間形類相似，美惡不同，誤食之或至傷生。此野菜譜所不可無也。予雖不爲世用，濟物之心未嘗忘。田居朝夕，歷覽詳詢，前後僅得六十餘種，取其象而圖之，俾人人易識，不至誤食而傷生。且因其名而爲詠，庶幾〔一〕〔三〕乎因是以流傳。非特於吾民有所補濟，抑亦可以備觀風者之採擇焉。此野人之本意也。同志者因其未備而廣之，則又幸矣〔四〕。

張綖跋曰：昔陶隱居註本草，謂誤註之害，甚於註周易之誤。其言雖過，要之有補於世也。吾西樓著野菜譜，觀其自叙，亦隱居之意歟？較又微矣。雖然，無逸、豳風，其言稼穡艱難至矣。自井田廢，王政缺，民生之艱，尤有不忍言者。斯譜備述〔二〕閭閻小民艱食之情，仁人〔三〕君子觀之，當憮然而感，惻然而傷。由是而講孟子之王道，備周官〔四〕之荒政，思艱圖易，使怨咨者獲乃寧之〔五〕願，不特多識庶草之名而已。故曰可以備觀風者之採擇，意正在此歟？然則斯譜也，孰謂其微哉！孰謂其微哉！

【白皷釘】

白皷釘，白皷釘，豐年賽社皷不停；凶年罷社皷絶聲。皷絶聲，社公惱；白皷釘，化爲草。

救飢②：一名蒲公英。四時皆有；惟極寒天，小而可用，采之熟食。

白皷釘

【猪殃殃】

猪殃殃，胡不祥。猪不食，遺道傍；我拾之，充餱糧。

救飢：春采熟食〔六五〕，猪食之則病，故名。

猪殃殃

【絲蕎蕎】

絲蕎蕎，如絲縷。昔爲養蠶人，今作挑菜侶。養蠶衣整齊，挑菜衣襤褸。張家姑，李家女，隴頭相見淚如雨。

救飢：二三月采，熟食。四月結角不用。

絲蕎蕎

【牛塘利】

牛塘利，牛得濟。種草有餘青，蓄水有餘味。年來水草枯，忽變爲荒薺。采采療人飢，更得牛塘利。

救飢：二三月采，熟食；亦可作虀。

牛塘利

浮薔

【浮薔】

采采浮薔，涉彼滄浪。無根可托，有莖可嘗。野風浩浩，野水茫茫。飄蕩不返，若我流亡。

救飢：入夏，生水中。六七月采，生熟皆可以食。

【水菜】

水菜

水菜生水中，水深不可得。掔〔七〕筥遶堤行，日暮風波息。水清忽照人，面色如菜色。

救飢：秋生水田，狀類白菜，熟食。

【看麥娘】

看麥娘

看麥娘，來何早！麥未登，人未飽。何當與爾還厥家，共嚥糟糠暫相保。

救飢：隨麥生隴上，因名。春采，熟食。

【狗脚跡】

狗脚跡，何處尋？狡兔亂走妖狐〔八〕吟，北風揚沙一尺深。狗脚跡，何處尋？

救飢：生霜降時。采之，熟食〔六〕。葉如狗印，故名。

狗脚跡

【破破衲】

破破衲〔七〕，不堪補。寒且飢，聊作脯；飽煖時，不忘汝〔九〕。

救飢：臘月便生，正二月采，熟〔八〕食。三月老不堪食。

破破衲

【斜蒿】

斜蒿復斜蒿，采采臨春郊；終日不盈把，悵望登東皋；欲進不能進，風日寒瀟瀟。

救飢：三四月生。小者一科俱可用；大者，摘嫩頭於湯中略過，晒乾，再用〔九〕湯泡，油鹽拌食，白食亦可。

斜蒿

江薺

【江薺】

江薺青青江水緑，江邊挑菜女兒哭。爺娘新死兄趁熟，止存我與妹看屋。

救飢：生熟皆可用；花時不可食，但可作虀。臘月生〔一〇〕。

【燕子不來香】

燕子不來香，燕子來時便不香。我願今年燕不來，常〔一〕與吾民充餱糧。

救飢：早春採，可熟食。燕來時，則腥臭不堪食，故名。

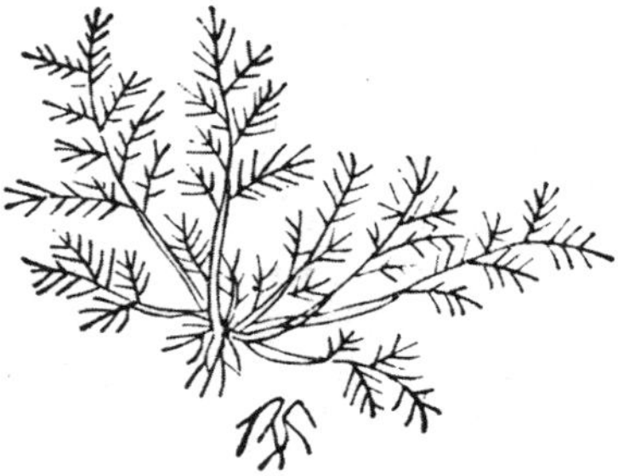

燕子不來香

猢猻脚跡

【猢猻脚跡】

猢猻脚跡，宜爾泉石。胡不自安？犯我田宅。遭彼侵凌，畝畝蕭瑟。獲而烹之，償〔二〕我稼穡。

救飢：三月采之，熟食〔三〕。

【眼子菜】

眼子菜，如張目，年年盼春懷布穀，猶向秋來望時熟。何事頻年倦不開，愁看四野波漂屋。

救飢：采之熟食〔一四〕。六七月採。生水澤中。青葉背紫色。莖柔滑而細。長可數尺。

眼子菜

猫耳朵

【猫耳朵】

猫耳朵，聽我歌。今年水患傷田禾，倉廩空虛鼠棄窠。猫兮猫兮將奈何？

救飢：正二月採，搗爛和粉麪作餅，蒸食。

【地踏菜】

地踏菜，生雨中，晴日一照郊原空。莊前阿婆呼阿翁，相攜兒女去匆匆，須臾采得青滿籠，還家飽食忘歲凶。東家懶婦睡正濃。

救飢：一名地耳，狀如木耳。春夏生雨中。雨後采，熟食。見日即枯沒。

地踏菜

窩螺薺

【窩螺薺】

窩螺薺，如螺髻，生水邊，照華麗。去年郎家田不收，挑菜女兒不上頭，出門忽見窩螺羞。

救飢：正月、二月采之。熟食〔一○〕。

【烏藍擔】

烏藍擔，擔不動。去時腹中飢，歸來肩上重。肩上重，行路遲，日暮還家方早炊。

救飢：此菜但可熟食〔一五〕。烏，大也。村〔一一〕人呼大爲烏。

烏　藍　擔

【蒲兒根】

蒲兒根，生水曲。年年砍蒲千萬束，水鄉人家衣食足。今年水深渰絕蒲，食盡蒲根生意無。

救飢：即蒲草嫩根也。生熟皆可食。

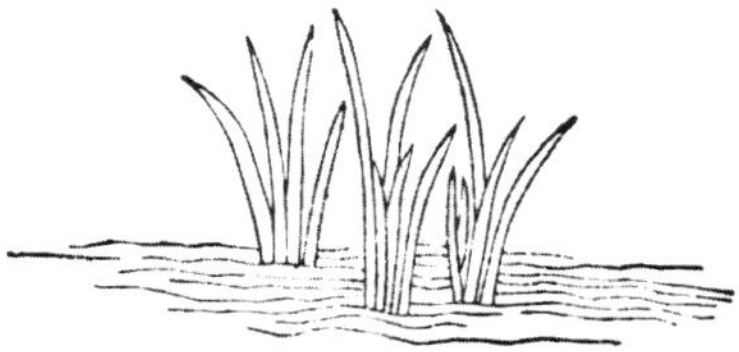

蒲　兒　根

【馬攔頭】

馬攔頭，攔路生，我爲拔之容馬行。只恐救荒人出城，騎馬直到破柴荆。

救飢：二三月叢生。熟食。又可作虀。

馬攔頭

【青蒿兒】

青蒿兒，纔發穎〔二三〕。二月二日春猶冷，家家競作茵陳餅。茵陳療〔二六〕病還療飢，借問采蒿知不知。

救飢：即茵陳蒿。春月采之，炊食。時俗二月二日，和粉麵作餅者是也。

青蒿兒

【藩籬頭】

藩籬頭，延蔓草；傍籬生，青裊裊。今年薪貴穀不收，拆藩籬(一三)煮藩籬頭。

救飢：臘月采，熟食。入春，不用。

藩籬頭

馬齒莧

【馬齒莧】

馬齒莧，馬齒莧，風俗相傳食元旦。何事年來采更頻，終朝賴爾供飧飯。

救飢：入夏采，沸湯瀹過，曝乾，冬用(一四)。旋食亦可。楚俗，元旦食之。

【鴈腸子】

鴈腸子，遺溝壑，應是今年絕飲啄。兩翼低垂去不前，苦遭餓鶻相擒搏〔一七〕。嗟哉鴈兮有羽翰，何況人生行路難。

救飢：二月生如豆芽菜，熟食之；生亦可食。

鴈腸子

野落籬

【野落籬】

野落籬，舊遮護。昔爲里正家，今作逃亡户。春來荒薺滿堦生，挑菜人穿屋裏行。

救飢：正二月采頭，湯過可食。

【茭兒菜】

茭兒菜，生水底，若蘆芽，勝菰米。我欲充飢采不能，滿眼風波淚如洗。

救飢：入夏生水澤中，即茭芽也。生熟皆用。

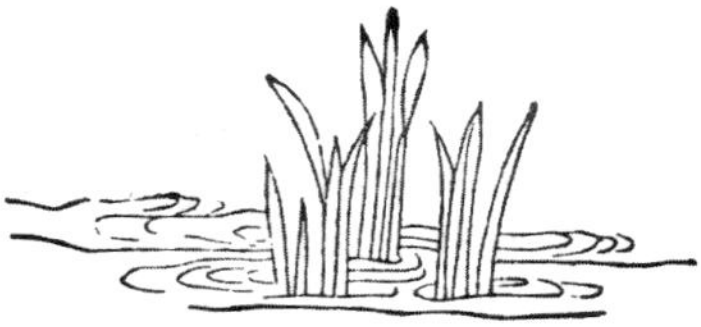

茭兒菜

倒灌薺

【倒灌薺】

倒灌薺，生旱田，上無雨露下有泉。抱甕不來還自鮮，造物冥冥解倒懸。

救飢：采之，熟食。亦可作虀。

【灰條】[一五]此藋也。葉間有勃，故稱灰焉。北方藋、條同音[一八]。

灰條復灰條，采采何辭勞。野人當年飽藜藋；凶歲得此爲佳殺。東家鼎食滋味饒，徹却少牢羹太牢。

救飢：此菜二種：一種葉大而赤，即藜藋；一種葉小而青，即今所采者，湯過，油鹽拌食。

灰條

【烏英】

烏英花，烏英菜，菜可茹兮花可愛。連朝摘菜不聊生，豈有心情摘花戴[一六]。

救飢：一名烏英花。入夏，生水澤中。生熟皆食。六月不可用。

烏英

【抱孃蒿】

抱孃蒿，結根牢，解不散，如漆膠。君不見昨朝兒賣商船上，兒抱娘啼不肯放〔一九〕。

救飢：二三月采，熟食。叢生，故名〔二〇〕。

抱孃蒿

【枸杞頭】

枸杞頭，生高丘，實爲藥餌來〔一七〕甘州。二載淮南穀不收，采春采夏還采秋，飢人飽食如珍饈。

救飢：村人呼〔一八〕爲甜菜頭。春夏采嫩頭，熟食。秋采實，即枸杞子。冬采根，即地骨皮。

枸杞頭

【苦蔴薹】

苦蔴薹，帶苦〔一九〕嘗；雖逆口，勝空腸。但願收租了官府，不辭喫盡田家苦。

救飢：三月采，用葉搗和麵作餅；生亦可食。

苦蔴薹

羊耳秃

【羊耳秃】

羊耳秃，短簇簇；穿藩籬，如羝觸。飢來進退無如何，前村後村荆棘多。

救飢：二三月采，熟食。

【剪刀股】

剪刀股，剪何益？剪得今年地皮赤。東家羅綺，西家綾，今年不聞剪刀聲。

救飢：春采，生食，兼可作虀。

剪刀股

水馬齒

【水馬齒】

水馬齒，何時落？食玉粒，銜金嚼，我民餓殍盈溝壑。惟皇震怒剔厥齶，化爲野草充藜藿。

救飢：采之，熟食〔二二〕。生水中。與旱馬齒菜相類。

【野莧菜】

野莧菜，生何少！盡日采來充一飽。城中赤莧美且肥，一錢一束賤如草。

救飢：夏采，熟食。類家莧〔三〕。

野莧菜

【黄花兒】

黄花兒，郊外艸；不愛爾花，愛爾充我飽。洛陽姚家深院深，一年一賞費千金。

救飢：正二月采，熟食。

黄花兒

【野荸薺】

野荸薺，生稻畦，苦薅不盡心力疲。造物有意防民飢。年來水患絶五穀，爾獨結實何纍纍！

救飢：四時采，生熟皆食。

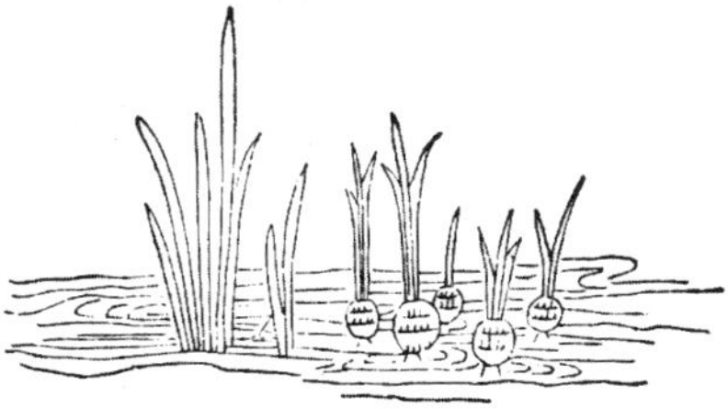

野荸薺

蒿柴薺

【蒿柴薺】

蒿柴薺，我獨憐；葉可食，楷③可燃。連朝風雪攔村路，飢寒不能出門去。

救飢：正二三月采，熟食。又可作虀。

【野菉豆】

野菉豆，匪耕耨，不種而生，不萁而秀，摘之無窮，食之無臭。百穀不登，爾何獨茂？

救飢：生熟皆可食〔二三〕。莖葉似菉豆而小。生野田，多藤蔓。

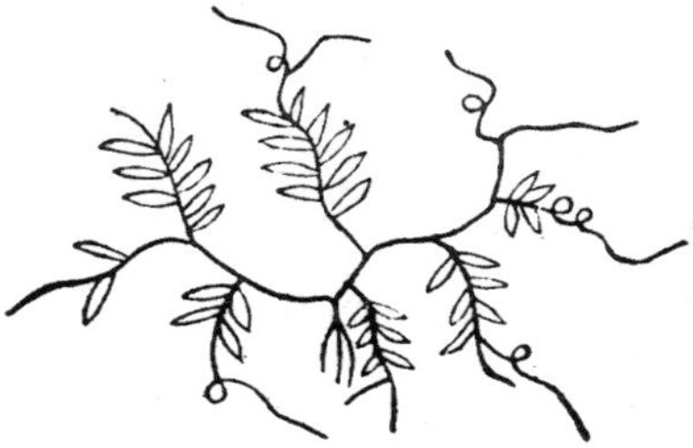

野菉豆

【油灼灼】

油灼灼，光錯落，生岸邊，照溝壑。溝壑朝來餓殍填，骨肉〔二〇〕未冷攢烏鳶。

救飢：生熟皆食，又可作乾菜。生水邊，葉光澤〔二四〕。

油灼灼

【雷聲菌】

雷聲菌，如卷耳；恐是蟄龍兒，雷聲呼輒起。休誇瑞草生，莫嘆靈芝死。如此凶年穀不登，縱有禎祥安足倚？

救飢：夏秋雷雨後，生茂草中，如蘑菇，味亦相似。

雷聲菌

【蔞蒿】

采蔞蒿，采枝采葉還采苗；我獨采根賣城郭，城裏人家半凋落。

救飢：春采苗葉，熟食；夏秋莖可作虀；心可入茶。

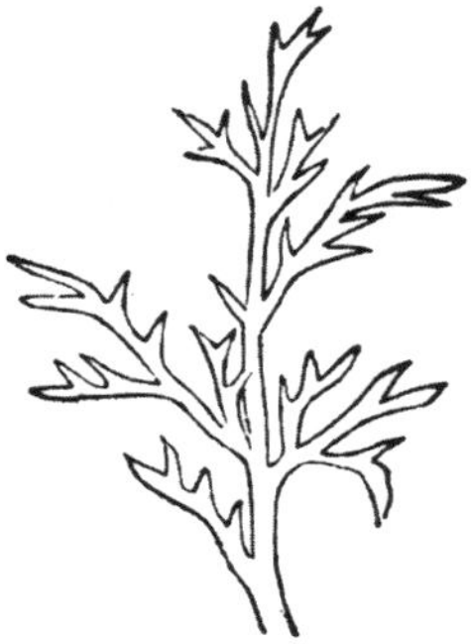

蔞蒿

【掃箒薺】

掃箒薺，青簇簇，去年不收空倚屋。但願今年收兩熟，場頭掃箒掃盡禿。

救飢：春采，熟食。

掃箒薺

【雀兒綿單】

雀兒綿單，託彼終宿，如茵如衾，匪絲匪縠；年飢願得充我餐，任穿我屋蔽爾寒。

救飢：三月采，可作虀。此菜〔二〕甚延蔓，鋪地而生，故名。

雀兒綿單

【菱科】

采菱科，采菱科，小舟日日臨清波；菱科采得餘幾何？竟無人唱采菱歌。風流無復越溪女，但采菱科救飢餒。

救飢：夏秋采，熟食。

菱科

燈蛾兒

【燈蛾兒】

燈蛾兒，落滿地；化作草青青，遭此飢荒歲。曾見當年遶絳紗，於今燈火幾人家？

救飢：二月采，熟食。

【薺菜兒】

薺菜兒，年年有，采之一二遺八九。今年纔出土眼中，挑菜人來不停手。而今狼藉已不堪，安得花開三月三？

救飢：春月采之，生熟皆可食。

薺菜兒

芽兒拳

【芽兒拳】

芽兒拳，生樹邊，白如雪，軟似綿。煮來不食淚如雨，昨朝兒賣他州府。

救飢：正二月采，熟食。

【板蕎蕎】

板蕎蕎兮吾不識，出無路兮入無室。將學道兮歸空山，草爲衣兮木爲食。

救飢：正二月和菱〔二五〕，采之，炊食；三四月結角，老不堪用。

板蕎蕎

碎米薺

【碎米薺】

碎米薺，如布穀，想爲民飢天雨粟。官倉一月一開放，造物生生無盡藏。

救飢：三月采，止可作虀。

【天藕兒】

天藕兒，降平陸，活生民，如雨粟。昨日湖邊聞野哭，忽憶當年采蓮曲。

救飢：根如藕而小，熟食。楷④葉不可食。

天藕兒

【老鸛觔】

老鸛觔，老鸛觔，去年水涸無纖〔二二〕鱗。蟻垤〔二三〕纍纍聲不聞，老鸛何在觔獨存。

救飢：二月采之，熟食。亦可作虀。

老鸛觔

【鵝觀草】

鵝觀草，滿地青青鵝食飽。年來赤地不堪觀，又被飢人分食了，鵝觀草。

救飢：正二月，如麥青，炊食。

鵝觀草

【牛尾瘟】

牛尾瘟，不敢吞，疫氣重，流遠村。黃毛牸〔二六〕，烏毛犜，十莊九疃無一存。摩抄犁耙淚如湧，田中無牛更無種。

救飢：生深水中，葉如髮，莖如藻。冬月和魚煮食；夏秋亦可食。

牛尾瘟

【野蘿蔔】

野蘿蔔，生平陸，匪蔓菁，若蘆菔，求之不難烹易熟，飢來獲之勝粱肉。

救飢：葉似蘆菔，故名。熟食。

野蘿蔔

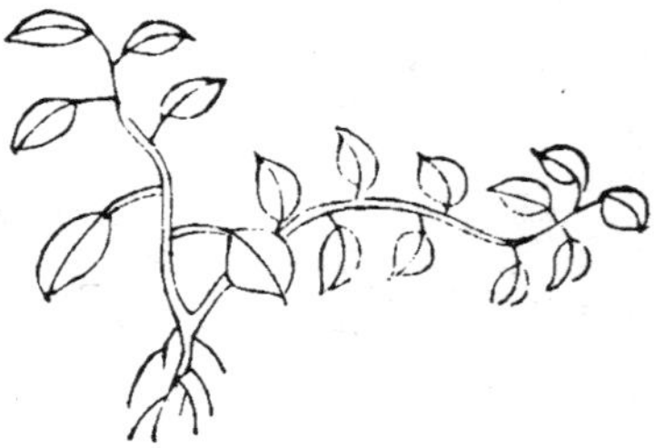

兎絲根

【兔絲根】

兔絲根，美可嘗，千萬結，如我腸。飢人得食不輟口，腸細食多死八九。

救飢：一名兔絲苗。春采葉苗，秋冬采根。蒸食，味甘。多食，令人眩暈。

【草鞋片】

草鞋片，甘貧賤；不踏軟紅塵，嘗行芳草茵。縱教惡且敝，忍向泥塗棄。一任前途阻且長，着來猶能趁熱場〔二四〕。

救飢：二三月采，熟食。

草鞋片

【抓抓兒】

抓抓兒，生水濁，却似瓦松初出時，須知可食不可棄，不能療痒能療飢。

救飢：深秋采之，晒〔二五〕乾，和穀煮食，如芋〔二六〕清香可愛。

抓抓兒

【雀舌草】

雀舌草，葉似茶，采之采之溪之涯。途中飢渴不能進，遍尋煙火無人家。

救飢：初生時采，熟食。以形似稱。

雀舌草

說明：由于當年父親在他的敬告讀者中，對用作本卷野菜譜參校本的版本沒做交代，而野菜譜的版本較多，我在復原、整理此卷時産生了不少困惑。爲向讀者負責，我委託家居國家圖書館附近的定朴妹協助弄清此事。定朴先後查閲了國家圖書館館藏的明、清時代野菜譜的五個版本，最終我們確定了父親當年用作參校本的是清乾隆年間大學士、兩江總督高晉採進的王西樓野菜譜（手抄本）。據此，我又將農政全書的平露堂本、魯本、曙本、中華排印本中的野菜譜與此書對校一遍，對父親當初的校、注、案作了一些調整和補充，完成了農政全書校注卷六十的復原、整理工作。

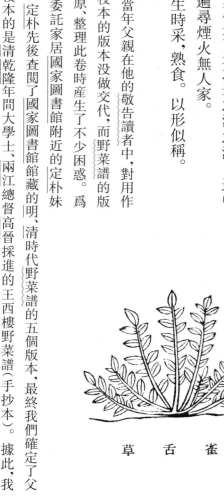

校：

〔一〕幾　平本作「乎」，依曙、魯、中華排印本改作「幾」。（定扶校）
〔二〕「備述」下「間閻」兩字，黔、魯缺，應依平、曙補。
〔三〕「仁人」上黔、魯衍「凡我」兩字，應依平、曙删去。
〔四〕「周官」上平、曙有「備」字，黔、魯缺，應補。
〔五〕獲乃寧之　黔、魯譌作「得安樂而如」，應依平、曙改正。
〔六〕食　魯本譌作「時」，應依平、曙、中華排印本作「食」。
〔七〕挈　黔、魯譌作「絜」；應依平、曙作「挈」，合於原書。
〔八〕狐　平本譌作「孤」，依魯、曙、中華排印本改作「狐」。（定扶校）
〔九〕汝　魯本作「女」，係借用；應依平本作「汝」，與原書合。
〔一〇〕熟食　魯本、中華排印本此上有「可」字；應依平、曙無「可」字，與原書合。
〔一一〕村　平本譌作「材」，應依魯、曙、中華排印本改作「村」。（定扶校）
〔一二〕潁　平本譌作「穎」，應依魯、曙、中華排印本改作「潁」。（定扶校）
〔一三〕拆藩籬　魯本作「折籬藩」；應依平、曙作「拆藩籬」，合於原書。（定扶校）
〔一四〕用　魯本作「月」；應依平、曙作「用」，在此斷句，與原書合。
〔一五〕條　各本均譌作「条」，應改作「條」。以下兩處「条」字同改，不另出校。（定扶校）

〔一六〕戴　平、曙譌作「載」，應依魯、黔、中華排印本改作「戴」。（定枎校）

〔一七〕來　魯本作「出」；應依平、曙、中華排印本作「來」，合於原書。

〔一八〕呼　平、曙作「采」，原書亦作「采」，疑係譌字；應依魯本、中華排印本改作「呼」。

〔一九〕帶苦　魯本作「蔕難」；應依平、曙、中華排印本作「帶苦」，合於原書。

〔二〇〕肉　平、曙本作「内」，依魯、中華排印本改作「肉」。（定枎校）

〔二一〕菜　平本譌作「采」；應依魯、曙、中華排印本改作「菜」，合於原書。（定枎校）

〔二二〕繖　平本譌作「纖」；應依魯、曙、中華排印本改作「繖」，合於原書。（定枎校）

〔二三〕垤　魯本譌作「蛭」；應依平、曙、中華排印本作「垤」，合於書原。

〔二四〕場　黔、魯譌作「腸」，應依平、曙作「場」。

〔二五〕晒　平本譌作「日」；應依魯、曙、中華排印本改作「晒」，合於原書。（定枎校）

〔二六〕苧　黔、魯譌作「葶」，應依平、曙作「苧」。

注：

① 王磐（約一四七〇年——一五三〇年）：明高郵人，字鴻漸，自號西樓。明代散曲大家。薄科舉，不應試，一生没做過官。其詞典警健，爲時所重。著有野菜譜、西樓樂府。

② 「救飢」標題，係本書所加。野菜譜原書都只在植物名稱下刻作小字，體裁像「小序」，其主要内容

是野菜生長、覓食的時間和吃法。徐光啓於歌謡之後，加上「救飢」的標題，並將以上「小序」移至標題之下，一方面求其與前面的救荒本草一致，也更突出了野菜可以救荒。

③ 楷：應作「稭」。

④ 楷：應作「稭」。

案：

〔一〕堯湯所不能免　原書無「所」、「能」兩字。

〔二〕有司雖有賑發不能遍濟　原書缺此句。

〔三〕「幾」字，原書作「乎」，與平本合。

〔四〕原書序末有「嘉靖三年春，高郵王磐識」。

〔五〕春采熟食　原書在末了。

〔六〕原書無「采之」兩字，「熟食」在最末。

〔七〕「破」字，原書不重，疑係脱誤。

〔八〕「熟」字，應照原書刪去。

〔九〕略過晒乾再用　「略」字，原書空白；「再」字上，原書有「臨食」二字，應照補。

〔一〇〕臘月生　原書在小序起處，作「生臘月」。

〔一一〕常 應依原書作「留」。

〔一二〕償 原書作「當」。

〔一三〕原書小序起處尚有「以形似名」。

〔一四〕原書無「采之」兩字，「熟食」在最末。

〔一五〕原書「此菜但可熟食」句在最末。

〔一六〕「瘵」字上，原書尚有「餅」字。

〔一七〕搏 黔、魯作「搏」，與原書合；平、曙作「摶」，與前後三句叶韻；但「摶」字與「壑」、「啄」叶。

〔一八〕標題下小注「此藿也，……條同音」，原書無。

〔一九〕「商」字，原書作「客」；「啼」字，原書作「哭」。

〔二〇〕「叢生，故名」句，原書在起處。

〔二一〕原書無「采之」兩字，「熟食」在最末。

〔二二〕原書「類家莧」句在起處。

〔二三〕「生熟皆可食」句，原書在最末。

〔二四〕「生水邊，葉光澤」，原書在起處。

〔二五〕「菱」字，應依原書作「羹」。

〔二六〕犉 應依原書作「犢」。

附録一

（一）平露堂本

張國維序

班史藝文志，列農書爲諸家之一，後世因之。隋唐所收，僅十有九家；宋中興書演至六十四家；鄭漁仲博精載籍，其所裒乃僅得十二部四十七卷。内最著者，如漢議郎氾勝之書三卷，後魏賈思勰齊民要術十卷，又有李淳風續賈書若干卷。李書當時已湮没，而賈氏所傳，在宋遂爲祕本，非勸農使者，不得受賜；民間傳寫紕陋，特贋本耳。而賈元道農經，王珉要術及何亮本書，流行最廣。下迨禾譜、耕織圖，併花木竹藥諸譜，各隨好事之手，以闢新領異。合之，則皆農家言也。今爲末作奇巧者，一日作而五日食；農夫終歲之作，不足以自食也。然則民舍本事而事末作，則田荒國貧之患，誰實受之？故凡農者，月不足而歲有餘者也。語亦有之：「農之氣，杲乎如登於天，杳乎如入於淵，淖乎如在於海，卒乎如在於己。」是故此氣也，不可止以力，而可安以德；不可呼以聲，而可迎以音。

非舉八政四術之要，以安集而招徠之，則民腹嘗餒，民情嘗迫，而尚可諭以仁義，慴以刑威乎？且人所以惡雀鼠者，謂其有攘竊之行；雀鼠所以疑人者，謂其懷盜賊之心。上以食而辱下，下以食而欺上；上不得不惡下，下不得不欺上，各有所切也。則何不舉其平日所切，而豫爲訓之、戒之，且圖之、策之？是以無逸首陳艱難，而王制急先儲蓄。思文率育，則上配昊穹；分地用天，則敦立人極。下至霸國之佐，盡力之教，莫不辨纑壂、沙埴之形，討蚼蛆、狼穗之實。故曰：「智如禹湯，不如嘗耕；聖如宣尼，不如農圃。」夫有所用之也。國家當經綸之始，首重民事。以農桑責諸郡邑，以屯種責之衛所，合文武氓兵而總囿於滋源固本之内。此王業所由寖昌也。高皇帝有志復井田之舊。其於驗丁限畝，酌古準今，既嚴禁抛荒，又深惡侵占。而於郡國水利，設有專官；誠見陂塘池堰，無可蓄之利，則溝遂疆理，無可劃之防。水利不興，而欲挈農政之要領，此必不得之術也。江南千古稱爲樂國，不第廣川大澤，晝斷戎馬，即有鯨鯢封豕，無所縱其馳驅；至於物産所宜，税賦所出，地無不耕之土，而農無不貢之毛。假令惠綏拊循，利濟率作，猶可息其疲轗，而責以重擔。今如病尫之人，日行百里，巾箱囊篋，喘汗臨深，而猶鞭叱不令稍止。噫！亦危矣！余前刻有水利全書，所謂急則治標，因病立劑者；今又得徐少保農政全帙，所謂緩則治本，懸方救病者也。雲間陳卧子，以彌綸巨手，羽翼經術，博綜群雅，而尤留心於經濟之書。是帙則其手加闡潤，提要鉤元，農扈之言，纖悉備具。余同年方君守松，扶衰起敝，治以驗方；欲公之同志，謀梓之於余。余讀之而囅然喜，僭爲叙數言，以付剞劂氏。典型具在，亦唯漁陽蒲亭愛民之長，實實舉行之耳，豈僅列籤插軸，誇爲百家之一而已哉？明崇禎己卯歲仲秋，欽差總理糧儲、提督軍務兼巡撫應天等處地方、都察院右僉都御史張國維書於蘇署之待旦堂。

方岳貢序

平天下章，言人言土言農也；生衆四句，其孔夫子之農書乎？得乎丘民而爲天子，丘民農也；不違農時章，易其田疇章，其孟夫子之農書乎？周禮及漢唐宋諸儒所著論，煩簡不一，其兩夫子農書之疏解乎？農者，王業之根本也。爲天子之命吏，而農書未之讀，惡在其爲愛養元元也？即所爲讀大學讀孟子者安在也？亦知今之農，視昔有間乎？國初人民稀少，又無處不屯，所以穀值恒平，上下饒樂。今生齒且百倍矣，地日以蕪，夫日以遊，而亦止仰食於農。金賤穀貴，舉火之家，日兼三日之用。閭左安得不貧？度支安得不匱？而且今日議生，生則取之農耳；明日議節，節究亦取之農耳；加榷稅、加捐助，究亦加之農耳。豳風陳詩，使人主知稼穡艱難。而詎知今日之農，更有此不可計數之艱難也哉！以天下之大，時事之棘，一農夫支撑之，忍弗與之究心農書也？間從卧子先生處，得徐文定公所輯數十卷。自夫溝封、景候、器物，皆可伸指知寸，舒掌知尺。既悉其事，復列其圖，農之爲道，凡既備矣。蠶桑以勤女紅，六畜以供祭祀、羞耇老，皆農之所有事也，故次之。水毁木饑火旱，天行何常，故常平社倉之制，蹲鴟蒲蛤之屬，以備荒政終焉。公昔嘗小試之三輔，現有成績。倣而準之，庶幾天下無石田，穰凶無艱食，斯亦上下兩利之道也已。是以大中丞張公，保釐南土，適見此書，大加會賞，亟命梓之。所以率群吏，以惠黔首，奉承天子德意至渥也。予不佞，亦得遵弘訓而觀成事焉。嗟乎！治亂無象，農之獲安於農與否，是即其象。彼罷兵罷寇者，以死亡轉徙，失先疇而不獲安，幸而免此，又以勦餉、練餉、急罷兵罷寇者之患，而岌岌乎不獲安。愛養元元者，其務所以安之哉！松江府知府，襄西方岳貢題於雲間公署。

王大憲序

當神廟時，海上徐文定公，以命世大儒，讀書中祕，抒其天人之學，治安之才，受知宸眷。因從金馬玉堂，旁領振旅茇舍之司，卓著嘉猷。至今上，遂晉翼青宫，論思黼禁，天下人士咸想望以爲姚、宋、韓、范于今再見。憲雖生晚，仰止久矣。及承乏而入公之里，不意典型云邈，僅得瞻拜廡下。恭遇聖天子悼念重臣，遣官爲築神道，循故事建坊。邑吏幸得爲元老襄事，諸簡役庀工，繕修唯謹。因獲識嗣君安友翁，暨諸孫五文學咸繼，序思不忘。竊意手澤昭垂，當有奏對語録，傳之通都大邑，俾章不朽，私心直寤寐不釋焉。兹縻之氏以大中丞張公、郡大尊方公梓公平日所著農政全書相示，余手讀竟，益欽公之經國務大體，重本計，直上符有邰氏之立我烝民也。墾治，邁金城之方略；占候，宛玉燭之燮調；水利救荒，直挽神化功用；蠶桑、樹畜，宏挈衣食源流。將使游惰輩知淬胼胝而趨事矣，末作輩知謝奇赢而轉緣南畝矣。屯興而溝塍列，家給而牛犢佩，又何戎馬之敢牧，而潢池之生心哉？公所以安國家，而厚蒼生，其大端已見於是書。宜乎卧子先生心公之心，覆較而詳爲哀次，令天下人士因得見公之心，較昔姚、宋、韓、范，緜亘尤稱遠大。何者？謀斷經略，功在一時；立我烝民，功在萬世。惟萬世之功，當食萬世之報。今安友翁璞玉渾金、清慎一節，而縻之諸君，俱昂然龍鳳，不减忠彦諸公子。行見天下鼓腹而樂十千之耦，且加額而祝畢萬之大。明崇禎己卯長至日，上海縣知縣廬陵王大憲頓首拜書。

方岳貢後序

余於今上龍飛首年，出守雲間，見民稠而俗汰。每進父老告之曰：天之福禄有數，地之産植易窮，亟督爾子弟力田；酣歌恒舞，胡可長也？郡有玄扈先生，少閑任土辨物兵志星曆諸家，皆手畫躬親，不徒托之空言，往於神宗朝試而輒效矣。予仕其鄉，先生登朝，晉綸扉，不獲時，式廬受學。迨捐館經年，嗣君稍出其遺書。卧子陳子攜一編以示余。三復嘆曰：文定公遭逢全盛，未嘗翺翔乎石渠，優游乎簪筆；降而與野老耕夫，省五土之宜，審九穀之性，規偃瀦溉岡鹵，且口嘗草芽木實，以備荒政之求。誠念承平日久，驕淫暴殄，天數既盈，人命將薄，必有水旱木饑之災。語曰，智者慮之於未形，達者規之於未兆。文定公之謂與？卧子博物君子，重加修訂，進中丞張公而共梓之。書成踰歲而中原大饑，榆皮木葉既盡，甚則析骸食子，實有其事；已而飛蝗渡江，漸歷江左。予守雲間之十四年，米穀踴貴，約諸賢士大夫各出米平糴，俟秋成復易米貯倉，倣古常平倉之制。是年去位。文定公之書余雖未得盡行，而祖其意不忘。自是膺命輓漕，涉足江北淮南，覽沮洳蘆葦皆可爲腴田，其中浚蕩以增原壤，築隄以限巨浸，開斗門以時蓄放，文定公成法具在，余爲按圖辨宜，欷歔太息不能去。及導汶濟以達漳御，周觀齊魯燕趙之墟，有久淪斥鹵，有近委荒萊，大抵全恃雨膏。雨膏不至，百里焦枯。文定公之書，依泉可引，握井可灌，池塘水庫可瀦雨雪之水而時溉之，奈何專矚雲漢也？及既抵通州，蒙聖明撫念勞薪，特賜陛見。會其文孫齋王父農政全書以獻。天子嘉賚，稱是書有裨邦本，勑梓印廣傳，以重民事。夫文定公之世，人熙物阜，羽書未亟，司農未詘也；顧且身披蓬蒿，揆土穀之異同，謀鄭白之永利，皇皇於力耕數耘，如寇盜之至；而數十年間，果用兵不休，頻年饑饉，始知文定公非過計也。方余守雲間久，其時户有羸糧，人娱春酒，不知有遺侵之苦。余一睹農書，嘆爲救時良畫。臥子整輯一卷，輒與論辯往復，敬其切要。而四五年間，海内皆思見其書，且動聖明下採，繙閲寶幄，始知余與臥子亦非過計也。天下之患莫大於時有可爲，而世不見信，及世已信矣，又謂時不及爲。在數十年之前，行文定公之法，東起遼東，西盡甘涼，因地勢而相土宜，分軍墾種，鑿溝塹，遠烽堠，九邊歲有蓄積，皆成雄鎮，何至胡馬陸梁？又使文定公之法行於江淮，上引河流，下理陂澤，阡陌相錯，所謂舉鍤爲雲，决渠爲雨，資食有儲，佐國家征討之用，士氣自倍。往時不用，兹迺仰屋無籌，然孜孜得人而爲之，久將優裕。不然，事會之失，亦猶今之嘆昔也。公嗣君龍與孝養慈幃，未嘗足履公門，蘭孫五丈夫，積學能文，圭璋並秀，文定公之澤遠矣哉！都察院副都御史兼東閣大學士方岳貢撰。

周一敬序

今上御宇之十五年，大興開屯之議。議已協，司農持群議以上。上報可，乃制詔冢司擇可爲屯田使者，具以名聞。冢司乃謀諸廷論，選用舊德二人，以名上。上俞之，於是俾擇寮屬假便宜從事焉。先是大江南北苦歲祲，自齊魯達畿甸尤甚，人民流移且相食。上大發倉粟，出内府金錢以贍之；又詔有司具行荒政，盡捐諸逋賦。鼓舞德音，格於皇天，雨暘以時，歲以有秋。夫不有確然石畫，導元元務本力穡，以三十年之通，制國用，阜民財，而顒顒望賜年焉，時祲時稔，以爲慶灾，非謀國之經也。今幸以明詔遣使持節董治之。然古今異宜，南北異理，使者所治，地大人衆，鹵莽而耕，或至不能償種，則豈足以副明天子意哉？是宜有成書，俾使者得考焉，以授其僚，其僚授之郡邑吏之有事於農者，以時以宜，各服其畔，則力少功多。詩不云乎？「王釐爾成，來咨來茹」，斯之謂也。顧余觀農家者言，如賈勰、孟祺、苗好謙、暢師文、王禎之書，或奥而罕通，或偏而不該，足以取資談説，未可以授民也。惟獨閣學徐文定公所著農書，則所謂兼綜歷試，便於時用者哉！蓋公生平學本賈、鼂，志希韓、范，九邊形勢，聚米可成；而胸中數萬甲兵，六千精騎，皆可坐籌決勝於指顧間。且其平居持論，以爲國用，資乎食貨，既富方穀，所饒所鮮，在於菽粟，不在錢緡。以故察地勢，辨物方，考之載記，訪之土人，親嘗躬閲，廣搜博採，著爲成書。而公之聞孫蔭君薇垣、縻之及其弟旋之、行之，克纘先猷，方且繕寫其書，奏之當宁，爲敕戒農官之助，而以其刊者示余。余奉命按江以南，將抵公之故里，而求所未見之書焉。公於輔政勤勞之暇，餘其神明，治兵書律曆，探天人要玄；且精於泰西之學。聖明欽若昊天，既以公之歷授時矣，兹之農政，復將用公之言經緯天地，備此兩書，豈不盛哉？抑農田水利相爲表裏，大江以南，邇者旱潦不時，瀦洩無所，水利不修之所致也。顧安得復有夏忠靖者出，請水衡錢，按公之遺書，治上下流水患哉？余兹爲南土深憂矣。嗣君龍與翁孝義褆躬，菀枯一視，及諸孫五丈夫，皆能世公之學而竟其用者也。兹得并及之，是爲序。崇禎歲次壬午冬十月，賜進士第文林郎奉差巡按陝西甘肅兼學政、謫光禄寺監事、召還巡按蘇松等處、福建道監察御史通家晚生周一敬頓首拜書。

（二）曙海樓本

潘曾沂序

國家設官分職之始，某地當置某官，某官當專某事，蓋莫不有深識遠慮，使百世因之而不能變。是一官有一官之所當爲；處常，固宜使之盡職，即遇變亦豈可一日忘親民之官？不然，倉猝之頃，常職俱廢，而群然注目於所急，勢必置民事民情於弗問。當其時，難保無朝令暮改之事、種種有妨於便民之道。民俗之敝，漸由此起。是不待兵革有所傷殘，而事平之後，元氣已不易復。語曰：「急則治標，緩則治本。」乃有事愈急而愈不能一日忘者：體察民情、講求民事二者而已。然講求民事，必先朝廷尊農：夫貴五穀，有無以尚之之勢，而後百姓以惰農爲可恥。恥爲惰農，則田野治；田野治，則穀土王；穀土王，則民命立。昔唐杜甫志春陵行謂：「得結輩十數公，落落然參錯天下爲邦伯，天下可安。」今若擇一二得民心之督撫，畀以居中阨要之地，求西北水利、稻田寓兵於農之法，變而通之，使民宜之，則民自緩急可用，而不必臨事調兵於千里萬里之外。然居今之世，安得有講求實用，如前明徐文定公其人者，而與之談經世之學也？公生平不輕著述，嘗謂：「文之當物者，必使人油然以思，若潤於膏澤；入心者，必使人惕然以動，若中于肌骨；致用者，必使人俯拾仰取，歡然而各足。」所著農政全書六十卷，不第載農事，而多及於政典，故以「農政」爲名。蓋國家無論閒暇與否，不得有所輕重者，農政也。子曰：「好仁者，無以尚之。」在上位之君子，苟不能無一豪之欲，有之而不能克；則凡可與並重者，紛然日起，而尚之者至不得有其權。古今所患，貴珠玉而賤五穀，蓋有由來；且愈久而逐末者愈衆。

利之所在，亦紛然日起而難吾之出政；天下騷然，前車可鑒也。全書版已漫漶殘缺，王君壽康校覈重梓，而乞序于余；蓋知余嘗勸行區田法，用心有合於其書者，非謂能知公天人之學也。昔婁東張西銘序其書曰：「命指深遠，周天際地。」又曰：「堯典敬授，洪範厚生，古今大業，莫有先焉者。」王君寶之，此謂知本矣。喜而爲之序，時道光癸卯五月之望，吴門後學潘曾沂譔。

徐如璋序

明特進光禄大夫、太子少保、禮部尚書兼東閣大學士，贈少保，加贈太保，先文定公所著諸書，除後樂堂集未刻，餘當公世，俱經鏤版；而農政全書六十卷，則刻於公殁之後六年。今其版亦久失傳，如璋於公，爲七世孫；嘗欲糾族人重梓之，貧不能也。同邑王君二如績學好義，尤喜古經濟書。嘗謂如璋，農書援據古今、包括鉅細，中詳西北水利，尤見切要。誠行其言，天下有五利焉：西北獲一石之粟，東南省數石之費，利一；溝洫既成，水有所洩，外可以防海患，而内可以防河患，利二；阡陌既成，寇盗不能馳驟，利三；江淮有警，無咽喉之慮，利四；由畿甸而推之河北，由河北而推之關陝，上下殷富，南北同風，利五。蓋舉本朝陸清獻公語以相推也。君既雅重此書，遂以道光十八年十月，獨資開彤，屬如璋與君所嘗受業者鍾丈霖溥，與校勘。如璋義不容以鄙陋辭，獨念此書，係前明張、方兩公屬陳忠裕刪潤，發刻，而明史稱公歿久之，莊烈帝念公，索其家遺書，得農書若干卷，詔令有司刊布。本朝四庫全書提要又稱原書賅備，則知四庫所收者，必公之原書；或即詔刊之本與？按明史公傳：公卒，贈少保；久之，加贈太保。而此書結銜，止稱贈少保，則知刊布之令，在張、方發刻之後矣，而進呈遺書，必原書也。抑即明季進呈之遺書與？惜乎家集不載，其詳不可得聞。而海上藏書家，亦無原書可據，以校今本之異同得失，俾悉反舊觀也。然即忠裕刪潤之書行之，其利益亦正甚大，奚必盡出於公哉？且如璋嘗考後樂堂集序：農書之成，實在天啟五年以後，崇禎元年之前。其時公方以禮部右侍郎被奄黨劾罷閒住；則公著書之意，本非專爲一時也。今得王君重刻以廣其傳，幸何如之！輒於校勘既竟，附識數言，著王君之好義，亦媿如璋之不能也。

道光元默攝提格寎月七世孫如璋謹識。

王壽康重刻凡例

一、是書爲鄉先達徐文定公所撰，版藏其家。吾鄉藏書家，存者已尠。壽康欲刷印，以廣其傳；訪諸其裔孫瑑堂茂才如璋，知版已漫漶殘缺。借觀其家藏本，與壽康所藏者覈之，無少異。懼久而流傳者益少也，遂與瑑堂同挍覈之，重付之梓。悉遵原刻，不敢一字增損也。

一、是書共六十卷，採入欽定四庫全書。謹按「總目」，載有別本農政全書四十六卷，爲前明吾鄉陳忠裕公删定本，有傳鈔而無刊版。四庫録原書，而别本附存其目，今並將總目提要，恭録簡端。

一、原書刻於前明；今將擡頭空字處，貫下接寫。

一、是書悉遵原本重刊；其中有文理奥衍，及引用删改處，亦有字畫可疑，音義莫攷者，悉仍其舊。

一、書中有並非應擡字樣，亦非文義應斷，間空一二字者，亦仍原本闕疑。

一、圖式概照原書摹刻；註明某卷某號，以便編次。舊有空幅，今仍留出。

一、公傳，列明史二百五十一卷，與鄭以偉、林釬合。今録志載刊列於前，以便查攷。

一、同挍覈者，瑑堂外，爲寶山鍾霖溥師，同里劉明府樞；校刻者，兒子慶勳、慶均也。

同里後學王壽康識

（三）貴州糧署刻本

任樹森序

國之本計在農，明徐文定公農政全書所由作也。書爲天下之民言，尤爲天下之長民者言。黔地瘠磽，又不通舟楫，無商賈之利，舍農更何以爲治？夫黔非不重農也，然而耰鋤錢鎛之器不完，則草其宅矣；火化土蒸之法不悉，則糞無多矣；桑麻吉貝之種有遺，則利未溥矣。乃不曰貧難以措也，則曰土有未宜。於是終年鹵莽，鰓鰓然徒仰救於不可知之天時。上莫之先勞，下亦莫之奮興。游惰之民職是，饑寒之民職是，訟獄攘竊之民悉職是矣。道光丙申秋，中丞善化賀公來撫黔，董屬吏，勤聽斷，嚴緝捕，實倉儲，興學校，仕風駸駸丕變。數月，出此書示僚佐曰：急則治標；今訟獄稍息，攘竊稍戢，是不可不圖其本也，是書盡之矣。森受而讀之，作而嘆曰：何獨富民也？即教亦不外是。夫使天下之民，皆終歲勤勞於畎畝，尚暇訟獄乎？使天下之民，皆衣食充足於家室，尚樂攘竊乎？即云貧難以措也；然器不完，法不悉，種不備，不益之貧乎？即云土有未宜也；然器果完，法果悉，種果備，豈概弗宜乎？文定此書，大抵於民之營治、耕勞、器具、作用、樹畜、種植則詳焉晰焉，纖悉不遺，於長民者之興除利弊，開墾屯田，水利荒政，則諄焉復焉，再三不倦。嗚呼！小富由勤，本富在農，豈難知難能之事也？而黔之民，胡爲聽其游惰而饑寒、而訟獄、可攘竊耶？且民非不農也，未若是書之言農；長民者非不重農也，未若是書之言重農。愚民耳目，囿於方域，因之而已。士君子幼而佔畢，長而學製，或未嘗躬親農事，目覩農書，率之無方，亦安之而已。誠人人取是書，講明而切究之，器有必完也，法有必悉也，種有必備也。民生其有不阜，民俗其有不醇者歟？善乎禹修之序曰，倣而準之，天下無石田，穰凶無艱食矣。又何貧無以措，士有未宜之爲慮也哉？貴陽守恬侯馬君，以是書爲可救黔之瘠也，請付剞劂。予曰：中丞之出是書，非徒供僚屬省覽也，其各究心以教吾民，而又使之寬然得自力於農焉。則是書之刻不虛矣。謹序。道光十七年歲次丁酉仲夏月。貴州通省清軍糧儲兼巡道新息任樹森謹序。

（四）四庫全書總目提要

農政全書六十卷兵部侍郎紀昀家藏本。

明徐光啓撰。光啓有詩經六帖，已著録。是編，總括農家諸書，裒爲一集。凡農本三卷，皆經史百家有關民事之言，而終以明代重農之典。次田制二卷，一爲井田，一爲歷代之制。次農事六卷，自營制、開墾，以及授時、占候，無不具載。次水利九卷，備録南北形勢，兼及灌溉器用諸圖譜。後六卷則爲泰西水法。考明史光啓本傳：光啓從西洋人利瑪竇，學天文、曆筭、火器，盡其術；崇禎元年，又與西洋人龍華民、鄧玉函、羅雅谷等同修新法曆書，故能得其一切捷巧之術，筆之書也。次爲農器四卷，皆詳繪圖譜，與王禎之書相出入。次爲樹藝六卷，分穀、蓏、蔬、果四子目。次爲蠶桑四卷，又蠶桑廣類二卷；廣類者，木棉、蔴苧之屬也。次爲種植四卷，皆樹木之法。次爲牧養一卷，兼及養魚、養蜂諸細事。次爲製造一卷，皆常需之食品。次爲荒政十八卷，前三卷爲備荒，中十四卷爲救荒本草，末一卷爲野菜譜，亦類附焉。其書本末咸該，常變有備，蓋合時令、農圃、水利、荒政數大端，條而貫之，匯歸於一。雖採自諸書，而較諸書各舉一偏者特爲完備。明史稱光啓編修兵、機、屯田、鹽筴、水利諸書；又稱其負經濟才，有志用世，於此世亦略見一斑矣。

別本農政全書四十六卷山東巡撫採進本。

明徐光啓撰，陳子龍删補。子龍有詩問略，已著録。初光啓作農政全書，凡六十卷。光啓没後，子龍得本於其孫爾爵，與張國維、方岳貢共刊之。既而病其稍冗，乃重定此本。子龍所作凡例有曰「文定所集，雜採衆家，兼出獨見；有得即書，非有條貫，故有略而未詳者，有重複而未及删定者。中丞公屬子龍以潤飾之。友人謝廷正、張密皆博雅多識，使任旁搜覆校之役，而子龍總其大端。大約删者十之三，增者十之二。其評點俱仍舊觀，恐有深意，「不敢臆易」云云。所謂文定者，光啓之謚。所謂中丞公者，即國維也。今原書有刊版，而此本乃出傳鈔，併其評點失之；核其體例，較原書頗爲清整。然農圃之事，本爲瑣屑，不必遽厭其詳；而所資在於實用，亦不必以考核典故爲優劣。故今仍録原書，而此本則附存其目焉。

附録二

農政全書一百五十九種栽培植物的初步探討

辛樹幟　王作賓

前言

明末我國傑出的科學家徐光啓的農政全書，博採明代以前著述，加以作者個人見解，是我國傳統農學的總括性巨著。從這書目録上計算，記有栽培植物一百五十九種。這些植物，是我國數千年來衣食住行之所取資，數量之多，幾包括今日農、園、林植物之大部分。我們擬從古今不同名稱上，予以統一的學名，并對它們的著録時代以及栽培歷史，作一些初步探討，以求教於國内專家。

一　關於釐訂學名

農政全書栽培植物，目録上標出：穀部上七種，穀部下十三種。蓏部十九種。蔬部二十七種（内「藏菜」非植物名）。果部上十四種，果部下二十五種。蠶桑廣類等共五種。木部二十八種。雜種上三種，雜種下十九種。共一百五十九種。目録未載而書中提及者，如芋後的「附香芋、土芋」，土芋即未列入目録中。也有一名内包含幾種植物者，如楊柳，還包含樫柳科植物之「樫」等。這些項目必待詳細研究後，始能確定數字。我們現僅把目録中的一百五十九種植物，初步釐訂學名。

衆所周知，對一般植物訂名，只要標本豐富完善，觀察解剖細心，詳讀文獻，勤對模式，即可減少錯誤。至釐訂歷史上植物的學名，既無實物可資，而古人的記載，又極簡略，欲求符合現在實物，只有詳考典籍，廣徵各地方言，希望得到同志們的幫助。我們能對古人的一字一句，如地質學者對古生物的一鱗一爪加以重視，慎重將事，群策群力，或可了解到植物的歷史根源。現選出五種植物釐訂學名的經過，以説明這些事實。

這一百五十九種栽培植物，首由作賓全部訂出學名，曾提出水槿、香芋等等不知爲何物。經樹幟考慮後，即作如下的獻疑。

水槿可能是 Fraxinus 的一種，「五葉攢生」之説，可能非得之目睹，所謂即「李（時珍）所稱之水蠟樹」，這一句大可玩味。李爲湖北人，湖北和湖南兩省人稱 Fraxinus 屬植物爲水蠟樹，在其上放蠟蟲。至水槿的「槿」字，或係「梣」之音誤，因此屬植物有梣的名稱。

香芋，或説即落花生。「形如土豆」者，或指地上部分而言。土豆（Apios fortunei）湖南人稱爲「凉薯」，薯與芋有同一的涵義，如洋芋又稱蕃薯，且香芋與土豆同爲豆科，故名香芋。不知確否。

由於這一獻疑，作賓即提出下面的意見：

水槿爲 Fraxinus chinensis Roxb. 農政全書對其形態描述，記載小葉五個，又生蠟蟲，可斷定爲此種。玄扈雖説此樹不開花，其實 Fraxinus 於葉前開花，而花又不顯著，可能玄扈未注意到花的開放而造成錯誤，或根據以訛傳訛沿襲下來的錯誤。因此，我們定水槿學名爲 Fraxinus chinensis Roxb.

香芋是否爲落花生，找不出根據來，不能確定。土豆與落花生雖爲豆科植物，但土豆 Apios fortunei 爲蔓生植物，而其小葉長 5～7.5 釐米，比落花生的小葉大得多。又土豆的食用部分爲根部，而落花生的根部不可食。所以我們不敢認爲香芋是落花生。如確實查出花生初輸入之名爲香芋，那就是另一個問題了。

附：農政全書「水槿」原文（摘要）

「（玄扈先生曰：水槿，葉似女貞，……五葉攢生，不花。李〔按指李時珍〕所謂水蠟樹，必此也。）李時珍曰：有水蠟樹，葉微似榆，亦可放蟲生蠟。」

作賓又提出「楂似爲 Quercus 屬的一種，但玄扈既説其種子多油膏，則不像橡樹類」等問題。

樹幟覺得這一百餘種栽培植物的學名如欲確定，非徵詢國内各地方對歷史植物有興趣的同志不可。乃分函夏緯英、俞德浚、陳俊愉、何椿年、李家文、束懷瑞諸先生，得到了他們許多寶貴的意見。

關於「楂」，夏先生在我們送給他的學名表上註出：「農政（卷之三十八）種植木部之『楂』，即油楂樹，故有直書爲『茶』者，非橡、栗之類。玄扈先生所謂『實如橡斗』者，乃指其鱗狀苞片而言，故云『無刺』。其描述甚易誤會。」其學名我們選用了胡先驌先生所定的學名 Camellia olesa Hu.

關於「香芋」，凡讀過紅樓夢的，無不欣賞偷香芋故事描寫的有趣；但香芋究爲何物，前文曾經道及，我們的看法即難一致。承夏緯瑛先生特爲我們作了一篇精悍的短論：

香芋與土豆。

落花生，一名香芋，見於花鏡。落花生又名地豆，有時亦作土豆，蓋地與土爲同義之字耳。

農政全書樹藝篇蓏部「芋」條後「附香芋」小字云：「形如土豆」，亦是落花生之一品種，即「地豆」之同義名也。

但其下又有土芋，小字云：「一名土豆，一名黄獨，蔓生，葉如豆，根圓如鷄卵，肉白皮黄，可灰汁煮食，亦可蒸食。」此土豆明非落花生，因而於上一「香芋，如土豆」，則不能無疑矣。

我以爲上一「香芋形如土豆」之土豆與下一「土芋一名土豆」之土豆，二者同名而非一物。大概徐光啓亦不知此二物究竟如何，而誤混爲一談耳。

落花生，蓋自明時始傳入中國，見者尚稀，故雖知其名而未見其物，與同名之另一物不免有所誤會。如此之事，在明代文獻中非只一見，他處亦有類似者，其早期文獻，尚較清楚，兹舉數端，以供參攷。

明黄省曾種芋法（一五三〇年前後）有云：「又有引蔓開花，花落即生，名之曰落花生，皆嘉定有之。又有皮黄肉白，甘美可食，莖葉如扁豆而細，謂之香芋。」以落花生與香芋爲二物。

又明王世懋學圃雜疏（一五八七年）云：「香芋，落花生生嘉定，落花生尤甘。」亦以落花生與香芋爲二物。

又明李詡戒菴漫談（一五九三年）云：「香芋、落花生性畏寒，十二月中起，以蒲包藏煖處，至三月種，須鋤土極松。人云：大者爲香芋，小者爲落花生。或云，即一類，非也。」李詡亦以爲落花生與香芋爲二物。但已言人云「大者爲香芋」而「小者爲落花生」矣。又已有謂落花生與香芋爲一類者矣。以此可知，香芋與落花生實爲一類，故其收種之時期與種植之方法亦相同。所謂香芋者，即落花生之大果品耳。故清初陳淏子花鏡即謂：「落花生一名香芋」矣。

因落花生有香芋之名，或認爲類似之二物，以此香美之芋，比方巨魁之芋，而遂常與芋又混爲一談矣。

明蔣一葵長安客話「土豆」條引徐文長詩云：「榛實輭不及，菰根定皆雌。吳中落花子，蜀國葉蹲鴟。配茗人猶未，隨羞飣先知。嬌顰非不賞，憔悴浣紗時。」詩中以土豆與榛實相擬，非落花生而何？故下直言吳中落花子，顯即落花生也。然彼又以菰根、蹲鴟配句，豈非混甘美之香芋與巨魁之芋頭爲一談乎？蔣一葵又於其「土豆」標題下小字夾註云：「絶似吳中落花生及香芋，亦似芋，而差鬆甘。」由「絶似……落花生及香芋」看，知此土豆即落花生，而香芋亦即落花生也，不過因品種而各有名耳。然亦因落花生有香芋之名而與芋相混，竟謂「亦似芋」也。

徐光啓當亦受此影響，而亦附落花生於「芋」條之下。下一「土芋」言「根如鷄卵」者，當另是一物，亦因其似芋而附於此。下一「土豆」，自是另一土豆也。

蔣一葵明萬曆時（十六世紀）人。長安客話記燕都之事，非關中長安也。成書確切年代不知。

附：農政全書「香芋」、「土芋」原文（摘要）

「附香芋：形如土豆，味甘美。土芋：一名土豆，一名黄獨，蔓生，葉如豆，根圓如鷄卵。」

附：農政全書「楂」原文（摘要）

「玄扈先生曰：楂生閩、廣、江右山谷間，橡栗之屬也……實如橡斗，斗無刺爲異耳。斗中函子或一或二或三四，甚似栗而殼甚薄……瓤肉亦如栗，味甚苦，而多膏油。」

以上特舉水槿、香芋、楂作例，説明互相討論而獲得的初步意見。兹再舉二例，雖經討論而尚未能確定學名，如蔬部中蓼與龍葵。

關於蓼，我國植物分類學家對此科植物 Polygonum 屬，已知我國有一百二十種之多

(見中國種子植物科屬辭典)。但我國古代食用之蓼，屬何種類尚無法確定(夏緯瑛先生來函，亦云不知何種)。我國之蓼，詩經周頌已著録(距今將三千年)，小毖章：「未堪家多難，予又集於蓼。」毛傳：「予，我也。我又集於蓼，言辛苦也。」是當時已知蓼，其味辛苦，應已取作調味之用，所謂「辛」爲五味之一(禮記内則已有用蓼作調料的記載)。劉向别傳曰：「尹都尉書，有種蓼篇」(太平御覽菜部引)，説明是對這種調味品的重視。所以自齊民要術起，各種農書，於蔬菜項下皆列有蓼。至清授時通考一書，始不見記載(該書「椒」條，已列番椒，似已代替蓼)。日人内外植物誌(一〇三七頁)有 Polygonum hydropiper L. var. fastigiatum Mak. 這是一種日本調味的辛香蓼。吴其濬的名實圖攷隰草類，有蓼一圖，説明謂即今之家蓼。吴爲河南人，我們或可以從河南方言中，探索出古代食用蓼爲何物。

附：農政全書「蓼」原文

「爾雅曰：薔，虞蓼。」郭璞註：虞蓼，澤蓼也，一名水蓼。

關於龍葵，作賓訂爲 Solanum nigrum L. 樹幟以爲這種植物有毒，或係 Physalis 屬植物。徵求夏緯瑛、李家文兩先生意見，并問龍葵是否可食。夏先生説：「龍葵未見食者，此名有疑。農政引陳藏器者，可如上學名（指王所訂）；引李時珍者，則 Physalis 也。」李家文先生來函説：「龍葵據原書：蘇頌曰，『葉圓花白，子若牛李子，生青熟黑，但堪熟食，不任生噉』，所述似爲 Solanum nigrum L. 按我國栽培的酸漿 Physalis alkekengi L. 有發達的萼片包住果實，果實生青熟赤，可以生噉。故書中所言，似非此物。酸漿屬尚有 P. ixocarpa P pubescens L P. peruviana L. 等種，皆美洲熱帶植物，我國均未發現。」

我們閲河南人民出版社出版的河南野生食用和有毒植物介紹，對龍葵、酸漿有毒，叙述頗詳（一六七、一七二頁）。似乎這兩種植物列入蔬中，皆有問題。

記樹幟兒時，常在人家菜園廢墟上尋食苦蘵 P. angulata L.（俗稱天泡果）果實，味頗酸甘，豈吾鄉昔曾種作蔬？爾雅：「蘵，黄蒢。」郭注：「蘵草葉似酸漿，花小而白，中心黄，江東以作葅食。」邵氏正義：「顔氏家訓云：江南有苦菜，葉似酸漿，花或紫或白，子大如珠，或紫或黑，即爾雅蘵、黄蒢。今河北謂之龍葵。」又爾雅：「葴，寒漿。」郭注：「今酸漿草，江東呼曰苦葴。」邵氏正義：「太平御覽引吴普云：『酸漿亦名酢漿。』陶注云：『處處人家都有，葉亦可食』……」謹將這些資料列出，供同志們研究。

附：農政全書「龍葵」原文（摘要）

「釋名曰：苦葵。一名苦菜，一名天泡草，一名鵶眼睛，一名酸漿草。」

上述五種植物，如水槿，吾國勞動人民發現能在其上放蠟一事，已大令西人驚奇，著有攷察蠟蟲專書。「楂」則玄扈先生慨嘆曰：「在南中爲利甚廣，乃字書既無此字，而偏方雜記，亦未之見。或直書爲『茶』，猶非也。」又説：「獨木草有槠子……或者槠、楂聲近，土俗音訛耶。……姑志之，以俟再考。」這雖是自期，亦有望後人之意。乃清之授時通考竟無一字提及「楂」的種植、作油法等等要點，殊不可解。解放後，這種産油遍惠南方的植物，在黨的領導下，始大爲人所注意，即廣西一省，在分類上已提出十五種（見黃作傑教授等中國油茶物種及其栽培利用調查研究，一九五六——一九五九年）。他如落花生的引入問題，近正在討論中。杜甫詩同谷七歌：「黃獨（按有作『黃精』者，以黃精爲藥物名易知而換）無苗山雪盛。」我們因香芋牽及土芋，而土芋又有黃獨之名，黃獨果爲何物？似亦應有新的討論。至蓼與龍葵，雖今之蔬中已不用，但它對先民有過長期利益，考出實物，仍是歷史任務。

二　關於著録時代

考栽培植物的原産地和引入時代，以及何書首先著録，皆爲研究歷史植物學者的重要課題。德空多爾氏名著農藝植物考源，即在這方面作出了很大的貢獻。徐光啓氏之書，於著録問題上甚爲注意，兹特於學名表上辟「著録時代」一欄，以記徐氏攷證成果。我們有不同看法，用方括號表出，列於其後，在這裏并提出兩個問題談談。

（一）關於爾雅

許多詩經植物，徐氏皆用「爾雅曰」表出，作爲首先著録。這是因爲他的時代，是信爾雅早出。我國歷史上不但相信爾雅早出，而且相信爾雅是古代最早的一部誌草木的著作，把它視爲與儒家經典同時代，或更早於某些經典的著作。宋人爾雅疏序文就這樣説：「周公倡之於前，子夏和之於後。」又説：「釋詁一篇，益所作；釋言以下，或言仲尼所增，子夏所定，叔孫通所益。」近數十年來，我們對古書時代問題，有了較深的研究，以「叔孫通所益」一點，推測它是秦漢間字書（梁啓超古書真僞及其年代）。由這一點，我們不能以今之眼光責徐氏，因其受時代的限制。又徐氏以爲周官爲西周之書，故「榛」亦不用詩經，而用周官，我們亦當用爾雅之例看待。

(二)關於張騫植物

李時珍本草綱目所載十種所謂張騫帶回之西域植物爲：葡萄、苜蓿、胡桃、蠶豆、黄瓜、胡麻、石榴、紅花、胡蒜、胡荽，除果樹中之胡桃一種外，農政全書中都有。這些所謂張騫帶回植物，我們簡稱「張騫植物」。除葡萄見於上林賦，以年代計，似可能是張騫帶回者外，其餘九種可能皆是後之去西域使者陸續引入的，不過以張騫首通西域，著作家便把這些植物都記載爲「張騫帶歸」，這是不符合事實的。如果要把這些植物引入年代確定，當是長期的精細研究工作。我們細讀農政全書，徐光啓氏似爲首先懷疑張騫植物之人。如他對「胡麻」，用大字書曰：「廣雅曰：胡麻一名藤弘。」是以三世紀初之廣雅，爲胡麻的首先著録；小字注方附出「自漢使張騫於大宛得其種，故名胡麻」。可見徐氏胸中自有經緯。又加黄瓜，即不採取李時珍「張騫使西域得其種」的説法而任其空白。徐氏而後，吴其濬氏在張騫植物上，獻疑不少。近來中外學者研究這一問題，謎始漸破〔一〕。然徐氏對這一方面的慎重和存疑態度，是值得我們注意的。

三　關於栽培歷史

班固漢書藝文志，著録農書凡九家，一百一十四篇，這九家所著之書，除氾勝之書現殘見於齊民要術外，幾皆佚失。因此我們欲考古代栽培植物的歷史，每苦文獻無徵。

玄扈先生曰：「古農家之書，於今罕傳。吕相所集諸篇，概有所本，亦可見其一二矣。」（見農政全書卷一吕覽曰下小注）我們由徐氏這一啓發，不難推測吕氏春秋中的審時、任地、辨土等篇，或即班固所列六國時神農、野老書中之言。

按漢書藝文志神農二十篇，原注：「六國時，諸子疾時，怠於農業，道耕農事，託之神農。」野老十七篇，原註：「六國時，在齊、楚間。」審時篇引禾（按即稷）、黍、稻、麻、菽、麥六種栽培作物播種得時或失時，對生長上所發生的影響。後之農書，若東漢崔寔之四民月令、唐韓諤之四時纂要、元魯明善之農桑衣食撮要等，皆本時令而談栽培技術（即氾勝之書所謂「趣時」）。這種書籍，可稱爲農人種蒔手册。

下至西漢成帝時代，有氾勝之書。（按漢書藝文志載：「氾勝之十八篇」，原註：「成帝時爲議郎。」）石聲漢先生的氾書今釋特標「個別作物栽培技術」一節，列舉了麥、禾（按即稷）、黍、稻、大豆、小豆、麻、枲、瓠、芋、稗（按無栽培技術記載）、桑等。於吕氏六種外，又增加了小豆、枲、瓠、芋、桑多種。

氾書記載各種栽培方法的精詳，可稱我國現存古農書中第一篇栽培學各論。漢書藝文志農家書中有尹都尉十四篇，原注：「不知何世。」據太平御覽菜茹部四「蓼」：「劉向别傳（按「傳」爲「録」之誤，下二條皆稱「録」可證）曰：尹都尉書，有種蓼篇。」菜茹部五：「芥，劉向别録曰：尹都尉書，有種芥、韭、蓼、葱諸篇」。菜茹三：「劉向别録曰：尹都尉書有種瓜篇。」十四篇之書雖失傳，我們以篇名亦可推知可能是作物各論的體裁。劉向爲西漢末年人，此書時代最低限度應在西漢中葉或末葉。

東漢崔寔書中記載作物，現可考見者爲下列各種：胡麻、瓠、葵、蕪菁、蒜、葱、韭（按僅「正月掃除畦中枯葉」一語）、薑、芥、苜蓿、蓼、瓜、䨾、麥（包括大小麥）、豍豆、麻、藍、黍穄、粳稻等等。其中最可注意者爲胡麻、苜蓿的引入栽培，這時已成功。又有「正月自朔及晦可移諸樹竹、漆、桐、梓、松、柏」等的話。

兩漢而下，六朝南北割據時代，我國農書現存而完善者爲北魏賈思勰齊民要術，内談數十種農藝植物的栽培方法，爲祖國農學史上奠定了栽培植物各論的良好基礎。

賈氏而後，唐之四時纂要，幸在國外發現，爲首先記録「茶」之種植方法者。茶爲世界最佳之飲料，即此一物，該書歷史價值已極大了。宋之陳旉農書，可謂是種稻專論。

元之農桑輯要本身新添了許多栽培方法，而從種苧麻與木棉二者的經驗，總結出了「論九谷風土及種蒔時月」之極高栽培理論。又彙多家（如博聞録、士農必用、務本新書、韓氏直説）栽培桑樹方法。同時代稍後的王禎農書百谷譜中，對栽培方法亦有貢獻。

明初之便民圖纂在「耕穫類」、「樹藝類」增加了一些栽培方法，尤以對南方珍貴的果類：橘屬以及楊梅、枇杷等，應爲我們重視。

徐光啓氏生於明末，彙集了諸家的栽培方法，又記載了當時群衆與自己試種的經驗。我們若説氾勝之書爲歷史上作物栽培各論形成的開始，齊民要術爲奠定基礎之書，把農政全書視爲集大成之作是很合理的。後之授時通考，作物種類頗有所加，但栽培方法則增益甚少。

一種野生植物栽培方法的取得（自成功至發展爲優良品種），必經過勞動人民的艱苦奮斗，運用了無窮的智慧才達完善。因此，這種栽培方法，亦如我國醫學方面之「秘傳單方」，其價值之大是不可估量的。整理祖國農業遺産，總結歷史上遺留下來的各種有用植物的栽培方法，應爲中心工作。將這些方法，重新試驗與提高，實爲農學家研究的重要課題之一。

徐光啓氏於栽培方法上，廣徵群籍，摘取精華，間附己見，且於高産作物之「甘藷」

（吴其濬氏稱「甘藷疏」爲藹然仁者之言）、產油最豐富利盡南海之「楂」，加以特別介紹，詳細記載它們的栽培方法，這是徐氏本人對我國栽培學上的貢獻。我們特辟「栽培歷史」一欄，以記徐氏的研究，附於著録時代一欄之後。

我們以爲首先記載栽培方法之著者，應與記載植物新種者享受同一的榮譽。故凡徐氏對首先記載有缺或有誤，我們必就所知，用〔　〕補上，以附徐氏之後，供研究植物栽培史者的參攷和指正。惟欲求補入的材料精確，尚有待長期的攷訂工作。

在這裏還應説明一點，即管子地員篇記載了多種農業植物與土壤的關係，其中如「五沃之土，其木宜杏，黄墳宜黍秫」等等（依太平御覽引），故徐氏特選這一篇置吕氏春秋之前，這是他重視栽培植物與土壤的關係（即氾勝之書所謂「和土」）。我們因尊班固所列農書系統，暫不把這些記入本表。

〔一〕石聲漢：試論我國從西域引入的植物與張騫的關係（一九六三年科學史集刊第五期）。

農政全書一百五十九種栽培植物學名表

	栽培植物名稱及學名	著録時代	栽培歷史
	穀部上		
※㊀	黍　Panicum miliaceum L.(穄)	爾雅[詩經]	齊民要術[呂氏春秋、氾勝之書]
△※	稷　Panicum miliaceum L. var.	爾雅[詩經]	齊民要術[呂氏春秋、氾勝之書稱禾]
※	稻　Oryza sativa L.	爾雅[詩經]	氾勝之書[呂氏春秋]
※	粱　Setaria italica(L.)Beauv.(稷)	爾雅[詩經]	齊民要術
	粱秫　Setaria italica(L.)Beauv. var.	爾雅	齊民要術
	薥秫　Sorghum vulgare Pers.	[務本新書][或曰博物志木稷即此]	[務本新書]
※	稗(附)　Echinochloa crusgalli(L.)Beauv.	爾雅[孟子稱荑稗]	農政全書[氾勝之書]
	穀部下		
△※	大豆　Glycine max(L.)Merr.	爾雅[詩經大雅荏菽]	崔寔四民月令[呂氏春秋稱菽]
小豆	小豆　Phaseolus calcalatus Roxb. var.	廣雅㊁	齊民要術[氾勝之書]
	菉豆　Phaseolus radiatus L.	[齊民要術入小豆中]	王禎農書[氾勝之書、種藝必用]

栽培植物名稱及學名	著録時代	栽培歷史
赤豆　Phaseolus angularis Wight	〔齊民要術列爲小豆品種之一〕	齊民要術〔氾勝之書〕
蠶豆　Vicia faba L.	本草綱目謂張騫胡豆即此	王禎農書
※豌豆　Pisum sativum L.	四民月令蜱豆〔齊民要術列入小豆内〕	務本新書〔四民月令〕
豇豆　Vigna sesquipedalis (L.) Fruwirth Vigna sinensis (L.) Savi	本草綱目、釋名：跭䨼〔廣雅：胡豆、跭䨼〕	農政全書〔農桑衣食撮要〕
藊豆　Dolichos lablab L.		農政全書〔便民圖纂〕
刀豆　Canavalia gladiata DC.	西陽雜俎	農政全書〔便民圖纂〕
黎豆　Stizolobium capitatum Kuntze Stizolobium cochinchinensis (Lour.) Tang et Wang	爾雅	農政全書
麥　Triticum aestivum L.	爾雅〔詩經〕	商書大傳〔呂氏春秋、氾勝之書〕
蕎麥　Fagopyrum esculentum Moench	齊民要術雜説㊂	〔農桑輯要〕
※胡麻　Sesamum orientale L.	張騫于大宛得種	四民月令
蓏部		
種瓜法(甜瓜)Cucumis melo L.	爾雅〔詩經〕	齊民要術〔氾勝之書〕
黃瓜　Cucumis sativus L.	廣志	齊民要術

栽培植物名稱及學名	著録時代	栽培歷史
王瓜 Trichosanthes spp.	吕氏春秋	
絲瓜 Luffa cylindrica Roem.	〔種藝必用〕	農政全書〔種藝必用、便民圖纂〕
西瓜 Citrullus lanatus(Thunb)Monsfeld	五代史記	王禎農書〔農桑輯要〕
※茄 Solanum melongena L. var.	五代貽子録㊃	齊民要術
※瓠 Lagenaria siceraria(Molina)Standl.	爾雅〔詩經〕	氾勝之書
※芋 Colocasia esculenta(L.)Schott.	前漢書〔氾勝之書〕	氾勝之書
香芋(涼薯) Pachyrhizus erosus(L.)Urb.	〔黄省曾種芋法〕	
※蓮 Nelumbo nucifera Gaertn.	爾雅〔詩經：荷〕	王禎農書〔齊民要術〕
※菱 Trapa bispinosa Roxb.	周禮〔國語楚語〕	王禎農書〔齊民要術〕
芡 Euryale ferox Salisb.	莊子	王禎農書〔齊民要術〕
※烏芋 Eleocharis dulcis(Burm.f.)Trin.	爾雅	本草綱目〔便民圖纂〕
慈姑 Sagittaria sagittifolia L. var. sinensis (Sims.) Makino	陶弘景(名醫別録)	農政全書〔便民圖纂〕
※菰 Zizania caduciflora(Turcz.)Hand Mazz.	爾雅	農政全書〔種藝必用、便民圖纂〕
※山藥(△甘藷) Dioscorea batatas Decne.	山海經	地利經
甘藷 Ipomoea batatas(L.)Lam.	異物志㊄	農政全書
蘿蔔(△蘆菔) Raphanus sativus L. var. longipinnatus Bailey	爾雅	齊民要術

栽培植物名稱及學名	著録時代	栽培歷史
※胡蘿蔔　Daucus carota L. var. sativa DC.	飲膳正要	[農桑輯要]
蔬部		
※葵　Malva verticillata L.	説文、廣雅[詩經]	齊民要術[四民月令]
蜀葵　Althaea rosea(L.)Cav.	爾雅	農政全書[本草綱目]
龍葵　Solanum nigrum L.	陶弘景(名醫别録)	
※菾葵(△落葵)　Basella rubra L.	爾雅	本草綱目
※蔓菁　Brassica rapa L.	爾雅[詩經作葑]	齊民要術[四民月令]
※烏菘　Brassica chinensis L. var. atrovirens Mao		農政全書[便民圖纂]
※夏菘(△温菘)　Brassica chinensis L.		農政全書[便民圖纂]
※蒜　Allium sativum L.	爾雅	齊民要術[四民月令]
※葱　Allium fistulosum L.	爾雅	齊民要術[四民月令]
※韭　Allium tuberosum Rottler ex Sprengel	禮記、爾雅[詩經]	齊民要術[四民月令]
※薤　Allium chinense G.Don.	爾雅	齊民要術
※薑　Zingiber officinaleis Rosc.	魯論、墨子	齊民要術[四民月令]
※芥　Brassica juncea(L.)Czern.et Coss.	陶弘景(名醫别録)	齊民要術[四民月令]
※蒝荽　Coriandrum sativum L.	説文(葰)	齊民要術
※蕓薹　Brassica chinensis L. var. oleifera Makino	服虔通俗文	齊民要術

栽培植物名稱及學名	著録時代	栽培歷史
藏(油)菜		
菠菜 Spinacia oleracea Mill.	[唐會要]	[博聞録、種藝必用]
※莧 Amaranthus tricolor L.	爾雅	農桑輯要
茼蒿 Chrysanthemum coronarium L. var.spatiosum Bailey	王禎農書[李時珍謂嘉祐本草始著録]	王禎農書
甜菜 Beta vulgaris L.var.cicla L.	釋名㊅[李時珍謂嘉祐本草始著録]	王禎農書[農桑輯要]
※芹 Oenanthe stolonifera DC.	爾雅[詩經魯頌]	齊民要術
※薕 Sonchus brachyotus DC.	爾雅(作芑)	農桑輯要[齊民要術]
※苜蓿 Medicago sativa L.	漢書西域傳[史記]	齊民要術[四民月令]
※紫蘇 Perilla frutescens(L.)Britt. var. crispa(Thunb)Decne	爾雅	齊民要術
蓼 Polygonum sp.	爾雅[詩經]	齊民要術[尹都尉十四篇、四民月令]
※蘭香 Ocimum basilicum L.	韋宏賦叙	齊民要術
※蘘荷 Zingiber mioga Rosc.	説文	齊民要術
菌 Morchella esculenta(L.)Pers.	爾雅	四時類(纂)要
果部上		
※棗 Zizyphus jujuba Mill.	爾雅[詩經豳風]	齊民要術

栽培植物名稱及學名		著録時代	栽培歷史
※桃	Prunus persica(L.)Batsch	爾雅〔詩經〕	齊民要術
※李	Prunus salicina Lindl.	爾雅〔詩經〕	齊民要術
※梅	Prunus mume Sieb.et Zucc.	爾雅〔詩經〕	齊民要術
※杏	Prunus armeniaca L.	廣志〔夏小正、山海經〕	齊民要術
※梨	Pyrus spp.	爾雅〔詩經秦風稱檖〕	齊民要術
※栗	Castanea mollissima Blume	爾雅〔詩經〕	齊民要術
※榛	Corylus heterophylla Fisch.	周官〔詩經〕	農政全書〔齊民要術〕
※柰	Malus prunifolia(Willd.)Borkh.	廣志〔上林賦〕	齊民要術
※林檎	Malus asiatica Nakai	本草圖經〔廣志〕	農政全書〔齊民要術〕
※柹	Diospyros kaki L.f.	説文	齊民要術
※椑柹	Diospyros kakiL. f. var. silvestris Makino.	閒居賦	
君遷子	Diospyros lotus L.	〔孟子稱羊棗〕	農政全書
※安石榴	Punica granatum L.	博物志〔張衡南都賦〕	齊民要術
果部下			
※荔枝	Litchi chinensis Sonn.	上林賦	王禎農書
※龍眼	Euphoria longana(Lour.)Steud.	廣雅	王禎農書
※橄欖	Canarium album(Lour.)Raeusch.	〔廣志〕	〔物類相感志、調燮類編〕
※餘甘	Canarium sp.	〔異物志〕（根據要術）	

栽培植物名稱及學名	著録時代	栽培歷史
※ 櫻桃　Prunus pseudocerasus Lindl.	爾雅	齊民要術
山櫻桃　Prunus tomentosa Thunb		
※ 楊梅　Myrica rubra Sieb.et Zucc.	博物志[上林賦]	便民圖纂
※ 葡萄　Vitis vinifera L.	張騫使大宛得種[上林賦]	便民圖纂[齊民要術]
野葡萄　Vitis spp.		
銀杏　Ginkgo biloba L.	[左思吴都賦稱平仲]	王禎農書[博聞録、種藝必用]
※ 枇杷　Eriobotrya japonica(Thunb.)Lindl.	上林賦	便民圖纂[橘録]
※ 橘　Citrus nobilis Loureiro	禹貢	王禎農書[橘録]
※ 柑　Citrus reticulata Blanco	[異苑][廣志]	王禎農書[橘録]
※ 柚　Citrus grandis(L.)osbeck	爾雅[禹貢]	農政全書
佛手柚　Citrus medica.L.var.sarcodactylis(Noot)Swingle		
金橘　Fortunella margarita(Lour.)Swingle	[橘録]	便民圖纂
金豆　Fortunella hindsii(Champ.)Swingle		
橙　Citrus sinensis(L.)Osbeck	埤雅[郭璞]㊆	農政全書[種藝必用]
※ 桑葚　Morus alba L.	爾雅[詩經]	[齊民要術]
木瓜　Chaenomeles sinensis(Thouin)Koehne	爾雅	王禎農書[齊民要術]

栽培植物名稱及學名	著録時代	栽培歷史
櫨子 Chaenomeles lagenaria(Loisel.)Koidz.	爾雅	[農桑輯要]
榠樝 Chaenomeles lagenaria(Loisel.) Koidz.var.wilsonii Rehd.	詩經[廣志]	
榲桲 Cydonia oblonga Mill.		
山樝 Crataegus pinnatifida Bge.	爾雅	
甘蔗 Saccharum officinarum L.	説文㈧	農桑輯要[王灼糖霜譜] 王禎農書[氾勝之書]
桑 見桑葚		
木棉 Gossypium arboreum L.	禹貢㈨	農桑輯要
麻 Cannabis sativa L.	爾雅[植物學大辭典謂名見本草經]	
苧麻 Boehmeria nivea(L.)Gaud.	爾雅、禮記[詩經]	齊民要術[詩經：藝麻如之何，横從其畝]
檾麻 Abutilon avicennae Gaertn.	説文	
葛(附) Pueraria pseudohirsuta Tang et Wang	詩經	
木部		
※榆 Ulmus pumila L.	爾雅[詩經]	齊民要術
※梓楸 Catalpa ovata Don.	爾雅[詩經]	齊民要術
※松 Pinus tabulaeformis Carr.	爾雅[詩經]	事類全書(亦作博聞録) [按四時纂要：正月種松]

栽培植物名稱及學名	著録時代	栽培歷史
杉 Cunninghamia lanceolata(Lamb.)Hook.	爾雅	農政全書[農桑輯要或亦出自博聞録]
※柏 Platycladus orientalis(L.)Endl Franco	爾雅[詩經]	農政全書[四時纂要：正月種柏]
檜 Sabina chinensis(L.)Antoine	[詩經]	王禎農書
椿 Toona sinensis(A.Juss.)Roem.	禹貢(作杶)	農政全書[農桑輯要]
※梧桐 Firmiana simplex(L.)W.F.Wight	爾雅[詩經]	齊民要術
※椒 Zanthoxylum piperitum DC.	爾雅[詩經]	齊民要術
※穀 Broussonetia papyrifera(L.)Vent.	小雅	齊民要術
※槐 Sophora japonica L.	爾雅	齊民要術
※楊柳 Salix.sp.	爾雅[詩經]	齊民要術
※白楊 Populus tomentosa Carr.		齊民要術
女貞 Ligustrum lucidum Ait.	山海經(貞木)	便民圖纂
冬青 Ilex chinensis Sims.		
水槿 Fraxinus chinensis Roxb.	農政全書	宋氏雜部
槲 Quercus sp.	山海經	
烏柏 Sapium sebiferum(L.)Roxb.	玄中記[齊民要術引]	
漆 Rhus verniciflua Stokes	[詩經秦風]	農政全書[齊民要術]
※皂莢 Gleditsia sinensis Lam.	廣志	農政全書[博聞録]

栽培植物名稱及學名	著録時代	栽培歷史
椶櫚 Trachycarpus fortunei(Hook.f.) H.Wendl.	山海經	便民圖纂
※柞 Quercus sp.	爾雅[詩經]	齊民要術
楝 Melia azedarach L.	説文	齊民要術
※棠梨 Pyrus betulaefolia Bge.	爾雅	齊民要術
海紅 Malus micromalus Makino	鄭樵通志	
※椰 Cocos nucifera L.	上林賦	
梔子 Gardenia jasminoides Ellis	司馬相如賦	
楂 Camellia oleifera Abel.	農政全書	農政全書
雜種上		
※竹 Phyllostachys sp.	禹貢、爾雅[詩經]	齊民要術
※茶 Thea sinensis L.	爾雅	四時類(纂)要
菊 Dendranthema morifolium(Ramat.) Tzvel.	爾雅[月令：鞠有黄華]	務本新書[種藝必用]
雜種下		
※紅花 Carthamus tinctorius L.	博物志	齊民要術
※藍 Isatis tinctoria L.	爾雅	齊民要術
※紫草 Lithospermum erythrorrhizon Sieb. et Zucc.	爾雅	齊民要術

栽培植物名稱及學名	著録時代	栽培歷史
※地黄 Rehmannia glutinosa (Gaertn.) Libosch		農政全書[齊民要術]
枸杞 Lycium chinense Mill.	爾雅[詩經]	博聞録(四時纂要)
※茱萸 Evodia rutacarpa(Juss.)Benth.	禮記(藙)	齊民要術
决明 Cassia tora L.	爾雅	四時類(纂)要
黄精 Polygonatum spp.	博物志	四時類(纂)要
※五加 Acanthopanax gracilistylus W.W.Smith	異物志⑩	農政全書[四時纂要]
百合 Lilium brownii F.E.Brown. var. colchesteri Wils.		四時類(纂)要
薏苡 Coix lacryma-jobi L.	後漢書	農政全書[按四時纂要:三月種薏苡][農桑輯要]
芭蕉 Musa paradisiaca L. var. sapientum O.Kuntze	廣志	
萱 Hemerocallis fulva L.	詩經	農政全書[種藝必用、務本新書]
芥藍 Brassica alboglabra Bailey	東坡詩	
※蓴 Brasenia schreberi Gmel	魯頌	齊民要術
※葦 Phragmites communis Trin.	爾雅	農桑輯要
※蒲 Typha anguistifolia L.	爾雅	王禎農書[農桑輯要]
蓆草(△藺?) Scirpus triangulatus Roxb.		農政全書[便民圖纂]
燈草 Juncus effusus L.		農政全書[便民圖纂]

注：

㈠凡表中植物名稱上加※者，亦爲賈思勰齊民要術的栽培植物，學名由石聲漢教授代爲訂出。植物名稱後面的（△及小字），是齊民要術中這一植物的另一名稱。

㈡小豆：石君説：「恐係説文解字：荅，小尗也。」

㈢蕎麥：石君説：「恐係玉篇（梁顧野王）。齊民要術雜説，係後人雜入。」

㈣茄：石君説：「恐以西漢王褒僮約爲最早」。

㈤甘藷：異物志。據本草綱目引，爲陳祈暢異物志。

㈥甜菜：本草綱目「釋名」。

㈦郭璞曰：「柚似橙而大於橘。」

㈧甘蔗：石君考證即宋玉招魂中之「柘」。

㈨木棉：據石君考證即廣志白氎，史記貨殖傳荅布。（甘蔗、木棉考證，見西北農學院學報一九五八：試論我國人民最早對甘蔗與棉花的利用）。

㈩五加：本草綱目引爲譙周巴蜀異物志。

農政全書所收救荒本草及野菜譜植物學名

王作賓

1. 野生薑 Senecio palmatus Pall. 千里光屬，菊科。
2. 刺薊菜 Cirsium chinensis Gard. et Champ. 薊屬，菊科。
3. 大薊 Cirsium leo Nakai et Kitag. 薊屬，菊科。
4. 山莧菜 Achyranthes bidentata Bl. 牛膝屬，莧科。
5. 款冬花 Tussilago farfara Linn. 款冬屬，菊科。
6. 萹蓄 Polygonum aviculare Linn. 蓼屬，蓼科。
7. 大藍 Isatis tinctoria Linn. 菘藍屬，十字花科。
8. 石竹子 Dianthus chinensis Linn. 石竹屬，石竹科。
9. 紅花菜 Carthamus tinctorius Linn. 紅花屬，菊科。
10. 萱草花 Hemerocallis fulva Linn. 萱草屬，百合科。
11. 車輪菜 Plantago depressa Willd. 車前草屬，車前草科。
12. 白水葒苗 Polygonum nodosum Pers. 蓼屬，蓼科。
13. 黄蓍 Astragalus esculentus Ledeb. 紫雲英屬，豆科。
14. 威靈仙 Veronica virginica Linn. 婆婆納屬，玄參科。
15. 馬兜鈴 Aristolochia contorta Bge. 馬兜鈴屬，馬兜鈴科。
16. 旋覆花 Inula britannica Linn. 旋覆花屬，菊科。
17. 防風 Saposhnikovia divaricata(Turcz.)Schischk. 防風屬，繖形科。
18. 鬱臭苗 Leonurus sibiricus Linn. 益母草屬，唇形科。
19. 澤漆 Apocynum venetum Linn. 草夾竹桃屬，夾竹桃科。
20. 酸漿草 Oxalis corniculata Linn. 酢漿草屬，酢漿草科。

21. 蛇床子 Cnidium monnieri(Linn.)Cusson 蛇床屬，繖形科。
22. 茴香 Foeniculum officinale All. 茴香屬，繖形花科。
23. 夏枯草 Prunella vulgaris Linn. 夏枯草屬，脣形科。
24. 藁本 Ligusticum sinensis Oliver 藁本屬，繖形科。
25. 柴胡 Bupleurum chinensis DC. 柴胡屬，繖形科。
26. 漏蘆 伊博恩(B. Read)定本種學名爲 Echinops dahuricus Fisch.（藍刺頭屬、菊科）按原圖和記載，並非此種，因 Echinops 葉緣有刺，花爲藍色。
27. 龍胆草(秦艽)Gentiana dahurica Fisch. 及 G. macrophylla Pall. 龍胆屬，龍胆科。
28. 鼠菊 Salvia japonica Thunb. var. bipinata Fr. et sav. 鼠尾草屬，脣形科。
29. 前胡 Peucedanum terebinthaceum Fisch. 前胡屬，繖形科。
30. 地榆 Sanguisorba officinalis Linn. 地榆屬，薔薇科。
31. 川芎 Conioselinum univittatum Turcz. 彎柱芹屬，繖形科。
32. 葛勒子 Humulus japonicus Sieb. et Zucc. 葎草屬，桑科。
33. 猪牙菜 Incarvillea sinensis Lam. 角蒿屬，紫葳科。
34. 連翹 Forsythia suspensa Vahl. 連翹屬，木犀科。
35. 桔梗 Platycodon grandiflorus A. DC. 桔梗屬，桔梗科。
36. 青杞 Solanum septemlolum Bge. 茄屬，茄科。
37. 馬蘭頭 Aster trinervius Linn. 紫菀屬，菊科。
38. 豨薟 Siegesbeckia orientalis Linn. 豨薟屬，菊科。
39. 澤瀉 Alisma plantago Linn. 澤瀉屬，澤瀉科。
40. 竹節菜 Commelina communis Linn. 鴨跖草屬，鴨跖草科。
41. 獨掃苗 Kochia scoparia(Linn.)Schrad. 地膚屬，藜科。
42. 歪頭菜 Vicia unijuga A. Br. 蠶豆屬，豆科。
43. 兔兒酸 Polygonum amphibium Linn. 蓼屬，蓼科。
44. 鹻蓬 Suaeda glauca Bge. 鹼蓬屬，藜科。
45. 藺蒿 Artemisia sp. 艾屬，菊科。

46. 水蒿苣 Veronica anagalis Linn. 婆婆納屬，玄參科。
47. 金盞菜 Aster sp. 紫菀屬，菊科。
48. 水辣菜 Nasturtium officniale R. Br. 豆瓣菜屬，十字花科。
49. 紫雲菜 Calamintha chinensis Benth. 風輪菜屬，唇形科。
50. 鴉葱 Scorzonera albicaulis Bge. 鴉葱屬，菊科。
51. 匙頭菜 Viola sp. 堇菜屬，堇菜科。
52. 鷄冠菜（青葙）Celosia argentea Linn. 青葙屬，莧科。
53. 水蔓菁 Veronica spuria Linn. 見前 14。
54. 野園荽 Carum carvi Linn. 和蘭芹屬，繖形科。
55. 牛尾菜 Smilax herbacea Linn. 菝葜屬，百合科。
56. 山葥菜 Alliaria wasahi Prantl. 山葥菜屬，十字花科。
57. 綿絲菜 Lysimachia sp. 排草屬，報春花科。
58. 米蒿 Sisymbrium sophia Linn. 大蒜芥屬，十字花科。
59. 山芥菜 Nasturtium montanum Linn. 豆瓣菜屬，十字花科。
60. 舌頭菜
61. 紫香蒿 Artemisia dranunculus Linn. 蒿屬，菊科。
62. 金盞兒花 Calendula officinalis Linn. 金盞花屬，菊科。
63. 六月菊 Aster tripolium Linn. 紫菀屬，菊科。
64. 費菜 Sedum aizoom Linn. 景天屬，景天科。
65. 千屈菜 Lythrum salicaria Linn. 千屈菜屬，千屈菜科。
66. 柳葉菜 Epilobium hirsudum Linn. 柳葉菜屬，柳葉菜科。
67. 仙靈脾 Epimedium macranthum Morr. et Decne. 淫羊藿屬，小蘗科。
68. 剪刀股 Ixeris versicolor（Fisch.）DC. 苦蕒屬，菊科。
69. 婆婆指甲菜
70. 鉄杆蒿 Heteropappus hispidus Lees. 狗哇花屬，菊科。
71. 山甜菜 Solanum dulcamara Linn. 茄屬，茄科。
72. 水蘇子 Bidens tripartitus Linn. 鬼針草屬，菊科。
73. 風花菜 Roripa palustris（Lcyss.）Bcss. 蔊菜屬，十字花科。

74. 鵝兒腸 Stellaria aquatica Scop. 繁縷屬，石竹科。
75. 粉條兒菜 Scorzonera sp. 鴉葱屬，菊科。
76. 辣辣菜 Lepidium ruderale Linn. 獨行菜屬，十字花科。
77. 毛連菜 Picris hieracioides Linn. 毛連菜屬，菊科。
78. 小桃紅 Impatiens balsamina Linn. 鳳仙花屬，鳳仙花科。
79. 青莢兒菜 Patrinia heterophylla Bge. 敗醬屬，敗醬科。
80. 八角菜 可能爲繖形科植物 Umbelliferae 的幼苗。
81. 耐驚菜 Eclipta prostrata Linn. 鱧腸屬，菊科。
82. 地棠菜
83. 鷄兒腸 Aster indicus Linn. 紫菀屬，菊科。
84. 雨點兒菜 Pycnostelma chinensis Bge. 徐長卿屬，蘿藦科。
85. 白屈菜 Chelidonium majus Linn. 白屈菜屬，罌粟科。
86. 扯根菜 Penthorum sedoides Linn. 扯根菜屬，虎耳草科。
87. 草零陵香 Trigonella Foenum graecum Linn. 胡盧巴屬，豆科。
88. 水落藜 Chenopodium sp. 藜屬，藜科。
89. 涼蒿菜 Chrysanthemum lavandulaefolium Makino 菊屬，菊科。
90. 黏魚鬚 Smilax riparia DC. 菝葜屬，百合科。
91. 節節菜 Glaux maritima Linn. 海乳草屬，報春花科。
92. 野艾蒿 Artemisia vurgaris Linn. 艾屬，菊科。
93. 堇堇菜 Viola patrinii DC. 堇菜屬，堇菜科。
94. 婆婆納 Veronica agrestis Linn. 婆婆納屬，玄參科。
95. 野茴香 Foeniculum vulgare Mill. 茴香屬，繖形科。
96. 蠍子花菜 Limonium bicolor Kunth. 補血草屬，藍雪科。
97. 白蒿（茵陳蒿）Artemisia capillaris Thunb. 艾屬，菊科。
98. 野同蒿 Artemisia sp. 艾屬，菊科。
99. 野粉團兒 Aster sp. 紫菀屬，菊科。
100. 蚵蚾菜 Carpesium sp. 天名精屬，菊科。
101. 山梗菜 Lobelia sessilifolia Lamb. 山梗菜屬，桔梗科。

102. 狗掉尾苗 Solanum dulcamara Linn.(按葉和花序似應爲此種)茄屬,茄科。
103. 石芥 Cardamine sp. 碎米薺屬,十字花科。
104. 獾耳菜 Sedum sp. 景天屬,景天科。
105. 回回蒜 Ranunculus chinensis Bge. 毛茛屬,毛茛科。
106. 地槐菜 Phyllanthus uinaria Linn. 葉下珠屬,大戟科。
107. 螺黶兒 Acalypha australis Linn. 鐵莧菜屬,大戟科。
108. 泥胡菜 Saussurea affinis spreng. 青木香屬,菊科。
109. 兔兒絲 Lysimachia christinae Hce. 排草屬,報春花科。
110. 老鸛筋 Potentilla paradoxa Nutt. 委陵菜屬,薔薇科。
111. 絞股藍 Gynostemma pentaphyllum Makino 絞股藍屬,葫蘆科。
112. 播娘蒿 Descurainia sophia(L.)Schur. 播娘蒿屬,十字花科。
113. 鷄腸菜 Salvia sp. 鼠尾草屬,唇形科。
114. 水胡蘆苗 Halerpestes sarmentosa(Adams)Komarov 水胡蘆苗屬,毛茛科。
115. 胡蒼耳 Glycyrrhiza echinantha Linn. 甘草屬,豆科。
116. 水棘針苗 Amethystea caerulea Linn. 水棘針屬,唇形科。
117. 沙蓬 Corispermum puberulum 蟲實屬,藜科。
118. 麥蘭菜(王不留行)Vaccaria segetalis(Neck.)Garcke. 肥皂草屬,石竹科。
119. 女婁菜 Melandryum firmum Rohrb. 女婁菜屬,石竹科。
120. 委陵菜 Potentilla multicaulis Bge. 委陵菜屬,薔薇科。
121. 獨行菜 Lepidium ruderale Wild. 獨行菜屬,十字花科。
122. 山蓼 Clematis sp. 鐵線蓮屬,毛茛科。
123. 葛公菜 Salvia miltiorrhiza Bge. 鼠尾草屬,唇形科。
124. 鯽魚鱗 Caryopteris nepetaefolia Maxim. 蕕屬,馬鞭草科。
125. 尖刀兒苗 Cynanchum sibiricum R. Br. 牛皮消屬,蘿藦科。
126. 珍珠菜 Lysimachia clethroides Duby. 排草屬,報春花科。
127. 杜當歸 Angelica sp. 當歸屬,繖形科。

128. 薔蘼 Rosa sp. 薔薇屬，薔薇科。
129. 風輪菜 Calamintha chinensis Benth. 或 C. gracilis Benth. 風輪菜屬，脣形科。
130. 拖白練苗 Galium sp. 猪殃殃屬，茜草科。
131. 酸桶筍 Polygonum cuspidatum S. et Z. 蓼屬，蓼科。
132. 鹿蕨菜 Pteridium aquilinum Kuhn. 蕨屬，鳳尾蕨科。
133. 山芹菜 Sanicula elata Ham. var. chinensis Makino 變豆菜屬，繖形科。
134. 金剛刺 Smilax sieboldi Miq. 菝葜屬，百合科。
135. 柳葉青 Epilobium sp. 柳葉菜屬，柳葉菜科。
136. 大蓬蒿 Artemisia sieversiana Eh. et Kit. 蒿屬，菊科。
137. 狗筋蔓 Cucubalus baccifer Linn. 狗筋蔓屬，石竹科。
138. 花蒿 Dendranthema indicum(L.)Des Monl. 菊屬，菊科。
139. 兔兒傘 Cacalia krameri Matsum. 蟹甲草屬，菊科。
140. 地花菜 Patrinia palmata Maxim 敗醬屬，敗醬科。
141. 杓兒菜 Carpesium cernuum Linn. 天名精屬，菊科。
142. 佛指甲 Hypericum sp. 金絲桃屬，金絲桃科。
143. 虎尾草 Lysimachia clethroides Duby 排草屬，報春花科。
144. 野蜀葵 Cryptotaenia japonica. Hassk. 鴨兒芹屬，繖形科。
145. 蛇葡萄 Ampelopsis aconitifolia Bge. 蛇葡萄屬，葡萄科。
146. 星宿菜 Lysimachia candida Lindl. 排草屬，報春花科。
147. 水蓑衣
148. 牛嬭菜 Marsdenia tomentosa. Morr. et Decne. 牛嬭菜屬，蘿藦科。
149. 小蟲兒卧單 Euphorbia humifusa Willd. 大戟屬，大戟科。
150. 兔兒尾苗 Veronica longifolia Linn. 婆婆納屬，玄參科。
151. 地錦苗 Corydalis edulis Maxim. 紫堇屬，紫堇科。
152. 野西瓜苗 Hibiscus trionum Linn. 木槿屬，錦葵科。
153. 香茶菜 Plectranthus longitubus Miq. 香茶菜屬，脣形科。

154. 透骨草 Leonurus sp. 益母草屬，脣形科。
155. 毛女兒菜 Gnaphalium japonicum Thunb. 鼠麴草屬，菊科。
156. 牻牛兒苗 Erodium stephanianum Willd. 太陽花屬，牻牛兒苗科。
157. 鐵掃箒 Lespedeza juncea Pers. var. sericea Hemsl. 胡枝子屬，豆科。
158. 山小菜 Campanula punctata Lam. 風鈴草屬，桔梗科。
159. 羊角菜 Cynanchum chinense R. Br. 或 Metaplexis stountoni 牛皮消屬，蘿藦科。
160. 樓斗菜 Aquilegia vulgaris Linn. 樓斗菜屬，毛茛科。
161. 甌菜 Solanum nigrum Linn. or Physalis sp. 茄屬，茄科。
162. 變豆菜 Sanicula chinensis Bge. 變豆菜屬，繖形科。
163. 和尚菜 Atriplex sibirica Linn. 濱藜屬，藜科。
164. 沙參 Adenophora lamarckii Fisch. 沙參屬，桔梗科。
165. 百合 Lilium brownii var. viridulum 百合屬，百合科。
166. 萎蕤 Polygonatum officinale All. 黄精屬，百合科。
167. 天門冬 Asparagus officinalis Linn. 或 A. lucidus Lindl. 天門冬屬，百合科。
168. 章柳根 Phytolacca acinosa Roxb. 商陸屬，商陸科。
169. 麥門冬 Ophiopogon japonicus Ker. -Gawl. 沿階草屬，百合科。
170. 苧根 Boehmeria nivea(Linn.)Gaudich. 苧麻屬，蕁麻科。
171. 蒼术 Atractylis chniensis(Bge.)DC. 蒼术屬，菊科。
172. 菖蒲 Acorus calamus Linn. 菖蒲屬，天南星科。
173. 葍子根 Calystegia hederacea Choisy 打碗花屬，旋花科。
174. 莜蕿根 Butomus umbellatus Linn. 花藺屬，花藺科。
175. 野胡蘿蔔 Daucus carota Linn. 胡蘿蔔屬，繖形科。
176. 綿棗兒 Scilla chinensis Benth. 綿棗兒屬，百合科。
177. 土圞兒 Apios fortunei Maxim. 土圞兒屬，豆科。
178. 野山藥 Dioscorea batatas Decne. 薯蕷屬，薯蕷科。

179. 金瓜兒 Thladiantha sp. 赤包屬，葫蘆科。
180. 細葉沙參 Adenophora coronaka DC. 沙参屬，桔梗科。
181. 鷄腿兒 Potentilla discolor Bge. 委陵菜屬，薔薇科。
182. 山蔓菁 Adenophora sp. 沙参屬，桔梗科。
183. 老鴉蒜 Lycoris radiata Herb. 石蒜屬，石蒜科。
184. 山蘿蔔 Scabiosa japonica Miq. 山蘿蔔屬，川續斷科。
185. 地參 Adenophora sp. 沙参屬，桔梗科。
186. 獐牙菜
187. 鷄兒頭苗 Potentilla repans Linn. 委陵菜屬，薔薇科。
188. 雀麥 Bromus japonicus Thunb. 雀麥屬，禾本科。
189. 回回米 Coix lachryma-jobi Linn. 薏苡屬，禾本科。
190. 蒺藜子 Tribulus terrestris Linn. 蒺藜屬，蒺藜科。
191. 檾子 Abutilon avicennae Gaertn. 苘麻屬，錦葵科。
192. 稗子 Echinochloa crusgalli(Linn.)Beauv. 稗屬，禾本科。
193. 穇子 Echinochloa esculentum Al. Br. 稗屬，禾本科。
194. 川穀 Coix lacryma-jobi Linn. 薏苡屬，禾本科。
195. 莠草子 Setaria viridis(Linn.)Beauv. 狗尾草屬，禾本科。
196. 野黍
197. 鷄眼草 Kummerowia sttiata(Thunb.)Schindl. 鷄眼草屬，豆科。
198. 鷰麥 Bromus japonicus Thunb. 雀麥屬，禾本科。
199. 潑盤 Rubus parvifolius Linn. 懸鈎子屬，薔薇科。
200. 絲瓜苗 Luffa cylindrica Roem. 絲瓜屬，葫蘆科。
201. 地角兒苗 Oxytropis bicolor Bge. 棘豆屬，豆科。
202. 馬㼎兒 Melothria japonica Maxim. 馬㼎兒屬，葫蘆科。
203. 山黧豆 Lathyrus palustris Linn. 山黧豆屬，豆科。
204. 龍牙草屬 Agrimonia pilosa Ledeb. 龍牙草屬，薔薇科。
205. 地梢瓜 Cynanchum sibiricum R. Br. 牛皮消屬，蘿藦科。
206. 錦荔枝 Momordica charantia Linn. 苦瓜屬，葫蘆科。

207. 鷄冠果 Duchesnea indica Focke. 蛇苺屬，薔薇科。
208. 羊蹄苗 Rumex crispus Linn. 酸模屬，蓼科。
209. 蒼耳 Xanthium strumarium Linn. 蒼耳屬，菊科。
210. 姑娘菜 Physalis alkekengi Linn. 酸漿屬，茄科。
211. 土茜苗 Rubia cordifolia Linn. 茜草屬，茜草科。
212. 王不留行 Vaccaria pyramidata Medic. 王不留行屬，石竹科。
213. 白薇 Cynanchum sp. 牛皮消屬，蘿藦科。
214. 蓬子菜 Galium verum Linn. 猪殃殃屬，茜草科。
215. 胡枝子 Lespedeza dahurica schindl. Lespedeza bicolor Turcz. 胡枝子屬，豆科。
216. 米布袋 Amblytropis multiflora(Bge.)Kitag. 米口袋屬，豆科。
217. 天茄苗兒 Solanum nigrum Linn. 茄屬，茄科。
218. 苦馬豆 Swainsona salsula Taubert 苦馬豆屬，豆科。
219. 猪尾巴苗 Lysimachia sp. 排草屬，報春花科。
220. 草三奈 Acorus calamus Linn. 菖蒲屬，天南星科。
221. 黄精苗 Polygonatum sibiricum Redoute 黄精屬，百合科。
222. 地黄苗 Rehmannia glutinosa Libosch. 地黄屬，玄參科。
223. 牛旁子 Arctium majus Linn. 牛旁屬，菊科。
224. 遠志 Polygala tenuifolia Willd. 遠志屬，遠志科。
225. 杏葉沙參 Adenophora stricta Miq. 沙參屬，桔梗科。
226. 藤長苗 Convolvulus chinensis Kergaul. 旋花屬，旋花科。
227. 牛皮消 Cynanchum chsiluse R. Br. 牛皮消屬，蘿藦科。
228. 菹草 Potamogeton crispus Linn. 眼子菜屬，眼子菜科。
229. 水豆兒 Utricularia vulgaris Linn. 狸藻屬，狸藻科。
230. 水葱 Eleocharis palustris R. Br. 或 Scirpus lacustris Linn. 荸薺屬或藨草屬，莎草科。
231. 蒲筍 Typha latifolia Linn. 香蒲屬，香蒲科。
232. 蘆筍 Phragmites communis Trin. 蘆葦屬，禾本科。

233. 茅芽根 Imperata cylindrica (Linn.) Beauv. var. major (Nees.) C. E. Hubb. 白茅屬，禾本科。

234. 葛根 Pueraria thunbergiana (S. & Z.) Benth. 葛屬，豆科。

235. 何首烏 Polygonum multiflorum Thunb. 蓼屬，蓼科。

236. 瓜樓根 Trichosanthes kirilowii Maxim. 栝樓屬，葫蘆科。

237. 磚子苗 Cyperus sp. 莎草屬，莎草科。

238. 菊花 Dendranthema morifolium (Ramat.) Tzvel. 菊屬，菊科。

239. 金銀花 Lonicera japonica Thunb. 忍冬屬，忍冬科。

240. 望江南 Cassia tora Linn. 决明屬，豆科。

241. 大蓼 Clematis paniculata Maxim. 鉄線蓮屬，毛茛科。

242. 黑三稜 Sparganium simplex Huds. 黑三稜屬，黑三稜科。

243. 荇絲菜 Limnanthemum nymphoides Hoffm. et Link. 莕菜屬，龍胆科。

244. 水慈菰 Sagittaria trifolia Linn. 慈姑屬，澤瀉科。

245. 茭筍 Zizania caduciflora (Turcz.) Hand. -Mazz. 茭白屬，禾本科。

246. 茶樹 Thea sinensis O. Ktze. 茶屬，茶科。

247. 夜合樹 Albizzia julibrissin Durazz. 白花者 A. kalkora Prain. 合歡屬，豆科。

248. 木槿樹 Hibiscus syriacus Linn. 木槿屬，錦葵科。

249. 白楊樹 Populus alba Linn. 楊屬，楊柳科。

250. 黄櫨 Cotinus coggygria Scop. var. cinerca Linn. 黄櫨屬，漆樹科。

251. 椿樹芽 Toona sinensis Tuss. 椿屬，楝科。

252. 椒樹 Zanthoxylum simulans Hance 花椒屬，芸香科。

253. 椋子樹 Cornus walteri Wanger. 梾木屬，山茱萸科。

254. 雲桑 Morus sp. 桑屬，桑科。

255. 黄楝樹 Pistacia chinensis Bge. 黄連木屬，漆樹科。

256. 凍青樹 Ligustrum quithoui Carr. 女貞屬，木犀科。

257. 稱芽樹 Ligustrum sp. 女貞屬，木犀科。
258. 月芽樹 Euonymus sp. 衞矛屬，衞矛科。
259. 女兒茶 Rhamnus utilis Decne. 鼠李屬，鼠李科。
260. 省沽油 Staphylea holocarpa Hemsl var. rosea Rehd. 省沽油屬，省沽油科。
261. 回回醋 Phellodendron sp. 黄蘗屬，芸香科。
262. 白槿樹 Fraxinus sp. 白蠟樹屬，木犀科。
263. 槭樹芽 Acer pictum Thunb. 槭屬，槭科。
264. 老葉兒樹 Pourthiaea sp.（薔薇科之一屬）
265. 青楊樹 Populus simonii Carr. 楊屬，楊柳科。
266. 龍柏芽 Meliosma cuneifolia Fr. 泡花樹屬，清風藤科。
267. 兜櫨樹 Picrasma quassioides Benn. 苦木屬，苦木科。
268. 青岡樹 Quercus serrata Thunb. 殼斗屬，山毛櫸科。
269. 檀樹芽 Dalbergia hupeana Hance. 黄檀屬，豆科。
270. 山茶科 Rhamnus parvifolius Bge. 鼠李屬，鼠李科。又似對節刺屬（Sageretia）。
271. 木葛 Chaenomeles sinensis（Touin）Koehne 木瓜屬，薔薇科。
272. 花楸樹 Sorbus discolor（Maxim.）Hedl 花楸屬，薔薇科。
273. 白辛樹 Halesia corymbosa. Nichols. 銀鐘樹屬，野茉莉科。
274. 木欒樹 Koelreuteria paniculata Laxm. 欒樹屬，無患子科。
275. 烏稜樹 Litsea sericea Hook. 木橿子屬，樟科。
276. 刺楸樹 Kalopanax septemlobus Koidz. 刺楸屬，五加科。
277. 黄絲藤
278. 山格刺樹 Rubus sp. 懸鈎子屬，薔薇科。
279. 箣樹 Evonymus verrucosoides Ioes. 衞矛屬，衞矛科。
280. 報馬樹 Celtis sp. 朴樹屬，榆科。
281. 椴樹 Tilia sp. 椴樹屬，椴樹科。

282. 臭蘋 Vitex sp. 牡荆屬，馬鞭草科。
283. 堅莢樹 Viburnum japonicum Spr. 莢蒾屬，忍冬科。
284. 臭竹樹
285. 馬魚兒條 Gleditschia heterophylla Bge. 皂莢屬，豆科。
286. 老婆布鞊
287. 蕤核樹 Prinsepia uniflora Batal. 扁核木屬，薔薇科。
288. 酸棗樹 Zizyphus jujuba Mill. var. spinosus(Bge.)Hu. 棗屬，鼠李科。
289. 橡子樹 Quercus variabilis Bl. 櫟屬，殼斗科。
290. 荆子 Vitex chinensis Mill. 牡荆屬，馬鞭草科。
291. 實棗兒樹 Cornus officinalis Sieb. et Zucc. 梾木屬，山茱萸科。
292. 孩兒拳頭 Grewia biloba G. Don. var. parviflora(Bge.) Hand-Mazz. 扁擔杆屬，椴樹科。
293. 山藜兒 Smilax discotis Warb. 菝葜屬，百合科。
294. 山裏果兒 Crataegus pinnatifida Bge. var. major Brown 山楂屬，薔薇科。
295. 無花果 Ficus carica Linn. 榕屬，桑科。
296. 青舍子條 Solanum sp. 茄屬，茄科。
297. 白棠子樹 Elaeagnus umbellatus Thunb. 胡頽子屬，胡頽子科。
298. 枴棗 Hovenia dulcis Thunb. 枳椇屬，鼠李科。
299. 木桃兒樹 Celtis bungeana Bl. 朴樹屬，榆科。
300. 石岡橡 Quercus sp. 櫟屬，殼斗科。
301. 水茶臼
302. 野木瓜 Akebia quinata Decne. 木通屬，木通科。
303. 土欒樹 Viburnum mongolicum Rehd. 莢蒾屬，忍冬科。
304. 驢駝布袋 Lonicera maackii Maxim. 忍冬屬，忍冬科。
305. 婆婆枕頭 Lonicera chrysantha Turcz. 忍冬屬，忍冬科。
306. 吉利子樹 Rhamnella franguloides Web. 假鼠李屬，鼠李科。

307. 枸杞 Lycium chinense Mill. 枸杞屬，茄科。
308. 柏樹 Platycladus orientalis(L.)Franco 側柏屬，柏科。
309. 皂莢樹 Gleditschia sinensis Lam.
G. officinalis Hemsl. 皂莢屬，豆科。
310. 楮桃樹 Broussonetia papyrifera(Linn.)Vent. 楮屬，桑科。
311. 柘樹 Cudrania tricuspidata(Carr.)Bur. 柘樹屬，桑科。
312. 木羊角科 Periploca sepium Bge. 杠柳屬，蘿藦科。
313. 青檀樹 Celtis bungeana Bl. 朴樹屬，榆科。
314. 蠟梅花 Chimonanthus praecox(Linn.)Link. 蠟梅屬，蠟梅科。
315. 藤花菜 Wistaria sinensis Sweet. 紫藤屬，豆科。
316. 壩齒菜 Caragana rosea Turcz. 錦鷄兒屬，豆科。
317. 楸樹 Catalpa bungei C. A. Meyer. 梓屬，紫葳科。
318. 馬棘 Indigofera sp. 木藍屬，豆科。
319. 槐樹芽 Sophora japonica Linn. 槐屬，豆科。
320. 棠梨樹 Pyrus betulaefolia Bge. 梨屬，薔薇科。
321. 文冠花 Xanthoceros sorbifolia Bge. 文冠樹屬，無患子科。
322. 桑椹樹 Morus alba Linn. 桑屬，桑科。
323. 榆錢樹 Ulmus pumila Linn. 榆屬，榆科。
324. 竹筍 Phyllostachys bambusoides Sieb. et Zucc. 剛竹屬，禾本科。
325. 野豌豆 Vicia amoena Fisch. 蠶豆屬，豆科。
326. 㽷豆 Glycine soja Sieb. et Zucc. 大豆屬，豆科。
327. 山扁豆 Astragalus sp. 紫雲英屬，豆科。
328. 回回豆 Cicer arietinum Linn. 鷹嘴豆屬，豆科。
329. 胡豆 Astragalus complanatus R. Br. 紫雲英屬，豆科。
330. 蠶豆 Vicia faba Linn. 蠶豆屬，豆科。
331. 山菉豆 Desmodium podocarpum DC. 山菉豆屬，豆科。
332. 蕎麥苗 Fagopyrum esculentum Gaertn. 蕎麥屬，蓼科。

333. 御米花 Papaver somniferum Linn. 罌粟屬，罌粟科。
334. 赤小豆 Phaseolus calcaratus Roxb. 菜豆屬，豆科。
335. 山絲苗 Cannabis sativa Linn. 大麻屬，大麻科。
336. 油子苗 Sesamum indicum Linn. 胡麻屬，胡麻科。
337. 黄豆苗 Glycine max(Linn.)Merr. 大豆屬，豆科。
338. 刀豆芽 Canavallia gladiata(Jacq.)DC. 刀豆屬，豆科。
339. 眉兒頭豆 Dolichos lablab Linn. 藊豆屬，豆科。
340. 紫豇豆苗 Vigna sinensis(L.)Savi. 豇豆屬，豆科。
341. 蘇子苗 Perilla nankinensis Decne. 紫蘇屬，脣形科。
342. 豇豆苗 Vigna sinensis(Linn.)Savi. 豇豆屬，豆科。
343. 山黑豆 Dumasia truncata Sieb. et Zucc. 山黑豆屬，豆科。
344. 舜芒穀 Chenopodium album Linn. var. centrorubrum Makino 藜屬，藜科。
345. 櫻桃樹 Prunus pseudocerasus Lindl. 李屬，薔薇科。
346. 胡桃樹 Juglans regia Linn. 胡桃屬，胡桃科。
347. 柿樹 Diospyros kaki Linn. 柿屬，柿科。
348. 梨樹 Pyrus pyrifolia(Burm.)Nakai 梨屬，薔薇科。
349. 葡萄 Vitis vinifera Linn. 葡萄屬，葡萄科。
350. 李子樹 Prunus salicina Lindl. 李屬，薔薇科。
351. 木瓜 Chaenomeles sinensis(Touin)Kochne 木瓜屬，薔薇科。
352. 樝子樹 Chaenomeles lanceolata(Lois.)Koidz. 木瓜屬，薔薇科。
353. 郁李子 Prunus japonica Thunb. 李屬，薔薇科。
354. 菱角 Trapa bicornis Osb. 菱屬，菱科。
355. 軟棗 Diospyros lotus Linn. 柿屬，柿科。
356. 野葡萄 Vitis sp. 葡萄屬，葡萄科。
357. 梅杏樹 Prunus simonii Carr. 李屬，薔薇科。
358. 野櫻桃 Prunus tomentosa Thunb. 李屬，薔薇科。

359. 石榴 Punica granatum Linn. 石榴屬,石榴科。
360. 杏樹 Prunus armeniaca Linn. 李屬,薔薇科。
361. 棗樹 Zizyphus jujuba Mill. 棗屬,鼠李科。
362. 桃樹 Prunus persica(Linn.)Batsch. 李屬,薔薇科。
363. 沙果子樹 Malus asiatica Nakai. 蘋果屬,薔薇科。
364. 芋苗 Colocasia esculenta Schott. 芋屬,天南星科。
365. 鉄荸臍 Eleocharis plantaginea R. Br. var. tuberosa Makino. 荸薺屬,莎草科。
366. 蓮藕 Nelumbo nucifera Gaertn. 蓮屬,睡蓮科。
367. 鷄頭實 Euryale ferox Salisb. 芡實屬,睡蓮科。
368. 蕓薹菜 Brassica chinensis Linn. var. oleifera Makino. 蕓薹屬,十字花科。
369. 莧菜 Amarantus tricolor Linn. 莧屬,莧科。
370. 苦苣菜 Sonchus uligniozus Bieb. 苦苣菜屬,菊科。
371. 馬齒莧菜 Portulaca oleracea Linn. 馬齒莧屬,馬齒莧科。
372. 苦蕒菜 Ixeris denticulata(Houtt.)Stebb. 野苦蕒屬,菊科。
373. 莙薘菜 Beta vulgaris Linn. var. cicla Bailey 菾菜屬,藜科。
374. 邪蒿 Seseli libanotis Kock. 邪蒿屬,繖形科。
375. 同蒿 Chrysanthemum coronarium Linn. var. spatiosum Bailey 菊屬,菊科。
376. 冬葵菜 Malva verticillata Linn. 錦葵屬,錦葵科。
377. 蓼芽菜 Polygonum lapathifolium Linn. 蓼屬,蓼科。
378. 苜蓿 Medicago sativa Linn. 苜蓿屬,豆科。
379. 薄荷 Mentha haplocalyx Brig. 薄荷屬,唇形科。
380. 水蘄 Oenanthe stolonifera DC. 水芹屬,繖形科。
381. 荆芥 Schizonepeta multifida(Linn.)Briquet. 荆芥屬,唇形科。
382. 香菜(即香薷)(又名羅勒)Ocimum basilicum Linn. 羅勒屬,唇形科。

383. 銀條菜 Roripa globosa(Turcz.)Thellung 焊菜屬，十字花科。
384. 後庭花 Amaranthus tricolor Linn. 莧屬，莧科。
385. 火䬸菜 Beta vulgaris Linn. 甜菜屬，藜科。
386. 山葱 Allium victorialis Linn. var. asiaticum Nakai 葱屬，百合科。
387. 背韭 Allium sp. 葱屬，百合科。
388. 水芥菜 Roripa palustris(Leyss.)Bess. 焊菜屬，十字花科。
389. 遏藍菜 Thlaspi arvense Linn. 遏藍菜屬，十字花科。
390. 牛耳朵菜
391. 山白菜
392. 山宜菜
393. 山苦蕒 Sonchus oleraceus Linn. 苦苣菜屬，菊科。
394. 南芥菜 Brassica sp. 蕓薹屬，十字花科。
395. 山萵苣 Lactuca indica Linn. 萵苣屬，菊科。
396. 黄鵪菜 Youngia japonica(Thunb.)DC. 黄鵪菜屬，菊科。
397. 鷰兒菜
398. 孛孛丁菜 Taraxacum mongolicum Hand.-Mazz. 蒲公英屬，菊科。
399. 柴韭 Allium sp. 葱屬，百合科。
400. 野韭 Allium sp. 葱屬，百合科。
401. 甘露兒 Stachys sieboldii Miq. 水蘇屬，脣形科。
402. 地瓜兒苗 Lycopus europaeus Linn. 地筍屬，脣形科。
403. 澤蒜 Allium japonica Fr. et Sav. 葱屬，百合科。
404. 樓子葱 Allium sp. 葱屬，百合科。
405. 薤韭 Allium odorum Linn. 葱屬，百合科。
406. 水蘿葡 Roripa palustris(Leyss.)Bess. 焊菜屬，十字花科。
407. 野蔓菁 Brassica sp. 蕓薹屬，十字花科。
408. 薺菜 Capsella bursa-pastoris(Linn.)Medic. 薺菜屬，十字花科。

409. 紫蘇 Perilla frutescens(L.)Britt. var. acuta(Thunb.) Kudo nankinensis Decne. 紫蘇屬,脣形科。

410. 荏子 Perilla frutescens(Linn.)Britton. 紫蘇屬,脣形科。

411. 灰菜 Chenopodium album Linn. 藜屬,藜科。

412. 丁香茄苗 Pharbitis hederacea Choisy. 牽牛屬,旋花科。

413. 山藥 Dioscorea batatas Decne. 薯蕷屬,薯蕷科。

野菜譜

1. 白鼓釘 Taraxacum mongolicum Hand.-Mazz. 蒲公英屬,菊科。
2. 猪殃殃 Galium pauciflorum Bge. 猪殃殃屬,茜草科。
3. 絲蕎蕎 Vicia sp. 蠶豆屬,豆科。
4. 牛塘利
5. 浮蔷 Monochoria vaginalis(Burm. f.)Presl.
6. 水菜
7. 看麥娘 Alopecurus japonicus Steud. 看麥娘屬,禾本科。
8. 狗脚跡
9. 破破納 Veronica agrestis Linn. 婆婆納屬,玄參科。
10. 斜蒿
11. 江薺
12. 燕子不來香
13. 猢猻脚跡
14. 眼子菜 Potamogeton polygonifolius Pourr. 眼子菜屬,眼子菜科。
15. 猫耳朵
16. 地踏菜 Nostoc commune Vaucher. 念珠藻屬,念珠藻科。
17. 窩螺薺
18. 烏藍擔
19. 蒲兒根 Typha latifolia Linn. 香蒲屬,香蒲科。

20. 馬攔頭

21. 青蒿兒 Artemisia sp. 蒿屬，菊科。

22. 藩籬頭

23. 馬齒莧 Portulaca oleracea Linn. 馬齒莧屬，馬齒莧科。

24. 雁腸子

25. 野落籬

26. 茭兒菜

27. 倒灌薺

28. 灰條 Chenopodium album Linn. 藜屬，藜科。

29. 烏英

30. 抱孃蒿 Sisymbrium sophia Linn. 大蒜芥屬，十字花科。

31. 枸杞頭 Lycium chinense Mill. 枸杞屬，茄科。

32. 苦麻臺 Carum carvi Linn. 和蘭芹屬，繖形科。

33. 羊耳禿

34. 剪刀股 Lactuca debilis Maxim. 萵苣屬，菊科。

35. 水馬齒

36. 野莧菜 Amarantus blitum Linn. 莧屬，莧科。

37. 黄花兒

38. 野荸薺 Eleocharis dulcis(Burm.)Trin. 荸薺屬，莎草科。

39. 蒿柴薺

40. 野菉豆 Vicia sp. 蠶豆屬，豆科。

41. 油灼灼

42. 雷聲菌 Agaricus sp. 蘑菇屬，蘑菇科。

43. 蔞蒿 Artemisia selengensis Turcz. 艾屬，菊科。

44. 掃箒薺 Kochia scoparia(Linn.)Schrader. var. trichophylla Baill. 地膚屬，藜科。

45. 雀兒綿單 Euphorbia humifusa Willd. 大戟屬，大戟科。

46. 菱角 Trapa bicomis Osb. 菱屬，菱科。

47. 燈蛾兒

48. 薺菜兒 Capsella bursa-pastoris（L.）Modic. 薺菜屬，十字花科。
49. 芽兒拳
50. 板蒿蒿
51. 碎米薺 Cardamine hirsuta Linn. 碎米薺屬，十字花科。
52. 天藕兒
53. 老鸛觔
54. 鵝觀草 Roegneria sp. 鵝觀草屬，禾本科。
55. 牛尾瘟 Myriophyllum sp. 狐尾藻屬，小二仙草科。
56. 野蘿蔔
57. 兔絲根
58. 草鞋片
59. 抓抓兒
60. 雀舌草

農政全書轉録救荒本草的救荒植物分部及利用方式分類總表

分部＼分類	葉（134）
草部（245）	〔四六〕款冬花、大藍、紅花菜、威靈仙、馬兜鈴、旋覆花、夏枯草、漏盧、龍膽草、鼠菊、前胡、地榆、川芎、連翹。（14） 〔四七〕桔梗、青杞、澤瀉、牛尾菜、匙頭菜、舌頭菜、歪頭菜、紫香蒿、六月菊、仙靈脾。（10） 〔四八〕鐵杆蒿、山甜菜、粉條兒菜、毛連菜、鷄兒腸、雨點兒菜、白屈菜、涼蒿菜、野艾蒿、蠍子花菜。（10）
木部（79）	〔五四〕茶樹、夜合樹、木槿樹、白楊樹、黃櫨、椿樹芽、椋子樹、雲桑、黃楝樹、凍青樹、穁芽樹、月芽樹、女兒茶、省沽油、白槿樹、槭樹芽、老葉兒樹、青楊樹、龍柏芽、兜櫨樹、青岡樹、檀樹芽、山茶科、木葛、花楸樹、白辛樹、木欒樹、烏棱樹、刺楸樹、黃
米穀部（20）	
果部（23）	
菜部（46）	〔五八〕蕓薹、莧菜、苦苣菜、馬齒莧菜、苦蕒菜、莙薘菜、邪蒿、同蒿、冬葵菜、蓼芽菜、苜蓿、薄荷、荊芥、水蘄。（14） 〔五九〕香菜、

分部＼分類	葉（134）	
草部（245）	〔四九〕山梗菜、狗掉尾苗、石芥、回回蒜、地槐菜、絞股藍、葛公菜、鯽魚鱗、尖刀兒苗、珍珠菜、杜當歸、風輪菜、拖白練苗、金剛菜、大蓬蒿、狗筋蔓。（16）〔五〇〕花蒿、兔兒傘、地花菜、杓兒菜、佛指甲、野蜀葵、香茶菜、牻牛兒苗、山小菜、耬斗菜、變豆菜、和尚菜。（12）共62	〔四六〕野生薑、刺薊、大薊、山莧菜、萹蓄、石竹子、萱草花、
木部（79）	絲藤、山格刺樹、統樹、報（駮）馬樹、椵樹、臭[illegible]、堅莢樹、臭竹樹、馬魚兒樹、老婆布黏。（39）共39	
米穀部（20）		
果部（23）		
菜部（46）	銀條菜、後庭花、火燄菜、山葱、背韭、水芥菜、遏藍菜、牛耳朵菜、山白菜、山宜菜、山苦蕒、南芥菜、山蔦苣、黄鵪菜、燕兒菜、孛孛丁菜、柴韭、野韭。（19）共33	

葉及芽苗（99）

車輪菜、白水葒苗、黄耆、防風、鬱臭苗、澤漆、酢漿草、蛇牀子、茴香、藁本、柴胡、葛勒子、豬牙菜。（20）

〔四七〕馬蘭頭、稀薟、竹節菜、獨掃苗、兔兒酸、鹻蓬、蔄蒿、水萵苣、金盞菜、水辣菜、紫雲菜、鴉葱、鷄冠菜、水蔓菁、野園荽、山蓊菜、綿絲菜、米蒿、山芥菜、金盞兒菜、費菜、千屈菜、柳葉菜。（23）

〔四八〕剪刀股、婆婆指甲菜、水蘇子、風花菜、鵝兒腸、辣辣菜、小桃紅、青莢兒葉、八角菜、耐驚菜、地棠菜、扯根菜、草零陵香、水落藜、節節菜、堇堇菜、婆婆納、野茴香、白蒿、野同蒿、野粉團兒、蚵蚾菜。（22）

〔四九〕䕡耳菜、螺靨兒、泥胡菜、

分部＼分類	葉及芽苗（99）	葉及筍（2）	根（28）
草部（245）	兔兒絲、老鸛筋、播孃蒿、鷄腸菜、水胡蘆苗、胡蒼耳、水棘針苗、沙蓬、麥藍菜、女婁菜、委陵菜、獨行菜、山蓼、薔蘪、鹿蕨菜、山芹菜、柳葉青。（20）〔五〇〕虎尾草、蛇葡萄、星宿菜、水蓑衣、牛嬭菜、小蟲兒卧單、兔兒尾苗、野西瓜苗、透骨草、毛女兒菜、鐵掃帚、羊角菜、甌菜、地錦苗。（14）共99	〔四八〕黏魚鬚（1）〔四九〕酸桶筍（1）共2	〔五一〕沙參、百合、萎蕤、天門冬、章柳根、麥門冬、苧根、蒼朮、
木部（79）			
米穀部（20）			
果部（23）			〔五八〕芋苗、鐵葧臍。
菜部（46）			〔五九〕甘露兒、地瓜兒苗。

	實（61）
菖蒲、葍子根、萩蕿根、野胡蘿蔔、綿棗兒、土圞兒、野山藥、金瓜兒、細葉沙參、雞腿兒、山蔓菁、老鴉蒜、山蘿蔔、地參、獐牙菜、雞兒頭苗。（24）共24	〔五二〕雀麥、回回米、蒺藜子、檾子、稗子、穇子、川穀、莠草子、野黍、鷄眼草、燕麥、潑盤、絲瓜苗、地角兒苗、馬瓟兒、山黧豆、龍牙菜、地稍瓜、錦荔枝、鷄冠果。（20）共20
	〔五五〕蕤核樹、酸棗樹、橡子樹、荊子、實棗兒樹、孩兒拳頭、山蔾兒、山裏果兒、無花果、青舍子條、白棠子樹、枴棗、木桃兒樹、石岡橡、水茶臼、野木瓜、土欒樹、驢駝布袋、婆婆枕頭、吉利子樹。（20）共20
	〔五七〕野豌豆、勞豆、山扁豆、回回豆、蠶豆、山菉豆、赤小豆。（7）共7
（2）共2	〔五八〕櫻桃樹、胡桃樹、柿樹、梨樹、葡萄、李子樹、木瓜、樝子樹、郁李子、菱角、軟棗、野葡萄、梅杏樹、野櫻桃。（14）共14
（2）共2	

分部＼分類	葉及實（44）	根及葉（16）
草部（245）	〔五二〕羊蹄苗、蒼耳、姑娘菜、土茜苗、王不留行、白薇、蓬子菜、胡枝子、米布袋、天茄苗兒、苦馬豆、猪尾把苗。（12） 共12	〔五三〕草三柰、黄精苗、地黄苗、牛蒡子、遠志、杏葉沙參、藤長苗、牛皮消、菹草、水豆兒、水葱。（11） 共11
木部（79）	〔五四〕椒樹、回回醋。（2）〔五六〕枸杞、柏樹、皂莢樹、楮桃樹、柘樹、木羊角科、青檀樹。（7） 共9	
米穀部（20）	〔五七〕蕎麥苗、御米花、赤小豆、山絲苗、油子苗、黄豆苗、刀豆苗、眉兒豆苗、紫豇豆苗、蘇子苗、豇豆苗、山黑豆、舜芒穀。（13） 共13	
果部（23）	〔五八〕石榴、杏樹、棗樹、桃樹、沙果子樹。（5） 共5	
菜部（46）	〔五九〕薺菜、紫蘇、荏子、灰菜、丁香茄兒。（5） 共5	〔五九〕澤蒜、樓子葱、薤韭、水蘿蔔、野蔓菁。（5） 共5

分部＼分類	根及筍（3）	根及實（5）	莖（3）	筍（1）	筍及實（1）
草部（245）	〔五三〕蒲筍、蘆筍、茅芽根。（3）共3	〔五三〕瓜樓根、甎子苗。（2）共2	〔五三〕黑三棱、荇絲菜、水慈菰。（3）共3		〔五三〕茭筍。（1）共1
木部（79）				〔五六〕竹筍（1）共1	
米穀部（20）					
果部（23）		〔五八〕蓮藕、鷄頭實。（2）共2			
菜部（46）		〔五九〕山藥。（1）共1			

花（5）		〔五六〕蠟梅花、藤花菜、壩齒花、楸樹、馬棘。（5）共5			
根及花（2）	〔五三〕葛根、何首烏。—（2）共2				
葉及花（5）	〔五三〕金銀花、菊花、望江南、大蓼。（4）共4	〔五六〕槐樹芽。（1）共1			
花、葉及實（2）		〔五六〕棠梨樹、文冠果。（2）共2			
葉、皮及實（2）		〔五六〕桑椹樹、榆錢樹。（2）共2			

總表説明：

一、表中方括號〔〕中的中文數字，是指在本書中出現的卷數：如〔四六〕指本書第四十六卷。

二、每卷末，圓括號（）中的數字，是指這卷中某一類（仍依原書中的分類方法）種數。第一欄，分類名稱旁邊圓括號中的數字，指原「類」的共計種數；這些類的共計種數，由各類在各書中出現的種數（表中每大格左下角「共」字下不加括號的數字）彙總得來。

三、救荒本草原書「木部」，還有一種「葉及實可食」的木欒樹，本書未引。

（定枎案：有關此表的來歷，請參看復原、整理者的説明三。）

附録三

農政全書徵引文獻探原

一、前言

農政全書，是我國古代農業典籍中一部規模宏大，徵引繁博的農書；與當時（明代）李時珍的本草綱目同樣蜚聲中外。它不但比過往的齊民要術、農桑輯要、王禎農書等範疇較廣，且進一步全面重點徵引了明以前有關總結我國勞動人民寶貴農業技術的記載和傑出的農學家的理論；尤其重點的保存了明代許多文獻和徵引了同時代總結勞動人民的技術書。玄扈先生本身對農業曾經過多年實踐體驗的工夫，也有不少卓越的識見。從這本書裏，可以窺見祖國十七世紀以前農業技術發展的面貌，以及祖國勇敢勤勞的勞動人民在明代已掌握了相當進步的技術了（這些石聲漢先生等將另有文分析）。

作者徐光啓是我國歷史上傑出的科學家之一。他的事蹟有明史本傳、查繼佐罪惟錄列傳及徐文定公集中的「年譜」、「行實」等，可供參考。惟查氏一文，真實中肯，現摘錄於下：

徐光啓，字子先，號玄扈，南直上海人也。先世從宋南渡，祖母尹，以節聞。光啓幼矯摰，饒英分……以北雍拔順天首解，甲辰（萬曆卅二年，公元一六〇四年，時作者年四十三歲）成進士，選庶常，好論兵事，以爲先能守而後戰。約以二言：曰求精；曰責寔。會萬曆末年，廟謨腐於體例，臣勞頹於優尊，此四字可呼沉寐。後數十年，長計無過此。光啓甫釋褐，一口裕之也，授簡討，分禮闈，與同官魏南樂不協，移病歸，田於津門（按年譜載爲萬曆四十一年，即公元一六一三年，時作者年五十二歲）。蓋欲身試屯田法，因就間疆理數萬畝，後草農政全書十二卷（按「卷」應是「目」字，見後文）以聞，本此。歷左春坊、左贊善，奉敕封慶藩，盡却餽遺（按爲萬曆四十五年。即公元一六一七年，時作者年五十六歲）。時方東顧，四路進兵，光啓疏上此法大謬，策楊經略鎬必敗。且曰杜將軍㊀當之，不復返矣。及全覆，歎曰：吾姑言之，而不意其或驗也！分列五要：無過練兵除器，而最切監護朝鮮（「行實」載爲萬曆四十七年，即公元一六一九年），意以内兵萬不可振，則因糧海國，爲之訓成嚴旅，譬我特設犄角，猝便呼應，名爲振孱，寔則將助。朝廷未嘗浪一金錢，而車徒不辦自足。時未便明言，止以監護二義，先示威惠。光啓且釋中祕書，竟欲身之，已得旨行矣，爲言官祝耀祖所沮，不果，覩他日朝鮮他效，我失左臂，大事去，則所料已在二十餘年之前哉！改訓兵通州（按「行實」載爲萬曆四十七年，即公元一六一九年），以詹事兼河南道御史，甫就事，又以安家更番二議不協，事不就。會神廟崩，予告回籍（天啟元年，即公元一六二一年）。天啟改元，遼警，起光啓知兵，一再投書遼撫熊廷弼，有曰：「人皆天之勞子，其所厚予者，勞之更甚。願深體此意，於煩惱中得大安慰。今日之計，獨有厚集兵勢，固守遼陽，次則保全海、蓋四州爲上策。多儲守器，精講守法，而善用火礮爲最良。」且曰：「足下欲空瀋陽之城，併兵合勢，亦無不可。第斷不宜以不練之卒，浪營城外，致喪鋭氣，寒城守。」蓋自廷弼受命而東，其指在守，與光啓頗合。祇以廟無成畫，議論分沓，群以黨事相左，撓廷弼者衆，未幾，瀋、遼相繼失守。光啓曰，吾言之而又不意其或驗也，請急用前法，堅壁廣寧。時復以經撫委任不專，戰守無據，而光啓練兵除器之説，徒令舌敝，無補大壞，臺抨疾歸（按「行實」載天啟元年，作者與「尚書崔景榮議不合，促御史邱兆麟劾公，遂辭疾至津，部署墾務」）。癸亥（爲天啟五年，即公元一六二三年，時作者年六十四歲），即家拜禮部右侍郎，兼翰林院侍讀學士，纂修神廟實録。時魏璫用事，南樂廣微㊁，以通譜勢張，竟引光啓爲重，固不應，益忤。嗾臺臣論劾（按「行實」載：沈漼與忠賢，促臺臣智鋌劾公），閒住。崇禎初，起原官，補經筵講官，疏請講筵，併參論軍國重大事宜，及古今沿革利弊。以勞加太子賓客，充熹宗實録副總裁。時插酋虎墩兔犯宣大，上憂時一疏，有曰：用寡節費，臣言之屢矣。但請與臣精兵五千，唯臣所須，毋或牽沮，不試要害不驗，臣執其咎；驗則以次遞增，然亦不得踰三萬，一當十，可三十萬也。不果用。改本部左（按「年譜」載爲天啟二年，陞左侍郎），十一月，遵化不守，都城驚甚，光啓應召平臺曰：「臣故言之而不意其或驗也。」急請嚴埰守，毖火器、走敕招徠。」督師袁崇焕自遼左入援，倖戰輒敗，及事定，請終練兵除器之説，不果用。陞禮部尚書（按「年譜」載爲崇禎三年，即公元一六三〇年）兼翰林院學士，協理詹事府事。辛未（崇禎四年）八月，大凌河兵覆，光啓疏萬全之策，有云用戰以爲守；先步而緩騎。宜聚不宜散；宜精不宜多。陳車營之制甚悉。條奏中有曰：速召孫元化於登州。此議行，後可無吴橋之變矣。不果。時廷臣酷水火，光啓中立，不逢黨，故此置若忘之。獨天子知其學主自盡，將之以誠，不任氣。特手敕以原官兼東閣大學士，參預機務（按「年譜」載爲崇禎五年，即公元一六三二年，時作者年七十一歲），時督師孫承宗行邊，老謝事。上意光啓繼之，光啓亦自意可盡展其所欲爲，卒不果。進太子太保（崇禎六年，時作者年七十二歲）兼文淵閣尚書如故，代享太廟，釋奠先師。八月，病乞休，不許。慰問特至，病劇，猶請以山東參政李天經終曆事，誡家人「速上農政全書，以畢吾志」。卒，年七十有三，贈少保，謚文定，以農政一書，有裨邦本，加贈太保，並兩蔭。光啓寬仁果毅，澹泊自好，生平務有用之學，盡絶諸嗜好，博訪坐論，無間寢食。嘗曰：富國必以本業，强國必以正兵。大指率以退爲進，曰此先子勇退遺教。因權之諸大政，無不以此。遂於治曆、明農、鹽屯、火攻、漕河等，咸所究治……所爲農書，計十二目（以此「目」字知前「卷」字之誤），而終之以荒政。其議屯田，以墾荒爲第一義，立虛實二法招徠之。其議鹽法也，歸重禁私，剖悉明暢。至論火攻，不惟其攻惟其守，曰以大勝小，以多勝寡；以精勝粗；以有捍衛勝無捍衛……宦邸蕭然，敝衣數襲外，著述手草塵束而已。起居約嗇如寒士，門無雜賓，……訓子孫「毋空期明日；期明日則今日是作夢之日，以夢廢今日，而明日不醒當奈何」！……由這個傳所敘作者生平看，他不僅是有明一代傑出的農學家，也是當時具有遠見的政治、經濟家（至徐氏介紹西洋科學方面之貢獻，不在本文範圍之内，暫不述及）。

明代末葉，封建王朝已逐步走向没落階段，階級矛盾複雜尖鋭。嘉靖王朝的官僚政治，嚴嵩父子的驕横；衛所與邊防的破壞，致引起倭寇、蒙古的侵擾。隆慶、萬曆時期，政治家張居正，雖曾進行了一系列政治改革，社會經濟曾一度好轉，但填不滿萬曆王朝奢靡的慾壑。據史料稱：「一次采辦珠寶，就用銀二千四百萬兩；爲皇太子舉行一次册立、冠婚禮，用銀九百三十多萬兩；營造三殿，僅采木一項，就用銀九百三十多萬兩。」天啟王朝的信用宦官：「魏忠賢財半盗内帑……可裕九邊數歲之餉。」（見李洵明清史）東林罹罪，正人側目，朝政更不堪設想。崇禎襲前朝之餘殃，山窮水盡，國庫空虛。外則清室崛起遼東，戰多失利，威脅京都。內則廣大人民經歷代「額外提編」、「鹽礦税」、「助餉」、「剿餉」、「練餉」等的苛捐雜税，而農民尤担負奇重的加派，加之藩王、外戚、宦官對土地瘋狂掠奪與兼併，以及天災的頻繁（自萬曆至崇禎七十年間，有六十三年的天災），於是崇禎初年，農民起義時有所聞。作者誕生於嘉靖四十一年，身歷幾個王朝，又參與了萬曆末年和崇禎初年統治階層政治，充滿了「忠君愛國」思想和想調和國内尖銳矛盾的理想，農政全書的寫作，是有他的政治目的性的。

陳子龍凡例：「往，公以大宗伯掌詹，子龍謁之都下，問當世之務。時秦盜初起。公曰：自今以往，國所患者貧，而盜未易平也。中原之民，不耕久矣。不耕之民，易與爲非，難與爲善。因言所緝農書。若已不能行其言，當俟之知者。後三年，公薨。」已把作者關心農民問題和寫作農書的意義全盤托出了。他的弟子張溥作農政全書序說：「農家者流，出自稷官，班史記之。其後種樹試穀，育蠶養魚，耕牛之經，花竹之譜，人各有書，然碎布民間，事不相攝，……雅人墨士，或諱而不言。若總自王朝，編於太府，采明農之衆篇，勒一代之大典，上探井田，下殫荒政，梟茈可食，螽螟不憂，率天下而豐衣食，絶饑寒……非至治乎……公察地理，辨物宜，考之載記，訪之士人，輶軒襏襫，盡列筆削，氾、崔、賈、韓，方此蔑如……。」更真實地概括了農政全書的内容。把農、林、園、牧、水利、蠶桑等聯繫起來，而不至「事不相攝」，總結公元前十世紀至公元十七世紀初兩千餘年中的重農典故，以及農學家、農民的豐富多彩的農業技術和經驗，希望封建社會下層經濟的農業發展，能鞏固上層政權，這的確是作者所懷抱的政治理想。

數千年來封建社會比較進步的開明人士，都主觀願望想解決農民問題、土地問題。如所謂三代的井田制度；漢董仲舒的限民名田；太平天國的均田；中山先生的耕者有其田，……但是在封建制度殘酷的剥削與壓迫下，是無法解決這個問題；即是歷代農民的起義，也始終没有得到勝利。毛主席在中國革命與中國共産黨一文中，分析中國封建社會説：「封建社會主要矛盾，是農民階級與地主階級的矛盾，……地主階級對於農民的殘酷的經濟剥削和政治壓迫。迫使農民多次的舉行起義，以反抗地主階級統治……中國歷史上農民的起義和農民戰争的規模之大，是世界歷史所僅見的，……只是由於當時還没有新的生産力和新的生産關係，没有新的階級力量，没有先進的政黨，因而這種農民起義和農民戰争得不到如同現在所有的無産階級和共産黨的正確領導，這樣使當時的農民革命總是陷於失敗……」歷史上幾千年未得到解決的土地問題，終於一九五〇年在偉大的中國共産黨領導下勝利地完成。玄扈先生想用農政解決社會矛盾，這在當時的社會中是有其進步意義的。

農政全書的成書年代以及原書、潤飾本六十卷和别本四十六卷等一些問題，現在此作些説明。

據作者的七世孫如璋在曙海樓本的識語中有：「本朝四庫全書提要，又稱原書賅備，則知四庫所收者，必公之原書，或即詔刊之本與？（原注：按明史公傳，公卒贈少保，久之又加贈太保，而此書結銜止稱贈少保，則知刊布之令，在張、方發刻之後矣。）抑即明季進呈之遺書與？惜乎家集不載，其詳不可得聞。而海上藏書家亦無原書可據以校今本之異同得失，俾悉反舊觀也。然即忠裕删潤之書行之，其利益亦正甚大，奚必盡出於公哉！」又謂：「嘗考後樂堂集序，農書之成，實在天啟五年以後，崇禎元年之前（公元一六二五——一六二八年）。其時公方以禮部右侍郎被奄黨劾罷閒住。則公著書之意，本非專爲一時也……」徐如璋對農政全書的原書或子龍删潤本的懷疑，都是由於四庫全書提要别本農政全書四十六卷之説所引起的。提要對别本的介紹：

明徐光啓撰，陳子龍删補……初光啓作農政全書凡六十卷，光啓没後，子龍得本於其孫爾爵，與張國維、方岳貢共刊之。既而病其稍冗，乃重定此本。子龍所作凡例有曰：「文定所集，雜採衆家，兼出獨見，有得即書，非有條貫。故有略而未詳者；有重複而未及删定者；中丞公屬子龍以潤飾之，友人謝廷正、張密，皆博雅多識，使任旁搜覆校之役，而子龍總其大端，大約删者十之三，增者十之二，其評點俱仍舊觀，恐有深意，不敢臆易云云。」所謂文定者，光啓之謚；所謂中丞公者，即國維也。今原書有刊版，而此本乃出傳鈔，併其評點失之。核其體例，較原書頗爲清整。然農圃之事，本爲瑣屑，不必遽厭其詳，而所資在於實用，亦不必以考核典故爲優劣。故今仍録原書，而此本則附存其目焉。

從這介紹中，似乎陳子龍的凡例爲這個别本四十六卷而作。王毓瑚先生以爲細讀凡例全文，仍似爲六十卷而作。他這一推測是完全正確的。

我院最近承來薰閣同志的幫助，物色到了陳忠裕公集（即子龍）。陳子龍自作年譜㊂載：「崇禎十二年己卯（按爲公元一六三九年），讀書南園，編農政全書。故相徐文定公，負經世之學，首欲明農，哀古今田里溝洫之制；黍稷桑麻之宜；下至於蔬果漁牧之利，以荒政終焉。有草稿數十卷藏於家，未成書也。予從其孫得之，慨然以富國化民之本在是。遂删其繁蕪，補苴缺略，粲然備矣。大中丞張公；郡伯方公爲梓之。後五載，其家上疏進御，先帝褒歎故輔甚至，與一子宦，頒其書於郡國。」由這段寶貴資料中，可原原本本看到農政全書平露堂本即陳子龍删潤過的初刻本（崇禎己卯即公曆一六三九年），于玄扈先生逝世後之六年刊行，後其孫爾斗即將這個刊本上疏進御，頒之于郡國。從子龍自寫年譜、專著以及高燮所撰陳卧子先生傳，均無一字提及另有删爲别本農政全書四十六卷之事，疑是出自後之好事者之手。我院辛樹幟院長於一九五七年曾於揚州以重價購得四十六卷之抄本。蟲蝕漫漶，古色古香，核校之餘，除截去最後救荒本草與野菜譜十四卷外，與六十卷前之四十六卷無何差異。四庫全書提要所介紹的農政全書四十六卷本，是否即此種抄本雖不得而知，但陳子龍的凡例，爲其潤飾六十卷本而作，是無可置疑的。我還以爲平露堂三字㊃是從陳子龍的平露堂專集而來，果爾，則從平露堂本刊行取名的意義，也可證實别本四十六卷了。

㊀「杜」字疑是「楊」字之誤。

㊁「廣」字疑是「原」字之誤。

㊂陳忠裕公年譜，由青浦王昶輯，分三卷。上中二卷，子龍自撰，下卷王昶續。子龍編農政全書，爲崇禎十二年己卯，即編皇明經世文編之第二年，皆在年譜上卷。

㊃高燮撰陳卧子先生傳：「崇禎初即位，天下想望太平，先生雖新進，以素知名，宵人方眈眈目爲黨魁，而先生乃以此時，專事著述，成平露堂集。」按子龍自撰年譜，崇禎九年丙子是歲有平露堂集。又年譜考證：「華亭縣志平露堂，陳忠裕子龍宅，在普照寺西。」

二、從核校中發現的一些問題

農政全書爲明代傑出的學者徐光啓原稿，又經過當時文豪陳子龍的删潤，其價值之大，無可諱言，但徵引文獻甚多，間有未注明原書名稱或作者的；且編排也有混亂情況，因此有整理的必要。我室石聲漢主任在響應整理祖國農業遺産的號召，於整理齊民要術之餘，囑我把本書所徵引的文獻，都與原書一一核對，這樣可以比較細緻的統計出玄扈先生有多少創作？以及徵引文獻中有無混亂的情況？從明代到現在該書所引文獻散佚的有多少？並以爲這是整理古籍的初步工作。我遵照這個目標工作，幾費一年多的時間，把這本書剪貼成爲卡片，由它分散的徵引某書而又歸類還原，再與原書校對，（這樣比較容易發現問題，也便於統計。）從初步校對中，發現了不少問題，也還存在着不少問題。亦曾赴北京圖書館校對彌月，尚有少部分資料未見到原書，而掛一漏萬之處，更所不免。現將校對中發現的一些問題，彙報如下。

（一）陳子龍的凡例介紹，有「夫氣序占測，豈必季冬所頒，疇人所習哉！農師耕父能言之矣，故載其易通而驗者」。從這個介紹裏，初以爲占候一卷，是作者搜集的材料較多。迄與田家五行及田家五行拾遺對照，才知道百分之九十出自以上兩書。（而清代的授時通考

事授時：

和圖書集成引這一卷，都冠以農政全書。）

（二）全書從體式看，大多跡近類書，但其中有幾卷的體例，比較突出，例如卷十的農

孟春，立春節氣，首五日，東風解凍，……後五日，戴勝降於桑。凡此六氣一十八候，皆春氣，正發生之令。

孟夏，立夏節氣，初五日，螻蟈鳴，……後五日，大雨時行。凡此六氣一十八候，皆夏氣，正長養之令。

立秋之節，首五日，涼風至，……後五日，蟄蟲咸俯。凡此六氣一十八候，皆秋氣，正收斂之令。

立冬之節，首五日，水始冰，……後五日，水澤腹堅。凡此六氣一十八候，皆冬氣，正養歲之令。

這幾大段文字，均見逸周書時訓解，而徵引時未説明出處（但文字有加工和總結的性質，而授時通考又把這幾段文字都冠以「農桑通訣」，也頗費解）。又如「齊民要術曰」之後，有每季令的下子、扦插、栽種、接換、澆培、收藏……雜事等季節的農事安排，令人初見以爲是齊民要術之文，而實出於編者或著者自己的編排。又如卷十一的農事占候，雖百分之九

十出自田家五行和田家五行拾遺，但把十二月令中的占候，與原書對照，文字有顛倒錯置。卷四十一牧養六畜，對六畜的醫療方法，全録自齊民要術、農桑輯要、便民圖纂三書，但没有説明。卷四十二製造的雜附，多出自便民圖纂，也未依本書體例説明出自何書。

（三）校對原書，最混亂的莫過於卷二十六樹藝穀部下、卷二十七樹藝蓏部、卷二十八樹藝蔬部、卷二十九樹藝果部上、卷三十樹藝果部下。其次是卷三十七到四十種植的四卷；再次是卷三十三的蠶桑和卷三十六的蠶桑廣類。這或由於樹藝和種植包括範疇最廣，徵引繁博，容易淆亂。或是玄扈先生初採録時，「有得即書，非有條貫」，僅着重於農業技術的實用。或因陳子龍等的增删以及校訂者有所疏忽。今僅舉卷二十六爲例：

卷二十六樹藝穀部下：

大豆：豆角曰莢，葉曰藿，莖曰萁。（見本草綱目卷二十四大豆項）

菉豆：菉豆本作緑；以其色名也。粒大而色鮮者爲官緑；皮薄粉多粒細而色深者爲油緑；皮厚粉少，早種者呼爲摘緑；遲種呼爲拔緑。以水浸濕，生白芽，爲菜中佳品。（見本草綱目卷二十四菉豆項）

豌豆：遼志作回鶻國豆；唐史作畢豆；崔寔作蹕豆，即青斑豆也。田野間禾中，往往有之，俗名小寒者是也。（見本草綱目卷二十四豌豆）

豇豆：一名䜹䝬，莢必雙生，紅色居多，故名……。（見本草綱目卷二十四豇豆）

藊豆：古名娥眉，俗名沿籬。有黑、白二種，黑者名烏豆，其莢狀凡十餘色。嫩時可充蔬食茶料，老則收子煮食。白者食，入藥品。（見本草綱目卷二十四藊豆項）

黎豆：古名貍豆，有名虎豆，其子有點，如虎貍之斑，故名。爾雅所謂攝，虎櫐。三月下種蔓生，江南多炒食之。（見本草綱目卷二十四黎豆。文字間有出入。）

像以上這些項目下的小字注脚，説明作物的名稱或屬性的，都没有加引原書曰或冠以某人曰。初疑著者或編者所加，反覆校對，均見本草綱目，大多是摘引。又大字正文中，大豆一目徵引王禎農書之後，緊接着一段：「種大豆，鋤成行壠，春穴下種。早者二月種，四月可食，名曰梅豆。皆三四月種。地不宜肥，有草則削去（見便民圖纂耕穫類）。種黑豆，三四月間種，其豆可以作醬及馬料。」（見農桑衣食輯要）初以爲是出自王禎農書，但反覆查對，均不見於王書。又赤豆一目後，接以齊民要術曰：「大赤豆，三月種，六月旋摘，遲者四月種亦可。宜稀稠得所，太密不實。」不見原書，見於便民圖纂。又如豇豆、藊豆、刀豆諸目後緊接着的大字正文，初疑是編著者原文，均見便民圖纂。又麥一目，「王禎農書曰」之後緊接兩段文字，也不見王書，均見便民圖纂。蕎麥一目，王禎農書曰，不見原書，而見便民圖纂：緊接的後一段，「蕎麥赤莖烏粒，……實農家居冬之日饌也」。却出自王禎農書。

我最初校對時，發現了這許多問題，非常詫駭。在校對中用紅筆鈎出全書引用最多的某書，如齊民要術、王禎農書等，還是找不出本書所徵引的文字。由於校對中對幾部農書漸漸熟悉，也摸索出了農政全書徵引文獻的一些規律。有許多卷，沒有冠以書名或人名的文字，大多見於便民圖纂、本草綱目和羣芳譜；説明某書曰而不見於某書的，大多是齊民要術、農桑輯要、王禎農書、便民圖纂等諸書的相互淆混。即是冠以「玄扈先生曰」的，也間有一二見於王禎農書與便民圖纂，如卷三十八皂莢一目後，冠以「玄扈先生曰」的一段文字：「豬牙者良，其角亦有長尺一二寸者……用以洗垢滌膩最良，角與刺俱堪入藥，亦物之利益於世者。」與王禎農書卷十百穀譜九「皂莢」文字全同。又卷四十藨草燈草二目後，冠以「玄扈先生曰」的文字，與便民圖纂卷三耕穫類種燈草種藨草文字全同。

像以上的情况：一是未説明著者或書名的文字；一是引用書的相互淆混。全書初步統計，約三百處以上，還有極少數的問題，沒有得到解決。

（四）對明代人的文獻或間有刪潤：如徐貞明請亟修水利以預儲蓄疏，與明史徐貞明傳所引文字出入頗多。又徐貞明的潞水客談（粤雅堂叢書本）與單行本對照，文字刪改的地方更多。又卷十四引明人對水利的奏疏，與三吴水考及荒政要覽所引對照，刪節和補充的地方亦復不少(全書所引奏疏,多數未見到原書)。

(五)與徵引原書校對,發現許多極普通的訛字和少數重複徵引的文獻。從初步校對中,有不少與原書相異的字(但許多古典書籍,未經過整理,個人知識有限,未敢論定)。也發現有許多普通的訛字錯簡。至重複地方,全書只有卷二十八引齊民要術「作菹藏生菜法」、「蕪菁作鹹菹法」與「釀菹法」,卷四十二又重引。又卷三十一,引齊民要術曰「屋欲四面開窗,紙糊,厚爲籬」(下文見農桑輯要),與同卷所引齊民要術種桑柘第四十五重見。又卷三十二轉引農桑輯要劈接法之後,又曰「……其高原山田土厚水深之處,多掘深坑,於坑之中種桑柘者,隨坑深淺,或一丈丈五,直上出坑,乃扶疏四散,此樹條直,異於常材,十年之後,無所不任」。實重引齊民要術種桑柘第四十五。全書中在徵引某書曰之後,而復湊以他書三兩句;或引某書成篇而他處又重引一則的,也是有的。

以上就個人核校所得,重點舉出。

三、文獻探原一覽

初步統計全書徵引文獻,共二百二十五種。徵引某書成篇成卷的,其中又有引書,暫把它隸屬某書範圍,未入統計。如宋代陳旉農書的精華,多爲王禎農書所引用,所以統計中暫不説明見陳旉農書等等。如轉引某書引文、另行冠以書名並另起一段的，則入統計。玄扈先生的著作，所引的文獻，亦暫做此例。

現將全書徵引文獻，按時代排列爲一總表，内中佚書，上加△號。存疑書目（一是所引是否在這種專著内及有疑問的；二是所引的書名和作者或時代無從查考；三是這種著作是否存在），上加★號。暫未見到原書（參考各單位圖書目録，知尚有其書的），上加○號，以資識别。

農政全書徵引文獻一覽

	徵引書名	作者及時代	引用篇章	備註
1	尚書	西周	本書引無逸一則；洪範一則。	這兩篇皆西周初年作品，約公元前十一世紀。
2	禹貢	西周（約公元前八世紀）	本書共引四則。	原爲尚書中一篇，成書時代，據辛樹幟先生考證，係西周作品。
3	詩經	西周初年至春秋時代（約公元前六世紀）。西漢毛亨傳（約公元前二世紀）。	本書引衛風四則；小雅三則；豳風、秦風、唐風、魯頌、周南、召南各一則，邶風毛註一則；共十四則。	

（續）

	徵引書名	作者及時代	引用篇章	備註
4	周易		本書引繫辭一則。	繫辭作成時代，據辛樹幟先生考證，約在秦漢之際（約公元前二—三世紀間）。
5	論語	孔子門人所記（約公元前五—四世紀）。	本書引鄉黨一則。	
6	儀禮	孔子所定（？）或謂出自戰國。東漢鄭玄注（公元二世紀）。	本書引喪服一則。	
7	禮記	七十子後學所記，西漢戴聖編輯。	本書引王制三則；月令十七則；曲禮三則；內則二則。	
8	大戴禮記	七十子後學所記，西漢戴德編輯。	本書引夏小正一則。	夏小正成書年代，現夏緯瑛先生正作考證。
9	逸周書（汲家周書）	撰人不詳，大約戰國時代作（約公元前五—三世紀間）。	本書卷十授時，未説明摘引自何書，現見時訓解四則；文字有删節。	

（續）

	徵引書名	作者及時代	引用篇章	備註
10	周禮	大約是戰國時作品。東漢鄭玄注（公元二世紀）。	本書引天官鄭注一則；天官二則；地官二則；夏官一則；冬官一則。	
11	孝經	或以爲孔子門人曾子作。（？）	本書引庶人章一則。	
12	莊子	戰國莊周撰（公元前四世紀）。	本書引則陽一則；徐无鬼一則；莊子外篇一則。	
13	管子	戰國至漢初作品（約公元前五—二世紀），或公元前四世紀。	本書引地員篇一篇，又重引一則；治國、五行、權數、權修、輕重乙各一則。	
14	商子	戰國商鞅撰（公元前三世紀）。	本書引去彊篇一則。	梁家勉先生認爲，商子係戰國末期法家者流所輯，非出商鞅手。
15	荀子	戰國荀況撰（公元前三世紀）。	本書引富國篇一則。	

（續）

	徵引書名	作者及時代	引用篇章	備註
16	山海經	撰人不詳，大約是戰國時代作品（公元前三世紀以前），東晉郭璞注（四世紀前期）。	本書引北山經、中山經、西山經各一則，另一則存疑。	
17	呂氏春秋	戰國末年呂不韋等撰（公元前三世紀）。	本書引審時、任地、辨土全篇，又摘引審時、本味篇各一則。	
18	爾雅	秦漢間字書（成書時代大約公元前三世紀與二世紀之交），郭璞注（公元四世紀前期），邢昺疏（一〇〇一年或稍後）。	本書引釋草卅六則；釋木廿五則；釋畜九則；另郭注卅六則（內一則存疑）；邢昺注一則；邢疏引孫炎注二則；又一則存疑。	
19	春秋穀梁傳	穀梁赤有無其人存疑。或係西漢人作品。	本書引一則。	

	徵引書名	作者及時代	引用篇章	備註
20	范子計然	舊題東周范蠡撰，據胡立初考證，可能是西漢作品（約公元前三——一世紀之間）。	原書佚。現見齊民要術引（本書引一則）。	有玉函山房輯佚書本。清馬國翰輯。
21	尚書大傳	西漢伏勝遺説（公元前二世紀前期或稍後）。	本書引堯典、夏傳各一則。	
22	淮南子	西漢劉安等撰（公元前二世紀），東漢高誘注（二一二）。	本書引説山訓一則，泰族訓一則；另一則存疑（實轉引王禎農書）。	
23	上林賦	西漢司馬相如撰（公元前二世紀初）。	本書引二則，見文選。	
24	淮南萬畢術	西漢劉安撰（據胡立初考證，公元前二世紀）。	原書佚。本書共引二則，見齊民要術引。	有十種古逸書輯佚本。清茆泮林輯。

（續）

	徵引書名	作者及時代	引用篇章	備註
25	史記	西漢司馬遷撰（公元前一世紀初）。	本書引三皇紀一則；五帝紀一則；周本紀一則；列傳六則；另一則有疑（實轉引王禎農書）。	
26	△雜陰陽書	撰人不詳，大約西漢末作品（公元一世紀前後）。	原書佚。本書共引六則，均見齊民要術引。	
27	雜五行書	撰人不詳，大約西漢末作品（公元一世紀前後）。	原書佚。本書共引二則，均見齊民要術引。	有玉函山房輯佚書本。
28	魚龍河圖	撰人不詳，大約西漢末作品（公元一世紀前後）。	原書佚。本書共引二則，均見齊民要術引。	有漢學堂叢書輯佚本。
29	孝經緯	撰人不詳，大約西漢末作品（公元一世紀前後）。	原書佚。本書引援神契二則。	同上。
30	春秋緯	撰人不詳，大約西漢末作品（公元一世紀前後）。東漢宋均注（公元	原書佚。本書引説題辭一則；宋均注一則。	有玉函山房輯佚書本。

（續）

	徵引書名	作者及時代	引用篇章	備註
		一世紀）。		
31	氾勝之書	西漢氾勝之撰（公元前一世紀後期）。	原書佚。本書共引十四則，均見齊民要術引。	同上。
32	春秋考異郵	撰人不詳，大約西漢末年作品（公元一世紀前後）。	原書佚。本書引一則，見齊民要術引。	同上。
33	★林邑記	西漢東方朔撰（爲托名，時代待考）。	本書引林邑記一則；未見原書，見本草綱目卷三十楊梅條引東方朔林邑記。	
34	方言	漢揚雄撰（約公元一世紀前後）。	本書引一則。	
35	白虎通德論	東漢、班固撰（公元一世紀後期）。	本書引白虎通號一則	
36	漢書	東漢班固撰，班昭續成（公元一世紀下）。	本書引食貨志六則；藝文志一則；列傳二則。	

（續）

	徵引書名	作者及時代	引用篇章	備註
37	異物志	東漢楊孚撰（約公元一世紀後期）。	本書共引四則，見齊民要術引三則，本草綱目引一則，原書佚。	有嶺南遺書輯佚本，清曾釗輯。
38	張衡集	東漢張衡著（約二世紀初）。	原書佚。本書引張衡曰一則，見齊民要術引。	漢魏六朝一百三家集中，有張河間集。明張溥輯。
39	△李尤集	東漢李尤著（公元二世紀初）。	原書佚。本書引一則，見齊民要術引。	
40	王逸集	東漢王逸撰（公元二世紀初）。	原書佚。本書引王逸曰二則，均見齊民要術引。	漢魏六朝一百三家集中，有王叔師集。明張溥輯。
41	四民月令 崔寔政論	東漢崔寔撰（公元二世紀）。	原書佚。本書共引崔寔曰二十一則，均見齊民要術引。	有漢魏遺書鈔輯佚本。清王謨輯。亦見玉函山房輯佚書中。清馬國翰輯。
42	釋名	東漢劉熙著（公元二世紀初）。	本書共引二則。	
43	風俗通	東漢應劭撰（公元二世紀）。	本書引一則。	

	徵引書名	作者及時代	引用篇章	備註
44	説文解字	東漢許慎著(公元二世紀初期)。南唐徐鉉校訂(十世紀中期)。	本書共引廿八則。	
45	★鄭玄曰	東漢鄭玄(公元二世紀)。	本書引鄭玄曰二則,未見鄭注周禮、禮記内,一則見爾雅翼;一則見爾雅翼引,云是出自鄭注易機圖覽語。	卷廿六、廿八引。有輯佚本。
46	蔡邕集	東漢蔡邕撰(公元二世紀下)。	原書佚。本書引蔡伯喈曰一則,見齊民要術引。	漢魏六朝一百三家集,有蔡中郎集。明張溥輯。
47	服虔通俗文	東漢服虔撰(公元二世紀末)。	原書佚。本書引一則,見本草綱目引。	小學鉤沈中,有輯佚本。清任大椿輯。漢學堂叢書、玉函山房輯佚書中亦有。
48	陶朱公術	范蠡撰。(?)據前人考證是爲僞托,大約是漢人作品。	原書佚。本書共引二則,均見齊民要術引。	

(續)

（續）

	徵引書名	作者及時代	引用篇章	備註
49	廣雅	三國魏張揖撰（公元三世紀初）。	本書引釋草六則；釋木二則（內一則見廣志）；釋鳥三則（內二則見廣志）。	
50	吴氏本草	三國魏吴普撰（公元三世紀）。	原書佚。本書引一則，見政和本草引。	有輯佚本，清焦循輯。
51	養生論	三國魏嵇康撰（公元三世紀）。	本書引養生論曰、養生書曰各一則，均見齊民要術引。	
52	典語	三國吴陸景撰（公元二世紀末）。	原書佚。見王禎農書引。	玉函山房輯佚書中有輯佚本。
53	△陸機集	三國吴陸機撰（公元二世紀末）。	原書佚。本書陸機瓜賦、與弟書各一則，現見齊民要術引。	
54	毛詩草木鳥獸蟲魚疏	三國吴陸璣撰（公元二世紀末）。	本書引作詩義疏曰六則；作詩疏云二則；作陸璣詩疏	

（續）

	徵引書名	作者及時代	引用篇章	備註
			曰五則；作陸璣草木疏曰一則（共十四則）。九則見齊民要術引；一則見王禎農書引；四則見本草綱目引。	
55	△南方異物志	三國吳萬震撰（公元三世紀）。	原書佚。本書共引三則，見齊民要術引。	
56	△嵩高山記	撰人不詳，據胡立初考證，漢後人所撰。	原書佚。本書引一則，見齊民要術引。	
57	玄中記	撰人不詳，據胡立初考證，疑吳人所作。	原書佚。本書引一則，見齊民要術引。	説郛、重校説郛中，有輯佚本。
58	後漢書	南北朝宋范曄撰（公元五世紀）。	本書引列傳共四則。	
59	潘岳集	西晉潘岳著（公元二世紀末）。	原書佚。本書引閑居賦二則，見文選賦部。	漢魏六朝一百三家集中，有潘黄門集。明張溥輯。

（續）

	徵引書名	作者及時代	引用篇章	備註
60	張載集	西晉張載著（公元二世紀）。	原書佚。本書引張孟陽瓜賦曰一則，見齊民要術引。	有張孟陽集（同上）。
61	字林	西晉吕忱撰（公元二世紀）。	原書佚。本書引一則，見齊民要術引。	有字林考逸輯佚本，清任大椿輯。
62	周處風土記	西晉周處撰（公元三世紀中期）。	原書佚。本書共引五則。見齊民要術一則；本草綱目一則。	説郛、墨娥漫録、五朝小説等，均有輯佚本。
63	南方草木狀	西晉嵇含著（約公元三世紀）。	有輯佚本。本書引二則，見本草綱目卷二十七引。	百川學海、説郛、漢魏遺書、五朝小説、龍威秘書等，均有輯佚本。
64	楊泉物理論	西晉楊泉撰（公元三世紀後期）。	原書佚。本書共引二則；見齊民要術引。	漢學堂叢書中，有輯佚本。清黃奭輯。
65	古今注	西晉崔豹撰（公元三世紀末）。	本書引草木第六三則。	

（續）

	徵引書名	作者及時代	引用篇章	備註
66	廣志	西晉郭義恭撰（約公元三世紀末）。	本書共引廿六則，見齊民要術引廿五則，本草綱目引一則。	有玉函山房輯佚書本。
67	博物志	西晉張華著（公元三世紀末）。	本書共引六則，内五則不見原書，見齊民要術與本草綱目引。	
68	吴録	西晉張勃撰（公元三世紀下）。	原書佚。本書引一則，見齊民要術引。	説郛、重校説郛，均有輯佚本。
69	△魏志	東晉王忱撰（約公元五世紀）。	原書佚。本書引一則，見齊民要術引。	
70	永嘉記	東晉鄭緝之撰（約公元四世紀）。	原書佚。本書共引四則，均見齊民要術引。	有孫詒讓校輯本。
71	沈充集	東晉沈充撰（約公元三世紀）。	原書佚。本書引鵝賦序一則，見齊民要術引。	

（續）

	徵引書名	作者及時代	引用篇章	備註
72	鄴中記	東晉陸翽著（公元四世紀）。	本書共引二則，暫未見原書。見齊民要術引。	
73	郭子	東晉郭澄之撰（公元四世紀末）。	原書佚。本書引郭子曰一則，見齊民要術引。	有玉函山房輯佚書本。
74	神仙傳	東晉葛洪著（公元四世紀初）。	本書引一則。	
75	俞益期牋	東晉俞益期撰（公元四—五世紀）。	原書佚。本書引一則，見齊民要術引。	
76	裴淵廣州記	東晉裴淵著（公元四世紀或稍後）。	原書佚。本書引二則；見太平御覽引一則；本草綱目引一則。	
77	永和五年詔	東晉（三四五—三五六）。	本書引有關水利一則，現見荒政要覽引一則。	
78	竹譜	南北朝戴凱之撰（公元五世紀初）。	本書引一則。	

（續）

	徵引書名	作者及時代	引用篇章	備註
79	荆州記	南北朝宋盛弘之撰（四三六）。	原書佚。本書引一則，見齊民要術引。	説郛、墨娥漫録、五朝小説中，有輯佚本。
80	交州記	南北朝宋劉欣期撰（公元四世紀末）。	原書佚。本書引一則，見齊民要術引。	嶺南遺書中，有輯佚本。説郛亦有。
81	晉起居注	南北朝宋劉道薈撰（公元五世紀）。	原書佚。本書引一則，見齊民要術引。	漢學堂叢書中，有輯佚本。
82	南越志	南北朝宋沈懷遠撰（公元五世紀六十年代）。	原書佚。本書引一則，見本草綱目引。	説郛、重校説郛中，有輯佚本。
83	陶隱居本草（雜録）	南北朝梁陶宏景撰（公元六世紀前期）。	原書佚。本書共引四則，均見政和證類本草引。	
84	西京雜記	南北朝梁吴均撰（公元六世紀前期）。	本書共引七則。	
85	家政法	撰人不詳，據胡立初考證梁有家政法（五〇二—五五七）。	原書佚。本書引一則；見齊民要術引。	有玉函山房輯佚書本。

	徵引書名	作者及時代	引用篇章	備註
86	荊楚歲時記	南北朝梁宗懔撰(公元六世紀中期)。	本書引一則;不見原書内,見王禎農書引(轉引)。	
87	三秦記	後魏辛氏撰(?)(公元四世紀末)。	原書佚。本書引二則;見齊民要術引。	二酉堂叢書中,有輯佚本。清張澍輯。説郛亦有。
88	文子	後魏張湛著(公元五世紀初)。	本書引一則。	
89	★韋宏賦序		本書引一則;見齊民要術引。	
90	★神仙本草		本書引一則;見齊民要術引。	
91	齊民要術	後魏賈思勰著(成書時代大約五三三—五四四)。	本書引自序起,以至卷六,幾全部轉録或摘引。自卷七而後,僅摘引四十一則。而内中未説明出自何書,見齊民要術者,共九十六則;又另有八則不見原書内,見王禎農書、農桑輯要等。	

(續)

（續）

	徵引書名	作者及時代	引用篇章	備註
92	述異記	梁任昉撰（?）。僞托（大約公元九—十世紀作品）。	本書引一則，不見原書内，見羣芳譜引。	
93	晉書	唐房玄齡等撰（六四六）。	本書引一則。	
94	南史	唐李延壽等撰（公元七世紀）。	本書引一則。	
95	隋開皇五年詔	（五八一—六一八）	本書引一則，見荒政要覽引。	
96	千金月令	唐孫思邈撰（約公元七世紀）。	原書佚。本書引一則。	説郛、重校説郛中，有輯佚本。
97	千金方	唐孫思邈撰（約公元七世紀）。	暫未見原書。本書引一則。	
98	唐柳先生集	唐柳宗元著（七七三—八一九）。	本書引郭橐駝傳一篇。	

	徵引書名	作者及時代	引用篇章	備註
99	山居要術	唐王旻撰(約公元八世紀初)。	原書已佚。本書引一則。見農桑輯要引。	
100	陸宣公翰苑集	唐陸贄著(公元八世紀)。	本書引奏議卷六,「請以税茶錢置義倉以備水旱」一則。	
101	亢倉子	唐王士元撰(公元八世紀四十年代)。	本書引農道篇全篇,又重引農道篇一則。	
102	★李訢曰	唐李訢撰(約公元八世紀)。	未見專著。見荒政要覽引。	
103	茶經	唐陸羽撰(約公元八世紀)。	本書引一則,文字實轉引王禎農書。	
104	劉賓客嘉話録	唐韋絢撰(公元九世紀初)。	本書共引三則;一則存疑。(疑是掌禹錫之誤)。	
105	酉陽雜俎	唐段成式撰(公元八世紀)。	本書共引四則。	

(續)

（續）

	徵引書名	作者及時代	引用篇章	備註
106	説文解字繫傳	南唐徐鍇撰（公元十世紀中期）。	本書引徐鍇曰二則。	
107	嶺表異録	五代晉劉恂撰（公元十世紀上）。	本書共引二則，内一則存疑。	
108	新唐書	北宋歐陽修等撰（一〇六〇）。	本書引列傳一則。	
109	舊五代史	北宋薛居正撰（六七四）。	本書引列傳一則。	
110	事類賦	北宋吴淑撰（九七六—九八四）。	本書引吴淑賦一則。	
111	物類相感志	北宋贊寧撰（公元十世紀）。	本書共引二則。現見本草綱目卷三十引。	
112	清異録	北宋陶穀撰（公元十世紀中期或稍後）。	本書引一則。	

（續）

	徵引書名	作者及時代	引用篇章	備註
113	○富弼奏議（劄子）	北宋富弼著（公元十一世紀）。	本書共引富弼就飢行文劄子四篇。暫未見原書，均見荒政要覽引。	
114	元豐類稿	北宋曾鞏著（一○七八）。	本書引趙抃救災記與救災議二文。	
115	山谷集	北宋黄庭堅著（公元十一世紀）。	本書引山谷詩一則。	
116	夢溪筆談	北宋沈括撰（約公元十一世紀）。	本書引技藝一則。	
117	★程頤集（伊川集）	北宋程頤著（約公元十一世紀）。	本書引賑濟論一則。未見伊川文集内。見荒政要覽引救荒活民書引。	
118	○范鎮諫垣集（或奏議）	北宋范鎮撰（一○○二——一○六五）。	本書引范鎮諫院文一則。暫未見原書。見救荒活民書。	

（續）

	徵引書名	作者及時代	引用篇章	備註
119	東坡奏議	北宋蘇軾著（一〇三六—一一〇一）	本書引乞減價糶常平米賑濟狀，與奏浙西災傷第一狀兩文。	
120	本草圖經	北宋蘇頌撰（一〇六一）。	本書共引六則。原書佚。見政和證類本草引。	
121	埤雅	北宋陸佃撰（一〇八〇—一〇八五）。	本書共引六則。釋木三則；釋草三則（内一則屬轉引）。	
122	范文正公集	北宋范仲淹撰（一〇八六）。	本書引范仲淹上呂相公并呈中丞咨目一篇。	
123	本草衍義	北宋寇宗奭著（一一一六）。	本書共引五則，暫未見原書，見政和證類本草引。	
124	爾雅翼	南宋羅願撰（一一七四）。	本書共引八則。釋草五則；釋木一則；另二則轉引王禎農書。	

	徵引書名	作者及時代	引用篇章	備註
125	宋淳熙敕	南宋(一一七四—一一八九)	本書引一則。見荒政要覽引。	
126	宋隆興中詔	南宋(一一六三—一一六四)	本書引一則。見荒政要覽引。	
127	紹興二十三年史才言	南宋(一一三一—一一六二)	本書引諫言大夫史才言一則。見荒政要覽引。	
128	稼軒集	南宋辛稼軒撰(公元十二世紀)。	暫未見原書。本書引辛棄疾帥湖南賑濟榜文。	
129	晦庵先生朱文公集	南宋朱熹著(一一三〇—一二〇〇)。	本書録社會法一文。	
130	救荒活民書	南宋董煟著(公元十二世紀)。	本書引二則。	
131	★諸番志	南宋趙汝适撰(公元十二世紀)。	本書引諸番志曰一則。	

(續)

（續）

	徵引書名	作者及時代	引用篇章	備註
132	泊宅編	南宋方勺著（公元十二世紀中期）。	本書引一則。	
133	歷代制度詳説	南宋吕祖謙撰（公元十二世紀中期）。	本書引一則。	
134	鄭樵通志	南宋鄭樵編著（公元十二世紀五十年代）。	本書引昆蟲草木略一則。	
135	鼠璞	南宋戴埴撰（公元十三世紀前期）。	本書引樊遲學稼章一篇。	
136	○遯齋閑覽	宋范政敏撰。	本書共引二則；一則見説郛本；一則見便民圖纂引。	按宋史藝文志作陳正敏遯齋閑覽十四卷。説郛本作范政敏撰。宋史無傳，未知孰是。
137	★溪蠻叢笑	宋朱輔著。	本書卷廿八引溪蠻叢話一則，查文獻，只有溪蠻叢笑，不知與溪蠻叢話是兩書或是一書，待查。	

（續）

	徵引書名	作者及時代	引用篇章	備註
138	★博聞録	南宋陳元靚撰（公元十三世紀）。	本書共引十則，均見農桑輯要引，疑佚。	
139	★傅崧卿集（或奏議）	宋傅崧卿撰。	本書引給事傅崧卿守鄉郡時，侍郎陳槖上夏蓋河議一文。見荒政要覽引。	
140	△韓氏直説	撰人不詳。據王毓瑚先生考證，似出金代或元初人之手。	原書已佚。本書共引十一則，均見農桑輯要引。	
141	△種蒔直説	撰人不詳。據王毓瑚先生考證，疑與韓氏直説同是一書。	原書已佚。本書共引二則，均見農桑輯要引。	
142	△士農必用	撰人不詳。	原書已佚。本書共引三十一則，均見農桑輯要引。	
143	△務本新書	撰人不詳。據王毓瑚先生考證，或爲元初人	原書已佚。本書共引四十三則，見農桑輯要引三十	

（續）

	徵引書名	作者及時代	引用篇章	備註
		之作。	九則，王禎農書引三則，另一則存疑（現見便民圖纂）。	
144	△務本直言	元初作品。	原書已佚。見王禎農書種植篇引。	
145	四時類要	撰人不詳。	原書已佚。本書共引十八則，見農桑輯要引十七則；另一則存疑（見齊民要術）。	
146	農桑要旨	撰人不詳。金代或元初。（?）	原書失傳。見農桑輯要引。	
147	農桑直説	撰人不詳。金代或元初。（?）	原書失傳。本書共引三則，均見農桑輯要引。	
148	○事類全書	撰人不詳。	本事共引二則。暫未見原書。見王禎農書引。	
149	蠶經	撰人不詳。	原書已佚。本書共引三則，均見農桑輯要引。	

	徵引書名	作者及時代	引用篇章	備註
150	農桑輯要	元孟祺、暢師文、苗好謙等編著（一二七三）。	本書引序一篇；播種二則；瓜菜三則；果樹一則；竹木三則。未説明出自何書，現見農桑輯要或其引書的三十九則（共四十九則）。	
151	★浙西水利議（水利問答）	元任仁發著（公元十三世紀）。	本書引一篇。見張内蘊三吳水考引。	
152	王禎農書	元王禎撰（一三一三）。	本書徵引王禎農書，幾爲全部，文字大多有删節（僅少數未録）。但内有十六則，不見原書内，而見於齊民要術、農桑輯要、便民圖纂、羣芳譜等。又另有十八則，未説明出自何書，而見王禎農書。	

（續）

（續）

	徵引書名	作者及時代	引用篇章	備註
153	田家五行	元婁元禮（公元十四世紀上）。	本書卷十一農事占候，未説明出自何書。現見田家五行正月類二則；二月類二則；三月類三則；四月類四則；五月類十二則；六月類六則；七月類三則；十月類四則，十一月類四則；十二月類四則。其他氣候類廿二則；天文類、草木類、鳥獸類全部。	
154	農桑衣食輯要	元魯明善撰（一三三〇）。	本書共引五則。	
155	元史	明宋濂等撰（一三一三）。	本書删引郭守敬傳一篇。	
156	臞仙神隱書	明朱權著（一三六八——一三九八）。	本書引二則。	格致叢書有此書。

（續）

	徵引書名	作者及時代	引用篇章	備註
157	多能鄙事	明劉基撰，或係僞托（一三一一—一三七五）。	本書引一則，轉引自羣芳譜。	
158	輟耕録	明陶宗儀撰（一三六六）。	本書引黃道婆一則。	
159	田家五行拾遺	明陸泳撰（公元十四世紀）。	本書卷十一農事占候共引十一則，未説明出自何書。	
160	種樹書	明俞貞木撰（公元十四世紀末期）。	本書引豆麥四則；菜三則；果十則；木五則；竹二則，共廿四則。另存疑五則（内有二則見羣芳譜）。	
161	救荒本草	明朱橚撰（一四〇六）。	本書全部節引。	
162	○金幼孜北征録	明金幼孜撰（一三六七—一四三一）。	暫未見原書。本書引一則。	
163	○請預備倉儲疏	明楊溥撰（公元十五世紀初）。	暫未見作者別集。見荒政要覽引。	

（續）

	徵引書名	作者及時代	引用篇章	備註
164	○奏淞江水利疏	明夏原吉撰（一四七〇）。	暫未見作者別集（夏原吉集），見張內藴三吳水考引。	
165	○大學衍義補	明丘濬著（一四八七）。	本書引丘濬大學衍義補曰一則；丘濬曰五則。暫未見原書，見荒政要覽引。	
166	○餘力集	明徐貫撰（一四九四）。	暫未見原書。本書引治東南水患疏一篇，見三吳水考引。	
167	興水利以充國賦疏	明吳巖撰（一五〇二）。	見三吳水考引。	
168	便民圖纂	明鄺璠撰（一五〇二或稍前）。	本書共引四十七則。樹藝三十則；牧養十四則；耕穫三則。又未説明出自何書，見便民圖纂共七十八則，另二則存疑。	

	徵引書名	作者及時代	引用篇章	備註
169	○石海塘記、海寧捍海塘記	明陳瑄撰（公元十五世紀初）。	本書引二篇。未見原書。見荒政要覽引。	
170	請治水以防災荒疏	明葉紳撰（一五九四）。	見三吳水考引。	
171	○野菜譜	明王磐撰（公元十六世紀初）。	本書徵引全部。暫未見原書。	
172	○經世民事録	明桂萼著（一五一六左右）。	暫未見原書。本書引一則。	
173	理生玉鏡	明黃省曾撰（公元十六世紀上）。	本書引稻品一則。	
174	養魚經	明黃省曾撰（公元十六世紀上）。	本書引一則。	
175	蠶經	明黃省曾撰（公元十六世紀上）。	本書徵引全部。	

（續）

（續）

	徵引書名	作者及時代	引用篇章	備註
176	農説	明馬一龍撰（公元十六世紀）。	本書徵引全部。	
177	稗史彙編	明王圻纂（約公元十六世紀）。	暫未見原書。本書引一則，見羣芳譜引。	
178	○吴興掌故集	明徐獻忠撰（一五一二——一五六六）。	暫未見原書。本書引山鄉水利議曰一篇；徐獻忠曰一則；附種竹法一則（查長谷集中無）。	
179	何氏集	明何景明撰（一五二四）。	本書引救荒議一文。	
180	荒政叢言	明林希元撰（一五三〇）。	本書引一則。	
181	修舉水利六款	明胡體乾撰（一五三二）。	見荒政要覽引。	

	徵引書名	作者及時代	引用篇章	備註
182	○席書奏疏	明席書撰。	暫未見作者原著(元山文選)(?)。見荒政要覽引。	
183	三巡奏議	明呂光洵撰(一五四二)。	暫未見原書。見三吴水考引，本書引修水利以保財賦重地疏。	
184	丹鉛録	明楊慎撰(一五四七)。	本書共引二則。	
185	松溪集	明程文德撰(公元十六世紀中期)。	本書引程文德疏曰一則。暫未見原書。	
186	○劉鳳續吴録	明劉鳳撰(一五二二—一五六〇)。	本書引一則。暫未見原書。	
187	潞水客談	明徐貞明撰(一五五六或稍後)。	全部徵引。	
188	敬事草	明沈一貫撰(一五七六—一六〇六)。本書引沈一貫墾田東省疏一文。		

(續)

	徵引書名	作者及時代	引用篇章	備註
189	★三吴水考	明張内藴、周太韶同撰（一五七九）。	本書引林應訓修築河圩以備旱潦以重農務事文。（按中國農書目録彙編，云見浙江采集遺書總録，有林應訓三吴水考，四庫提要介紹，「萬曆四年……命御史懷安林應訓往，應訓相度擘畫，越六載蕆功，屬内藴等編輯此書」。）疑即同是一書。	
190	本草綱目	明李時珍撰（一五七八）。（凡本書引本草綱目云或陶弘景曰；蘇頌曰；寇宗奭曰；蘇恭曰；段成式曰；董炳曰；韓保昇曰；陳藏器曰等，文字同本草綱目的均統計入此書。）	本書引本草綱目草部十八則；穀部十四則；菜部廿四則；果部四十則；木部十一則；虫部二則；共一百另九則。又未説明出自何書，見本草綱目的共七十四則。	

（續）

（續）

	徵引書名	作者及時代	引用篇章	備註
191	○備荒弭盜議	明焦竑撰（公元十六世紀末）。	初校焦竑澹園集與焦氏筆乘均無。見荒政要覽引本書節引；焦竑曰一篇。	
192	★蠶論	明郭子章撰（約公元十六世紀末）。	本書引郭子章蠶論一篇。暫未在作者專著中查到；見經世實用編引。	
193	建議常平倉	明張朝瑞著（公元十六世紀末）。	見經世實用編卷十五引。	
194	放糴倉穀法	明張朝瑞著（公元十六世紀末）。	見經世實用編卷十五引。	
195	保甲法	明張朝瑞著（公元十六世紀末）。	見經世實用編卷十五引。	
196	實政録	明呂坤撰（公元十六世紀末）。	本書引積貯條曰一篇。暫未見原書，見經世實用編引。	

（續）

	徵引書名	作者及時代	引用篇章	備註
197	汪應蛟奏議	明汪應蛟著（公元十六世紀末）。	本書引海濱屯田試有成效疏一篇。	
198	賑豫紀略	明鍾化民撰（公元十六世紀末）。	本書引鍾化民曰二則。暫未見作者原書。	
199	賑粥十事	明王士性著（約公元十七世紀初）。	本書引一篇，未見作者專著内（五岳遊草）。見經世實用篇卷十五引。	
200	經世實用編	明馮應京撰（一六一五年）。	本書引卷十五國朝重農考全卷，又一則。	
201	荒政要覽	明俞汝爲撰（約公元十六世紀與十七世紀之交）。	本書引荒政要覽曰八則，又明代荒政詔諭十一則。	
202	耿橘常熟水利全書	明耿橘撰（公元十七世紀初）。	本書摘録大興水利申全卷，附開荒申一篇。	

（續）

	徵引書名	作者及時代	引用篇章	備註
203	張五典種法	明張五典撰（約公元十六與十七世紀之交）。	本書引一則。	
204	泰西水法	熊三拔撰。明徐光啓筆記（一六一二）。	本書全部採用。	
205	★吴中水利	明吴思撰。	本書引吴思吴中水利曰。明史藝文志有目，未見原書。	
206	墾田十議	明諸葛昇撰。		諸葛昇始末，暫無從查考。
207	羣芳譜	明王象晉撰（一六二一）。	本書引羣芳譜果譜共四則。又未説明出自何書，見羣芳譜果譜三十則；穀譜二則；葛譜三則；竹譜一則，共三十六則。原標題種樹書曰中，不見原書，見羣芳譜者三則。	

	徵引書名	作者及時代	引用篇章	備註
208	★地利經	撰人不詳。大約是元以前作品。	本書卷廿七引地利經曰一則。現見農桑輯要卷六薯蕷引地利經曰，文字全同。藝文志及其他文獻中查考均無目録。	
209	★南記		本書卷三十引南記曰一則，見王禎農書荔枝條引嶺南記曰，文字全同。	
210	★宋氏雜部		本書共引宋氏雜部曰四則，四庫提要有明宋詡撰竹嶼山房雜部，不知是否其書。	
211	★張約齋種花法	宋張世南撰。	本書引一則；前段見種樹書引（格致叢書本），後段見羣芳譜引。	

（續）

（續）

	徵引書名	作者及時代	引用篇章	備註
212	★武陵記	王安貧撰。	本書引一則；現見本草綱目卷三十三芰實項引。	
213	★二谷山人水利策	時代作者不詳。	本書引一篇。	
214	★復鏡河議	時代作者不詳。	本書引一篇，見荒政要覽引。	
215	★東錢湖濬議	時代作者不詳。	本書引一篇。見荒政要覽引。	
216	王廷秀水利記	時代作者不詳。	本書引一篇。見荒政要覽引。秀字疑是相字。	
217	★典術	時代作者不詳。	本書卷三十二引典術一則(查典語、典論均無)。	
218	★洞庭陸氏	書名作者不詳。	本書卷四十八，引洞庭陸氏曰一則。	

（續）

	徵引書名	作者及時代	引用篇章	備註
219	★療垂死餓人法			致富奇書有療垂死飢人法，與此大致同。
220	★救水中凍死人法		暫未查出出自何書。從全書規律看，仍非著者編者所記。	
221	★食生黄豆法		同上。	見遵生八牋載此法。
222	★生服松柏葉法			見臞仙神隱書。
223	★食草木葉法			衛濟餘編引山居四要，亦載此法。
224	★辟穀方			見静耕齋集驗方。
225	★淡黄虀煮粥法		暫未查出出自何書。	

從校對和統計中，可以看出全書徵引他人著作，全部依原書次序録入者：有徐貞明

的潞水客談、馬一龍的農説、朱橚的救荒本草、王磐的野菜譜、熊三拔的泰西水法。而齊民要術、農桑輯要、王禎農書、種樹書、便民圖纂等，雖分散引用，實可算本書的主要成分。我們如果從時代的角度看；本書是重點地總結了明代勞動人民的寶貴技術，徵引明人成卷著作佔十九卷；還分散引用了種樹書、便民圖纂、蠶經、理生玉鏡、本草綱目、荒政要覽、羣芳譜以及有關水利奏議等（計明人著作共五十九種，暫未詳數字數），如加上玄扈先生的創作，初步估計約佔全書二分之一。玄扈先生的創作，茲另表統計於下。

玄扈先生的創作，初統計約六萬一千四百字。成卷的有井田考一卷；墾田疏一卷。成篇的有測量河工及測量地勢法、看泉法、旱田用水疏、稗疏、種藷法、除蝗疏等。其次二百字以上的：有卷五的談區田；卷八的談開墾；卷十四的談淞江水利；卷十七的談取水之術與牛轉翻車圖譜；卷二十五對種稷、稻、棉多所論述；卷二十七、二十八對山藥、蔓菁、油菜、蕓薹的種植方法，記敍極多。而對果樹之種植及對種植樹木，松、梧桐、女貞、楂，竹也不少。又如養魚、種菊、種茶、辟穀之方，亦多涉及。其中卷十九、二十的泰西水法，爲西人熊三拔講授，玄扈先生筆記，暫未算入統計數字。又如卷十的農事授時，近於編纂體例，也未算入統計内。（有的小字注在某引文後，玄扈先生有不少見地，並不全是注解他人之作，爲了統計方便，均作注看。）

玄扈先生著作數字統計表

卷數＼字數	注	文	字數
卷1	5則		130
卷3	1則		160
卷5	3則	1則	500
卷7	2則		50
卷9		1卷	5,900
卷11	2則		40
卷13	1則	1則	370
卷15	1則		20
卷17		9則	920
卷19	泰西水法		
卷21			
卷23	2則	1則	90
卷25	11則	6則	1,800
卷27	15則	1篇2則	3,550
卷29	9則	1則	160
卷2	3則		360
卷4		1卷	9,800
卷6	11則	2則	310
卷8		1則	250
卷10			
卷12	2則	1則	90
卷14	1則	2篇	2,750
卷16	1則	1篇	3,330
卷18		1則	20
卷20	泰西水法		
卷22	1則		20
卷24		3則	120
卷26	9則	5則	480
卷28	15則	10則	1,680
卷30	6則	4則	500

（續）

卷數＼字數	注	文	字數	卷數＼字數	注	文	字數
卷31	11則	1則	500	卷32	5則	2則	170
卷33	1則		120	卷34	1則		20
卷35	5則	1篇15則	8,470	卷36	2則	3則	310
卷37	4則	17則	1,910	卷38	5則	33則	4,780
卷39	3則	8則	2,550	卷40	3則	12則	892
卷41	1則	8則	1,220	卷42	1則	1則	40
卷43	2則		50	卷44	1則	1篇1則	5,040
卷45	2則		30	卷46		2則	70
卷47		4則	40	卷48		1則	10
卷49				卷50			
卷51		4則	50	卷52		3則	100
卷53		10則	140	卷54	2則		20
卷55		4則	60	卷56	5則		200
卷57		2則	40	卷58		8則	100
卷59		8則	100	卷60			

本書徵引文獻，有許多混亂的地方，以及徵引他人著作未説明出自何書或作者的，初步統計在三百處以上，原擬另表羅列，只以内容錯雜，排列不易，俟將來校注全書時，再加説明。

又對徵引文獻存疑的部分，由於個人知識水平的限制，加之本院綫裝書室藏書不多，在全國圖書聯合目録未出版以前，有些書是否存在，不敢妄作決定。其所引某作者曰，在没有見到某作者全部專著之前，也不敢臆斷出自某書。如果在整理農政全書時，作一次清理與農書有關的古籍迄今存否的問題，也是有意義的，但需要得到圖書界的支援。

上表明以前的著者時代以及佚書的考訂，多採胡立初齊民要術引用書目考證；並參看中國農業遺産選集和石聲漢教授等的著作。對明人著作的時代，則多參看明史列傳、四庫提要及古籍目録等，個人未作考據工作，是極不細緻的。

四、小結

從一年來初步核校農政全書徵引文獻中，發現的問題和存在的問題，已重點敍述如上。華南農學院梁家勉教授來函曾稱：「此書不但是十七世紀及其前的祖國農業遺産總匯，且也是中外科學交融的重點樞紐，惜其書未經徐氏本人作最後定稿，内容有待整理處極多。」個人的摸索，也深切感到徐氏這一部宏偉的著作，有迫切整理的必要。因此在石聲漢教授指導下，對徵引文獻的錯亂和混淆方面，作了一些初步清理工作。清人四庫提要介紹農政全書别本，認爲「所資在於實用，亦不必以考核典故爲優劣」的説法，正説明它在「考核典故」上有問題。但在清代樸學未興起以前，抄襲作爲著述的習慣，也不是徐氏一人之咎。我們這次的嘗試，最重要的一點就是用謹嚴的科學態度，來分析古農書。

齊民要術成書第六世紀前半；農桑輯要及王禎農書成書於十三、十四世紀之間；種樹書成書約十四世紀末；便民圖纂成書於十六世紀初；本草綱目成書於十六世紀末；羣芳譜與農政全書，則都是十七世紀初。從齊民要術到農桑輯要或王禎農書約七世紀；從王禎農書到便民圖纂或羣芳譜約二世紀或三世紀，若不把時代問題搞清楚，把文獻的淆混校對出來；無疑的是把勞動人民實踐中發展的技術，動輒混亂了幾世紀！

在校對中，若有原書用來校核，當然比較容易發現問題，但一遇到佚書，困難就多了。今幸王禎農書、田家五行、便民圖纂、種樹書、羣芳譜都有明代的版本存在，否則這些淆混無辨白了。

祖國「以農立國」，它有悠久而優良的歷史。解放以後，在黨的領導下，勞動人民自己當家作主，生産力逐步蓬勃發展，尤其這兩年來在社會主義的總路綫光輝照耀之下，祖國的農業正在突飛猛進，豐産的奇跡舉世震驚。事物是互相密切聯繫着的；事物的發展不是孤立的；歷史是不能割裂的。黨號召整理祖國遺産，是有其深重的意義。個人覺得古代農業知識中，值得發掘的地方頗多，現舉幾個例子：

氾勝之書：區種瓠法：「收種子須大者，若先受一斗者，得收一石；受一石者，得收十石。先掘地作坑，方圓深各三尺，用蠶沙與土相和，令中半，著坑中，足躡令堅，以水沃之，候水盡即下瓠子十顆，復以前糞覆之。即生，長二尺餘，便總聚十莖一處，以布纏之。五寸許，復以泥泥之。不過數日，纏處便合爲一莖。留强者，餘悉掐去，引蔓結子，子外之條，亦掐去之，勿令蔓延。」

這種用人工促進植物生長法，在農村中是否保存？

永嘉記：「青田村民家有一梨樹，名曰官梨，子大一圍五寸，常以供獻，名曰御梨。實落地即融釋。」

這種優良品種，是否保存？

種樹書：「葡萄欲其肉實，當栽於棗樹之側，於春鑽棗樹作一竅子，引葡萄入竅中透出。至二三年，其枝既長達，塞滿樹竅，便可斫去葡萄根，令托棗根以生，便得肉實如棗。北地皆如此種。」

這種方法，多能鄙事、便民圖纂，都有近似的記載，究竟有多少事實作爲根據，還待進一步探索。

種樹書：「河陰（今河南河陰縣）石榴名三十八者，其中只三十八子。」

這種品種是否存在？如西京雜記載陝中有冬桃，現在西農的冬桃樹，還是從農村中覓得原樹的。

食經云：「三月上旬，取果木斫取好直枝，如大拇指，長五尺，納芋魁中種之，或大蔓菁根亦可用。勝種核，核三四年乃如此大耳。」（種樹書也有類似的記載。）

以上幾則，都是祖國勞動人民富有創造性的技術，只封建統治時代，使勞動人民没有學習文化的機會，不能記載自己的成果，恐失傳的或失記載的更多。在今天偉大的黨領導的教育下，大家都面嚮教育與生産勞動三結合邁進，不僅已用科學的方法總結了稻、麥等豐産奇跡；勞動人民多方面的寶貴經驗，也漸次的總結出來了。據我院下放鍛煉歸來的同志們談起，例：

「果樹整枝及修剪問題：西河鄉農民對一般衰老果樹有進行更新修剪的習慣。

例如沙後鄉的西河、雙河、民主等社的農民，對衰老的核桃、柿、梨樹（指樹冠外層出現的大中枝條）由中部分叉處砍斷，或從基部剔去，以促進强壯的萌枝發生，更新樹冠。這種方法，當地農民叫剔樹。

「沙後鄉民主社農民……對核桃、柿子、蘋果樹每年冬春進行放漿的習慣。目的是防止徒長，減少落果。方法是用砍刀在樹幹中部斫傷五至十處，深達木質部。根據農民經驗，凡放漿的樹，都不進行剔樹，凡進行剔樹的衰老樹，就不進行放漿。」

「災害的防治問題：西河、雙河與民主等社農民向病蟲作斗争方面創造了『烘樹』、『刨樹盤』的辦法：

①烘樹：每年早春，在樹未萌芽前，集掃樹下的枯枝落葉，或用藁草在樹基幹部進行烘燒，以不燒毁樹皮爲度，據談可以防蟲與防止落果。

②刨樹盤：每年秋末冬初時，深翻樹盤内的土壤，農民認爲可以防止落果。

這些寶貴的方法，在個人想來，從祖國農業遺産去追溯它們的歷史，齊民要術、種樹書、羣芳譜都有類似的記載。似乎還可以再來一次挖掘與檢查試驗。

延安專區、商雒專區總結農民對果樹的嫁接、播種、分株、扦插、壓條等技術很詳盡。如果我們追溯它們的發展史，也是可以得到的。齊民要術有梨接杜、柿接㮕棗、柰林檎不種、取栽如壓桑法等的記載。宋蘇頌提出由核仁用爲藥物，要以本生者佳，可見接枝技術已普遍推廣了。他説：「桃，汴東、陜西者尤大而美，大抵佳果肥美者，皆圃人以他木接成，殊失本性，入藥當用本生者爲佳。今市肆賣者，多雜接核之仁，爲不堪也。」元代對栽培果樹的技術記載極詳。

由這些，我們更進一步體會黨號召整理祖國農業遺産和拜農民爲師意義是很深長的。倘以後學校的教材中能結合古今，使青年能窺見祖國農業發展的全豹，和更多的體會勞動人民創造的精神，那就更盡美盡善了。

這篇不全面的彙報，由於個人知識水平限制，加之業非所專，是極不成熟的。但是社會主義總路綫光輝照耀之下，大躍進的洪流在激動着我，承黨政領導予以大力的鼓舞和支持；又得到華南農學院梁家勉和我院石聲漢兩教授以及辛樹幟先生的指導，解決了一些疑難，初步完成了這個任務，謹對他們致以衷心的謝意。

後記

經歷了十年的努力，父親耗費了十年心血的農政全書校注原稿終於能够出版了。我此生最大的心願圓滿了結。我深知：没有父親高尚情操和人格的感召，没有衆親友的激勵、支持和幫助，我無論如何是完不成這艱巨的任務的。

我耗時近三年，完成了原稿的復原、整理工作。在這復原、整理的進程中，在校注古農書這完全陌生的領域裏，年過七旬的我不時會感到腦力、精力都幾乎不能支撑了。每當我被諸多疑難困擾，想要退却時，我就想：我是趕上了這個好時代，在退休後的閒暇中，在安定的有保障的生活條件下，在電話、手機、電腦、掃描、複印、翻拍技術日益完善並普及的今天，全心全意地只做這一件事，尚且困難重重。而父親當時工作條件極其簡陋，一切全靠手工操作；爲了核查原始文獻，不得不拖着病弱的身軀，奔波京、滬、楊凌之間。這十年中，他還承擔着大量其他的工作：學校植物生理的教學工作；西北農業生物研究所的科研工作；四民月令、農桑輯要、便民圖纂的校注以及中國古代農書評介、中國農學遺産要略的撰寫等。更何況那漫長的十年中，極左思潮不時泛起，一個接一個的政治運動，不停地折騰着他這位「老運動員」，大大小小的批判會，一份又一份的檢查使他不能集中精力專心工作。我在復原整理的過程中發現有些卷疏漏較多，可以設想，在完成這幾卷的校、注、案時，父親的精神和身體可能正處於崩潰的邊緣。是愛國忠誠和「從頭整理祖國農業遺産的聖潔抱負」支撑着他，使他能以超人的毅力，頑强地咬牙堅持下來。假若時光能够倒流，歷史能够重寫，大自然母親能再多賜給我父親若干年生命，他一定能奉獻給國家、民族一部更完善的農政全書校注。儘管對一九六六年完成的農政全書校注初稿，父親還不滿意，但這是他的十年心血之作。爲了父親的遺願，爲了讓它能流傳，再難，我也要咬牙堅持完成復原和整理的工作。

没有大家的鼓勵、支持和幫助，我無法堅持完成這一艱巨的任務。没有各方面創造的條件，我也無法實現我的心願。在這兒向他們一一表達最誠摯由衷地感謝。

感謝顧潮女士。二〇〇五年十月她正在爲中華書局全力以赴編輯父親的顧頡剛全集，得知我們父親的農政全書校注原稿一直未能出版，立即向中華書局語言文學編輯室副主任俞國林先生介紹這一情况。經她引薦，俞國林很快與我們取得聯繫，接着中華書局毅然承擔了原稿的出版任務，同時還决定將父親校注過的古農書全部重印，並出版石聲漢農史論文集。

對中華書局的魄力我們由衷感佩；他們對中華民族文化遺産的高度責任感更令我們肅然起敬。

感謝北京農業出版社，如果不是他們在「文革」的動亂中仍完好地保存着農政全書校注原稿，後來又及時寄回給西北農學院古農室，以後的一切工作都是無法進行的。

再次感謝西北農學院古農學研究室及當初主持農政全書校注整理本工作的辛樹幟伯伯、馮有權先生及全體參加農政全書校注整理工作的老教師們，他們的工作成果對我復原、整理父親的原稿有很大幫助。感謝他們爲整理、出版父親遺稿所做的一切。

感謝上海古籍出版社（原上海人民出版社古籍室）在當年克服重重困難出版了農政全書校注的整理本，爲今天原稿的出版提供了諸多方便，創造了條件。

感謝姜義安先生。在父親校注農政全書的十年中，從查找資料到鈔寫手稿，作爲助手的他細心、認真地工作着。他親手交給我的農政全書校注手稿中，那鈔寫得工整清晰的校、注、案爲我今天的工作提供了極大方便。他一直細心地保存着這些手稿，期盼着它正式出版的一天早日到來。當他感到自己的精力已不可能爲原稿的出版盡力時，他將手稿交給我們，語重心長地説：這是你們父親心血的結晶，你們快抓緊時間吧。

感謝西北農林科技大學圖書館和樊志民、朱宏斌兩位所長領導下的西北農林科技大學中國農業歷史文化研究所對我的支持和幫助。没有學校圖書館和研究所豐富而保管妥善的典藏，我不可能完成農政全書校注的復原、整理工作。感謝研究所的文獻學教授馮風，爲我詳細介紹了當年農政全書校注整理本出版的背景和當年參與整理工作的老教師們的工作情景，給了我有益的建議，使我能少走彎路。特别要提到的是研究所負責圖書資料和古籍管理的青年教師安魯。他承擔着繁重的教學工作，可每當我需要查閱古籍或其他資料時，一個電話打過去，他總在百忙中擠時間安排，儘量滿足我的需求。每當我趕到資料室時，我要查閱的文獻或資料往往早已在桌上放好。没有他的鼎力相助，我的復原、整理工作是無法開展的。安魯調離後，農業歷史文化研究所的楊乙丹副所長兼任所裏圖書資料和古籍的管理，他繼續盡力幫助我。這時我出門已需靠輪椅，每當我需要查資料時，他都親自送到我家中，更令我感動不已。

感謝華南農業大學農史研究室主任倪根金教授。他一直關注父親農政全書校注原稿的出版。我復原中需要查閱救荒本草，得知他的救荒本草校注已出版，寫信向他求援。他立即用特快專遞給我寄來，使我倍感温暖，更增添了力量。他曾對我説：我一直以尊敬的目光默默注視着你的工作。「尊敬」不敢承受，但知道作爲當代中國農史研究中堅力量之一的他在關注着我的工作，我更不敢有絲毫的懈怠。

感謝日本筑波大學教授田中洋介博士在我剛動手復原、整理農政全書校注時的來訪。他對中國農業歷史細緻、深入地研究和對我父親的真情懷念感動着我。他對我父親在農史研究領域，特别是在農書校注方面的巨大成就及其對幾代日本漢農學者的深刻影響的充分肯定；他針對農政全書各種版本提出的問題，更堅定了我一定要完成復原、整理父親遺稿的決心。

感謝本書的責任編輯王勖女士。在復原、整理原稿的過程中，當我在校注古農書這一陌生的領域中艱難地摸索前行時，是她不斷地指引，才使我得以一步一步地向終點靠近。在農政全書校注原稿的編輯、定稿的過程中，她的指導使我的工作能順利進行。回顧這十年，如果没有她的鼓勵和幫助，我是没有勇氣承擔這一任務，更不可能完成這一任務的。

感謝親人的理解、支持和幫助。我的老伴葛蓉生是我十年中整個工作過程中最得力的幫手。他承擔了翻拍、掃描、打印等全部工作；我遇到疑難問題時總能從他那裏得到有效的幫助。如：當我爲了找準某個「校」的位置弄得頭昏腦脹時，他會悄悄地接過去幫我繼續查找，差不多總能準確地找到。在這長達十年的時間裏他更是主動承擔了大部分家務勞動，我才得以集中精力完成農政全書校注的整理、復原、定稿的工作。我的兄弟姐妹定機、定杜、定朴、定桓、定栩及遠在廣州的現已年過九旬的表哥曹直，堂妹定果，都以各自的方式從天南海北不斷地給我以支持和鼓勵。尤其是定朴妹，不僅參與了部分復原工作，爲了幫我查找、核對農政全書徵引的文獻，更不斷地奔波在國家圖書館善本室、閱覽室、北海古籍閱覽室之間，我的工作才得以順利完成。親情時時温暖着我心，給我以力量。

石定枎　二〇一九年九月於陝西楊凌